普通高等教育系列教材

CAXA 实体设计 2016 基础与实例教程

汤爱君　　宋一兵　　马海龙　　等编著

机 械 工 业 出 版 社

本书以图解的方式讲解了 CAXA 实体设计 2016 基本功能的应用与操作，并通过提示、技巧和注意的方式指导读者对重点注意项的理解，从而能够真正运用到机械设计、建筑建模、工业设计、家具造型等。

本书面向 CAXA 实体设计 2016 初中级读者，全书共分 7 章，分别介绍了 CAXA 实体设计 2016 概述，二维草图，零件基础特征造型，特征修改、变换及编辑，装配设计，钣金件设计，工程图输出等内容。

本书内容翔实、排列紧凑、安排合理、图解清楚、讲解透彻、案例丰富实用，能够使用户快速、全面地掌握 CAXA 实体设计 2016 各模块功能的应用。本书可以作为高职高专、本科院校相关专业的教学用书，也可作为工程技术人员的参考用书。

本书配有电子教案，需要的教师可登录 www.cmpedu.com 免费注册，审核通过后下载，或联系编辑索取（微信：15910938545，电话：010-88379739）。

图书在版编目（CIP）数据

CAXA 实体设计 2016 基础与实例教程/汤爱君等编著．—北京：机械工业出版社，2017.8（2024.8 重印）
普通高等教育系列教材
ISBN 978-7-111-57252-7

Ⅰ.①C…　Ⅱ.①汤…　Ⅲ.①自动绘图-软件包-高等学校-教材　Ⅳ.①TP391.72

中国版本图书馆 CIP 数据核字（2017）第 146785 号

机械工业出版社（北京市百万庄大街 22 号　邮政编码 100037）
策划编辑：和庆娣　　责任编辑：和庆娣
责任校对：张艳霞　　责任印制：郜　敏
北京富资园科技发展有限公司印刷

2024 年 8 月第 1 版·第 8 次印刷
184mm×260mm·16.25 印张·396 千字
标准书号：ISBN 978-7-111-57252-7
定价：59.00 元

电话服务　　　　　　　　　　　网络服务
客服电话：010-88361066　　　　机　工　官　网：www.cmpbook.com
　　　　　010-88379833　　　　机　工　官　博：weibo.com/cmp1952
　　　　　010-68326294　　　　金　书　网：www.golden-book.com
封底无防伪标均为盗版　　　机工教育服务网：www.cmpedu.com

前　　言

党的二十大报告提出，要加快建设制造强国。实现制造强国，智能制造是必经之路。计算机辅助设计技术是智能制造的重要支撑技术之一，其推广和使用缩短了产品的设计周期，提高了企业的生产率，从而使生产成本得到了降低，增强了企业的市场竞争力，所以掌握计算机辅助设计对高等院校的学生来说是十分必要的。

CAXA（北京数码大方科技有限公司）是中国知名的工业软件和服务公司，主要提供二维、三维数字化设计软件（CAD）以及产品全生命周期管理（PLM）解决方案和服务。产品覆盖了工业产品的设计、工艺、制造和管理四大领域。

CAXA 实体设计 2016 是 CAXA 公司推出的产品，是集创新设计、工程设计、协同设计于一体的新一代三维 CAD 软件解决方案。易学易用、快速设计和兼容协同是其最大的特点。它包含三维建模、协同工作和分析仿真等各种功能，其无可匹敌的易操作性和设计速度帮助工程师将更多的精力用于产品设计，而不是软件使用。

本书根据作者多年使用 CAXA 实体设计进行产品设计的实践经验，按照案例式教学的写作模式，由浅入深、图文并茂、全面剖析 CAXA 实体设计软件的功能及其应用。

全书共分为 7 章，各章具体内容如下。

- 第 1 章概括地介绍了 CAXA 实体设计 2016 软件，包括智能图素应用基础、智能图素方向及属性设置、智能捕捉、三维球工具等。
- 第 2 章主要讲解了 CAXA 实体设计 2016 的二维草图功能，包括草图绘制、草图约束、草图编辑等。
- 第 3 章主要讲解了 CAXA 实体设计 2016 的零件基础特征造型，包括拉伸、旋转、扫描、放样、螺纹特征和加厚特征等。
- 第 4 章主要讲解了 CAXA 实体设计 2016 的特征编辑，包括特征修改、特征变换和特征的直接编辑等。
- 第 5 章主要讲解了 CAXA 实体设计 2016 的装配设计，包括装配定位、装配检验、机构仿真等。
- 第 6 章主要讲解了 CAXA 实体设计 2016 的钣金件设计，包括添加弯板、成型图素、型孔图素、钣金件的编辑、放样钣金、成型工具等。
- 第 7 章主要讲解了 CAXA 实体设计 2016 的工程图输出，包括视图生成、视图编辑、尺寸生成和标注、明细表与序号等。

本书是机械工业出版社组织出版的"普通高等教育系列教材"之一。

本书主要由汤爱君、宋一兵、马海龙主编，参加编写工作的还有段辉、陈清奎、管玥、管殿柱、李文秋、王献红、刘慧、葛学滨。

由于编者水平有限，书中难免有疏漏之处，恳请广大读者提出宝贵建议。

编　者

目　　录

第1章　CAXA 实体设计 2016 概述

内容与要求

CAXA 实体设计 2016 是集创新设计、工程设计、协同设计于一体的新一代三维 CAD 软件解决方案。易学易用、快速设计和兼容协同是其最大的特点。它包含三维建模、协同工作和分析仿真等各种功能，其无可匹敌的易操作性和设计速度帮助工程师将更多的精力用于产品设计，而不是软件使用，帮助用户从单一建模环境中自由设计各种不同的零件和装配体。

教学目标
- 掌握智能图素概念
- 掌握三维球工具

1.1　CAXA 实体设计 2016 应用概述

在三维设计软件领域，CAXA 实体设计的使用操作异常简单清晰，不需要学习大量的概念和变化多端的技能，使设计像搭积木一样便捷。CAXA 实体设计可以提供包括零件装配件设计，二维图形绘制，渲染，动画，共享等设计工具。CAXA 实体设计软件系统提供全参数化和协同创新两种设计模式，无缝集成领先的二维 CAD 软件，帮助用户以更快的速度将新产品推向市场，以更低的成本研发出更多的创新产品。

1.1.1　启动与退出 CAXA 实体设计 2016

1. 启动 CAXA 实体设计

选择菜单"开始"→"程序"→"CAXA"→"CAXA 3D 实体设计 2016"命令，或直接双击桌面上的"CAXA 3D 实体设计 2016"图标 ，弹出"欢迎"对话框，如图 1-1 所示。

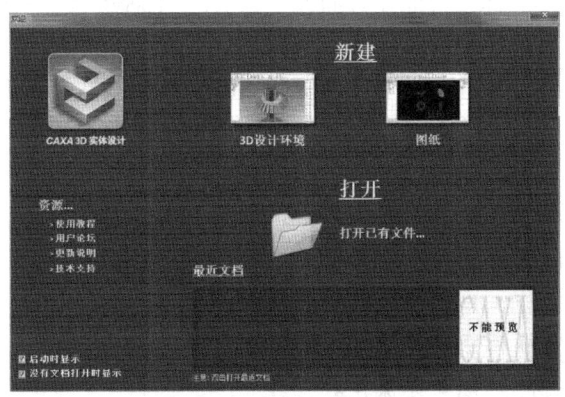

图 1-1　"欢迎"对话框

创建新设计环境步骤如下。

❶ 单击"新建3D设计环境"按钮，弹出"新的设计环境"对话框，如图1-2所示。

❷ 如果不希望每次启动软件时都出现该对话框，取消选中"启动时显示"复选框即可。

❸ 在"新的设计环境"对话框中，选择一个设计模版；如果不确定选择哪种设计环境和模板，单击"确定"按钮，系统将显示默认的空白设计环境。

2. 退出 CAXA 实体设计

当设计完成时，将工作保存后，选择菜单"文件"→"退出实体设计"命令，即可退出 CAXA 实体设计。或者直接单击设计界面的右上角的"关闭"按钮 ，系统会自动弹出消息窗口提示"把修改保存到文件设计1?"，如图1-3所示，单击"是"按钮保存文件，保存成功后系统会自动退出实体设计。若不想保存单击"否"按钮也会自动退出 CAXA 实体设计。

图1-2 "新的设计环境"对话框

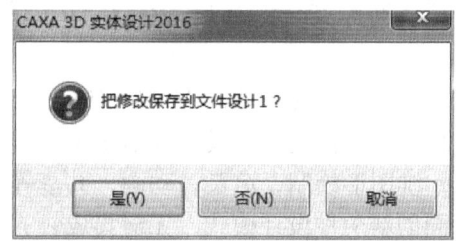

图1-3 提示窗口

1.1.2 CAXA 实体设计 2016 工作界面

进入 CAXA 实体设计 2016 工作界面，如图1-4所示。实体设计环境最上方为快速启动栏、软件名称和当前文件名称。其下方是按照功能划分的各个工作面板，主要包括特征、草图、曲面、装配、钣金、工具、智能设计批注、显示、工程标注、PMI、常用、加载应用程序等。中间是设计工作显示区域。左边显示设计树、属性等，右边是可以自动隐藏的设计元素库。最下方是状态栏，这里主要有操作提示、视图尺寸、单位、视向设置、设计模式选择、配置设置等内容。

1. 特征

"特征"功能面板分为参考、特征、修改、变换、直接编辑等几项，如图1-5所示。

● 参考：提供绘图的基准轴、基准平面等。

● 特征：各种特征操作，如拉伸、旋转、真实螺纹等。

● 修改：对实体进行编辑修改等操作。

● 变换：对实体进行阵列镜像等操作。

● 直接编辑：对实体表面进行移动从而修改实体的操作。

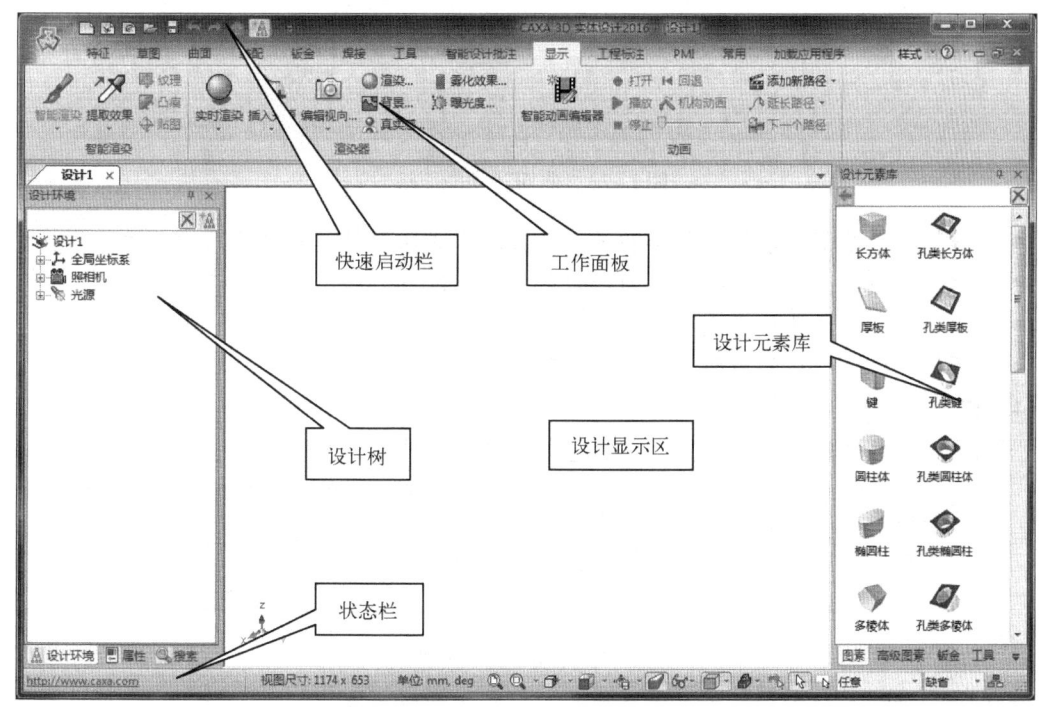

图 1-4   CAXA 实体设计 2016 工作界面

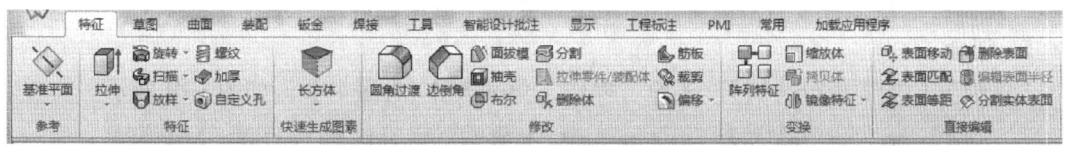

图 1-5   "特征" 功能面板

2. 草图

"草图"功能面板分为草图、绘制、修改、约束、显示 5 项,如图 1-6 所示。

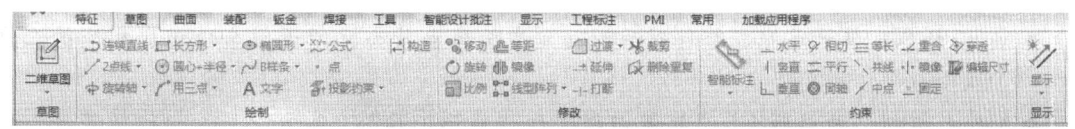

图 1-6   "草图" 功能面板

- 草图:绘制草图结束后,可以通过这里完成或取消草图。
- 绘制:用于绘制草图。
- 修改:对绘制的草图进行修改。
- 约束:对绘制的草图自由度进行约束,使其在修改时保持一定的尺寸或几何条件。
- 显示:控制草图上对各种尺寸、约束等是否显示。

3. 曲面

"曲面"功能面板分为三维曲线、三维曲线编辑、曲面和曲面编辑 4 项,如图 1-7 所示。

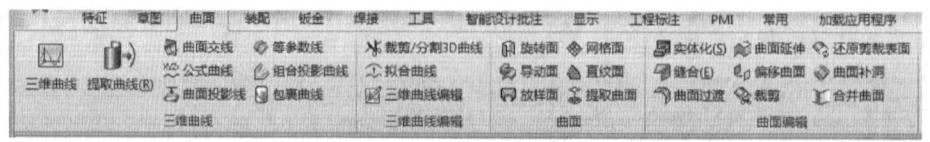

图 1-7 "曲面"功能面板

- 三维曲线:绘制或求解得到各种三维曲线。生成曲面时一般需要三维曲线作为骨架。
- 三维曲线编辑:对生成的三维曲线进行编辑修改。
- 曲面:通过三维曲线生成曲面。
- 曲面编辑:对生成的曲面进行编辑修改。

4. 装配

"装配"功能面板分为生成、操作和定位 3 项,如图 1-8 所示。

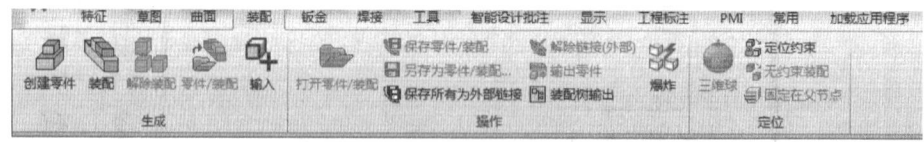

图 1-8 "装配"功能面板

- 生成:通过选择零件、输入零件等生成装配或解除装配。
- 操作:对生成的装配进行各种形式的存储。
- 定位:该组工具可以对装配中的零件位置进行确定,满足一定装配要求。

5. 钣金

"钣金"功能面板分为展开/还原、操作、角和实体/曲面 4 项,如图 1-9 所示。

图 1-9 "钣金"功能面板

- 展开/还原:展开已完成零件然后返回到它的弯曲状态,便于钣金件生成相应的二维工程图。
- 操作:包括"放样钣金""实体切割"和"成形工具"3 种功能选项。

  放样钣金:使用放样功能生成钣金。

  实体切割:修剪展开状态下的钣金件的功能,并支持展开钣金件的精确自定义设计。

  成形工具:定制冲头的形状并应用到钣金上。

- 角:包括"闭合角"和"斜接法兰"两种功能选项。

  闭合角:支持斜角的封闭处理。

  斜接法兰:实现多边同时折弯的效果。

- 实体/曲面:打开"实体展开"的命令管理栏。

6. 工具

"工具"功能面板分为定位、检查、操作 3 项,如图 1-10 所示。

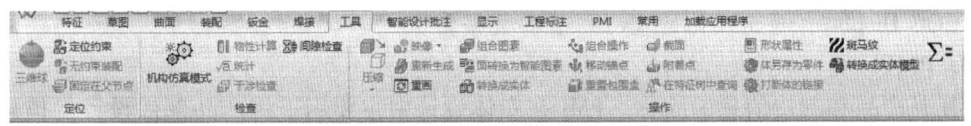

图1-10 "工具"功能面板

- 定位：确定零件位置。
- 检查：对实体进行动态和静态的检查。
- 操作：对实体进行各种特殊的操作，如压缩、附着点、体的处理等。

7. 智能设计批注

"智能设计批注"功能面板分为智能设计批注、批注步骤、批注操作、基本批注类型、显示设置和操作五项，如图1-11所示。"智能设计批注"是一组用于对三维模型进行编辑、审阅的工具，利用这个工具可以完成对三维模型几何的编辑修改，可以完成添加孔、移动面、编辑半径、删除特征等常用的操作；也可以在模型上添加注释；可以分步查看模型上的批注内容，使工程师能够方便直观地完成设计的审阅流程。

图1-11 "智能设计批注"功能面板

8. 显示

"显示"功能面板中包括智能渲染、渲染器、动画3项，如图1-12所示。

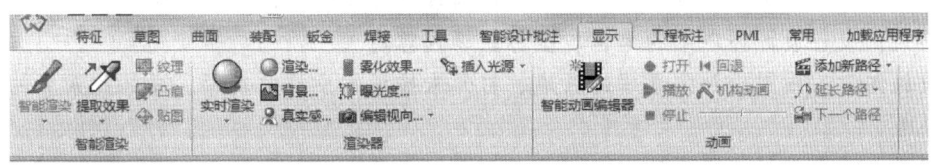

图1-12 "显示"功能面板

- 智能渲染：对实体的外观进行设置。
- 渲染器：进行渲染设置和查看渲染效果。
- 动画：生成、编辑或查看动画。

9. 工程标注

"工程标注"功能面板中主要是用于三维标注的工具，包括尺寸、文字和COG Display三项，如图1-13所示。

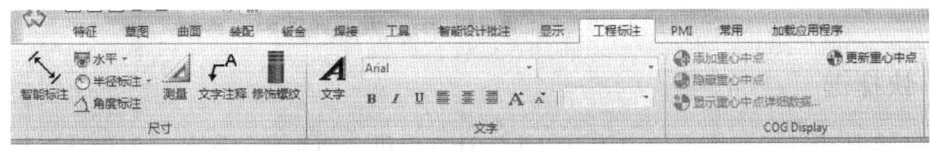

图1-13 "工程标注"功能面板

- 尺寸：标注三维尺寸。
- 文字：添加文字，设置文字格式。

- COG Display：显示实体的重心位置和数据。

10. PMI

PMI 是产品和制造信息的简称。PMI 在实体设计中主要用于将产品部件设计的信息正确传递到产品制造中，PMI 传递的信息包括尺寸、文字注释、几何公差、表面粗糙度及焊接符号等，如图 1-14 所示。

图 1-14 "PMI" 功能面板

11. 常用

"常用"功能面板中主要是设计环境的一些常用设置，包括编辑、显示、格式、设计元素、窗口 5 项，如图 1-15 所示。

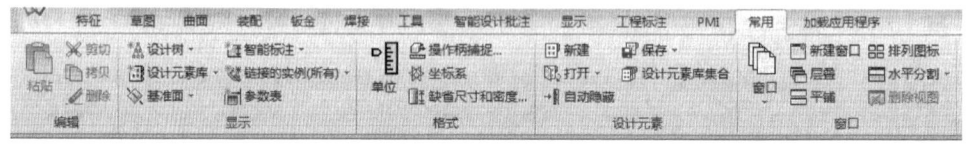

图 1-15 "常用" 功能面板

- 编辑：可以剪切复制并粘贴实体。
- 显示：用于设置设计树、设计元素库等内容是否显示在设计环境中。
- 格式：设置设计环境中的单位、坐标系等内容。
- 设计元素：设置设计元素库的新建、打开未显示的设计元素库、设计元素库的自动隐藏等。
- 窗口：设置设计环境窗口。

12. 加载应用程序

"加载应用程序"功能面板中有加载应用程序的接口，还有变形设计的内容、保存发送压缩包的内容，如图 1-16 所示。

图 1-16 "加载应用程序" 功能面板

1.1.3 快捷键

CAXA 实体设计的快捷键的应用可以为设计者提供方便快捷的服务，使设计工作更加直接有效。下面列举几个常用的快捷键。

- 实时帮助——快捷键〈F1〉。
- 上、下、左、右移动画面——快捷键〈F2〉。

- 任意角度旋转观察设计零件——快捷键〈F3〉。
- 拉近、拉远观察零件——快捷键〈F4〉。
- 模拟走入设计环境观察的效果——快捷键〈Ctrl + F2〉。
- 动态缩放——快捷键〈F5〉。
- 窗口缩放——快捷键〈Ctrl + F5〉。
- 从一个指向的面进行观察——快捷键〈F7〉。
- 指定中心位置观察——快捷键〈Ctrl + F7〉。
- 全屏显示——快捷键〈F8〉。
- 透视显示——快捷键〈F9〉。
- 三维球工具——快捷键〈F10〉。

1.1.4　设计环境工具栏

CAXA 实体设计 2016 的菜单不再像以前总是停留在设计环境的上方。单击软件界面左上角的按钮，即可出现"设计环境"菜单，如图 1-17 所示。将鼠标移动到各菜单项上，会出现相应的子菜单，如图 1-18 所示。

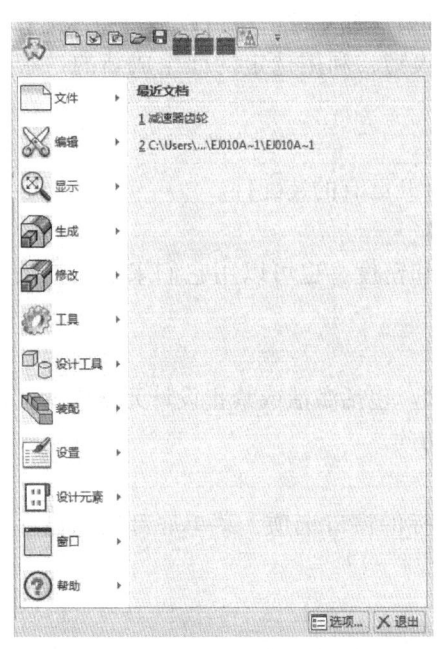

图 1-17　"设计环境"菜单

图 1-18　"文件"菜单

（1）"文件"菜单

包括新文件、打开文件、关闭、保存、另存为、另存为零件/装配、打印设置、打印预览、打印机、插入、输入、输出、发送、属性和退出等命令。

（2）"编辑"菜单

包括取消操作、重复操作、剪切、拷贝、粘贴、删除、全选和对象等命令。

（3）"显示"菜单

包括有关设计环境元素查看操作的一些功能选项，如：工具条、状态条和设计元素库、设计树等。对于设计环境，可选择显示其光源、视向、智能动画、附着点和局部坐标系统。同样，可以选择显示智能标注、约束、包围盒尺寸、关联标识和约束标识等。

（4）"生成"菜单

可以通过特征操作生成自定义智能图素、生成二维草图、三维曲线、添加文字和生成曲面。也可以添加新的光源或视向。附加选项还能够生成智能渲染、智能动画、智能标注、文字注释和附着点。

（5）"修改"菜单

主要对图素或零件模型进行编辑修改。包括边过渡、边倒角操作，对表面的修改操作。此外，还可以对图素或零件模型实施镜像、抽壳和分裂操作。

（6）"工具"菜单

可以使用三维球、无约束装配和约束装配工具，对分析对象进行物性计算、显示统计信息或检查干涉。对于钣金设计，包括钣金展开、展开复原和切割钣金件、创建放样钣金、成形工具、从实体展开等操作。还包括添加新的工具和利用 Visual Basic 编辑器生成自定义宏。

（7）"设计工具"菜单

该菜单中的第一个选项可供对选定的图素、零件模型或装配件进行组合操作。利用其他选项或重置包围盒、移动锚点，或重新生成、压缩和解压缩对象。也可以进行布尔运算。利用本菜单的其他选项可用于将图素组合成一个零件模型，利用选定的面生成新的"智能图素"，或将对象转换成实体模型。

（8）"装配"菜单

将图素/零件/装配件装配成一个新的装配件或拆开已有的装配件。

（9）"设置"菜单

可以指定单位、局部坐标系统参数和缺省尺寸和密度，也可以用它们来定义渲染、背景、雾化、曝光度、视向的属性。

（10）"设计元素"菜单

提供了设计元素的新建、打开和关闭等功能选项。包括激活或禁止设计元素库的"自动隐藏"功能，还包括设计元素保存和设计元素库的访问。

（11）"窗口"菜单

包括用来生成新窗口、层叠/平铺窗口和排列图标的窗口选项，菜单底部用以显示所有已打开 CAXA 实体设计设计环境/绘图文件的文件名。

（12）"帮助"菜单

包括帮助主题、更新说明，单击"关于"命令可查看产品名称、版本等相关信息。

1.2 CAXA 实体设计 2016 图形文件管理

CAXA 实体设计 2016 常用的文件管理命令有新建文件、打开文件、保存文件等。

1.2.1 新建 CAXA 实体设计的文件

在 CAXA 实体设计准备开始一个新的项目时，就需要新建一个文件。新建一个文件的步骤如下。

❶ 单击设计界面左上角的按钮，或选择菜单"文件"→"新文件"命令，或单击快捷菜单上的"新建"按钮 □，系统弹出"新建"对话框，如图 1-19 所示。

❷ 选择"设计"选项，单击"确定"按钮，弹出"新的设计环境"对话框，如图 1-20 所示。

❸ 在"新的设计环境"对话框中，选择一个设计模版；如果不确定选择哪种设计环境和模板，可单击"确定"按钮，系统将显示默认的空白设计环境。

图 1-19　"新建"对话框　　　　　　　　　图 1-20　"新的设计环境"对话框

1.2.2　打开 CAXA 实体设计的文件

在 CAXA 实体设计 2016 中，可以打开已存储的文件，对其进行相应的编辑和操作。打开文件的操作步骤如下。

❶ 单击设计界面的左上角按钮，选择"文件"→"打开文件"命令，或单击快捷菜单上的"打开"按钮 □，系统弹出"打开"对话框，如图 1-21 所示。

图 1-21　"打开"对话框

❷ 在"文件类型"下拉列表框中选择文件的类型，在对话框中将会显示文件夹中对应文件类型的文件。选中"预显"复选框，选择的文件就会显示在右边的"预览"窗口中，但是并不打开该文件。

❸ 选取了需要的文件后，单击对话框中的"打开"按钮，就可以打开选择的文件，对其进行相应的编辑和操作。

在"文件类型"下拉列表框中，并不限于 CAXA 实体设计类型的文件，还可以调用其他软件所形成的图形并对其进行编辑，如图 1-22 所示。

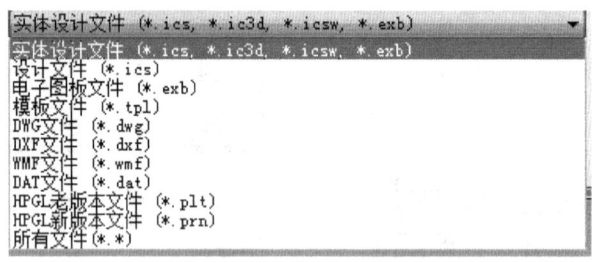

图 1-22 "文件类型"下拉列表框

1.2.3 保存 CAXA 实体设计的文件

在 CAXA 实体设计工作完成后，或者准备开始另一个项目时，就需要保存文件。CAXA 实体设计将所有的设计环境或图纸部分及所有相关内容都保存在一个文件夹中。

保存文件的步骤如下。

❶ 单击设计界面的左上角按钮，选择"文件"→"保存"命令，或单击快捷菜单上的"保存"按钮，系统弹出"另存为"对话框，如图 1-23 所示。

❷ 选择保存文件目录。

❸ 输入相应的文件名，单击"保存"按钮。

CAXA 实体设计生成的类型文件为：三维设计环境文件（*.ics）。CAXA 实体设计将用现有的文件名保存文件。当需要备份现有文件时，即可用"另存为"命令。

图 1-23 "另存为"对话框

1.3 智能图素应用基础

CAXA 实体可以直接应用"智能图素"像搭积木一样方便快捷地实现设计，而且通过"设计树"可以直观地选择设计图素，便捷高效地修改和编辑三维设计，并可以基于可视化的参数驱动对它进行编辑或修改。

CAXA 实体设计的设计界面中右边设计元素库中包括动画、图素、工具、纹理、表面光泽、贴图、钣金、颜色、高级图素几类。

1.3.1 选取图素及其编辑状态

1. 选取图素

利用设计元素库提供的智能图素并结合简单的拖放操作是 CAXA 实体设计易学、易用的最大优势。在对图素进行操作以前，都需要先选定它。如要移动一个长方体图素就需要先选定它，拖放到设计界面即可，如图 1-24 所示。

2. 智能图素编辑状态

零件在设计过程可以具有不同的编辑状态，以提供不同层次的修改或编辑。

（1）零件状态

用鼠标左键在零件上单击一次，被单击零件的轮廓被青色加亮，零件的某一位置会显示一个表示相对坐标原点的锚点标记，如图 1-25 所示。

（2）智能图素状态

在同一零件上再单击一次，则进入智能图素编辑状态。在这一状态下系统显示一个包围盒和 6 个方向的操作手柄。在零件某一角点显示的箭头表示生成图素时的拉伸方向，如图 1-26 所示。

图 1-24　设计元素库

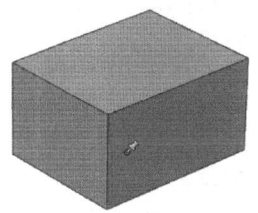

图 1-25　图素的零件状态

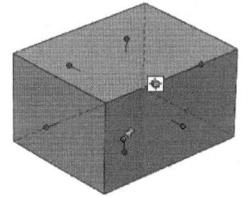

图 1-26　图素的智能图素状态

（3）线/表面状态

在同一零件的某一表面上再单击一次，这时表面的轮廓被绿色加亮，此时进行的任何操作只会影响选中的表面，对于线有同样的操作与效果，如图 1-27 所示。

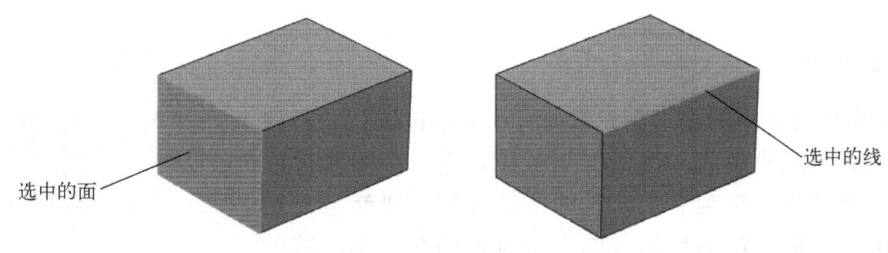

选中的面　　　　选中的线

图 1-27　图素的线/表面状态

1.3.2 包围盒与操作手柄

在默认状态下，对实体单击两次，进入智能图素编辑状态。在这一状态下系统显示一个包围盒和 6 个方向的操作手柄。在实体设计中，可以直接通过拖放的方式编辑零件尺寸，而不必须设定尺寸值，这样就可以方便快捷地进行创新设计，如图 1-28 所示。

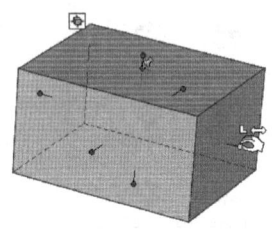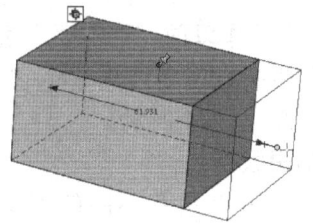

图 1-28 包围盒与操作手柄

右击包围盒操作手柄，从弹出的快捷菜单中选择"编辑包围盒"命令，弹出"编辑包围盒"对话框，其中显示了当前包围盒的尺寸数值，如图 1-29 所示。

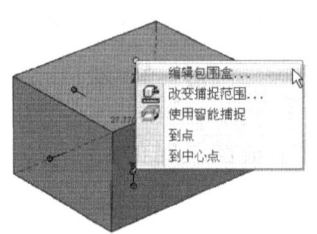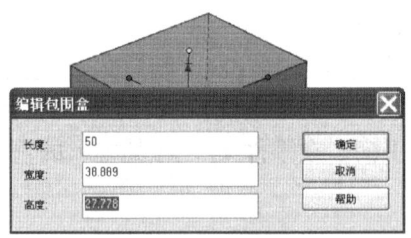

图 1-29 "编辑包围盒"操作

快捷菜单中其他命令如下。

- 改变捕捉范围：此选项用于改变捕捉范围线性捕捉增量。
- 使用智能捕捉：选择此命令后，包围盒操作柄的颜色显示为高亮。智能捕捉功能在选择操作柄上一直处于激活状态，直到弹出快捷菜单取消选择该选项为止。
- 到点：选择此命令后，可以将选择操作柄的关联面相对于设计环境中某个对象上的某一点对齐。
- 到中心点：选择此命令后，可以将选择操作柄的关联面相对于设计环境中某一圆柱体的中心对齐。

1.3.3 定位锚

CAXA 实体设计中的每一个元素都有一个定位锚，它由一个绿点和两条绿色线段组成，类似 L 形标志。当一个图素被放进设计环境中而成为一个独立的零件时，定位锚位置就会显示一个图钉形标志。定位锚的长的方向表示对象的高度轴，短的方向为长度轴，没有标记的方向是宽度轴，如图 1-30 所示。

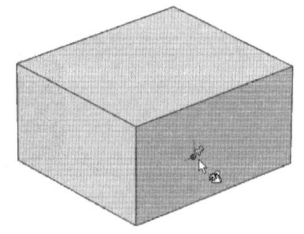

图 1-30 定位锚

1.3.4 智能图素方向及智能图素属性设置

当智能图素拖入设计环境中作为独立图素时，其方向是由它的定位锚决定的。也就是定位锚的方向与设计环境坐标系的方向一致，长宽高分别与坐标系的 XYZ 轴平行，如图 1-31 所示。

当智能图素被拖到其他的图素上时，智能图素的方向会受到其放置表面的影响，智能图素的高度正方向指离其放置表面，如图 1-32 所示。

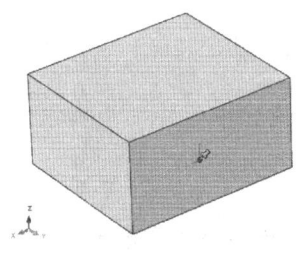

图 1-31 智能图素的方向

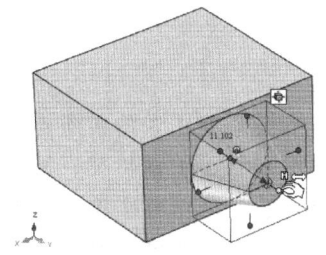

图 1-32 智能图素放置的方向

在智能图素状态下右击，在弹出的快捷菜单中选择"智能图素属性"命令，如果选择的是一个拉伸生成的智能图素，则出现"拉伸特征"对话框，如图 1-33 所示。如果是旋转生成的，则会出现"旋转特征"对话框。

图 1-33 "拉伸特征"对话框

单击"设计树"按钮，打开设计树，选择"属性"查看栏。在"属性"查看栏上包含消息、动作、属性、智能渲染设置、参数、其他属性等项。在动作中可以选择对智能图素进行的操作，如抽壳、三维球移动复制等。在属性中可以对智能图素的包围盒、质量、显示等进行设置。"属性"查看栏上的属性项目与智能图素属性表中相应的项目含义一致，并相互联动。

1. 常规

"常规"选项卡显示智能图素的类型及名称，如图1-34所示。

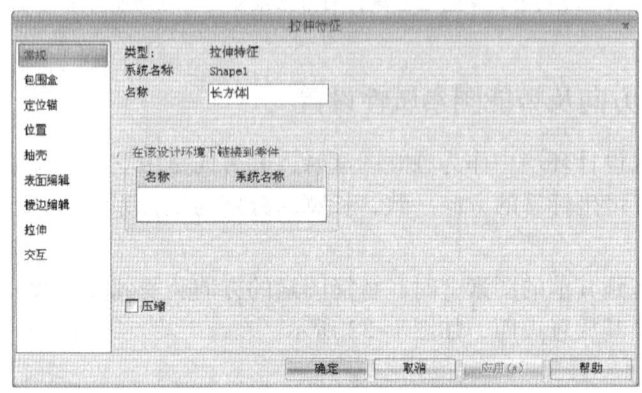

图1-34 "常规"选项卡

- 类型：指此智能图素的特征生成方法。根据实体设计中的特征生成方法分为拉伸特征、旋转特征、扫描特征、放样特征。
- 系统名称：系统给每个图素的默认名称，不能更改。
- 名称：此图素在设计环境中的名称。这个名称可以在此对话框中或设计树中编辑。
- 在该设计环境下链接到零件：这个只读区域显示被选中的图素和其他设计环境中图素/零件之间的链接情况。
- 压缩：是否将该智能图素压缩。选中此复选框，则图素不可见。

2. 包围盒

"包围盒"选项卡设置包围盒的值及其他属性，如图1-35所示。

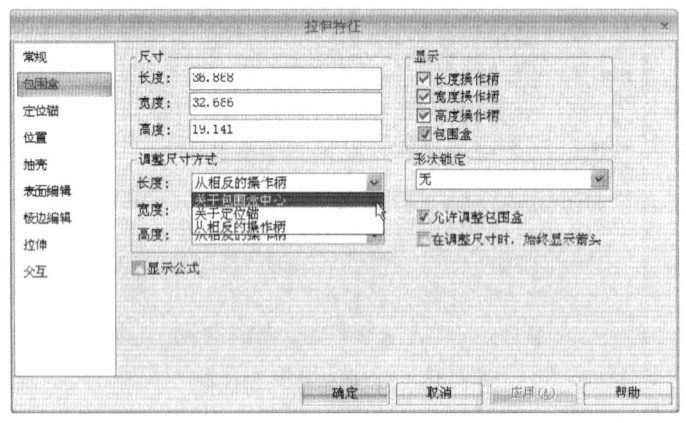

图1-35 "包围盒"选项卡

- 尺寸：在这里调整包围盒的尺寸值，分别是长度、宽度和高度。对应包围盒操作柄上 L、W 和 H。
- 调整尺寸方式：设置调整包围盒长、宽、高的方式。每栏有三个选项：关于包围盒中心、关于定位锚、从相反的操作柄。这些方式指的是拖动包围盒操作柄改变尺寸时，尺寸值相对于哪个基准改变。

如果选择"关于包围盒中心"选项，那么拖动包围盒操作柄时，尺寸变化以包围盒为基准，尺寸都是对称地改变，也就是包围盒的中心保持不动。如图 1-36 所示为调整高度和宽度两个方向时图素的变化。

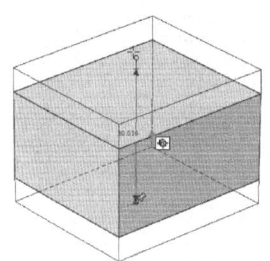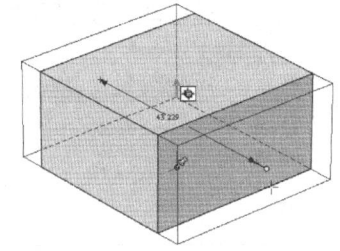

图 1-36 "关于包围盒中心"调整尺寸方式

如果选择"关于定位锚"选项，那么拖动包围盒操作柄时，尺寸变化以定位锚为基准，尺寸都是关于定位锚改变，也就是定位锚的位置保持不动，如图 1-37 所示。

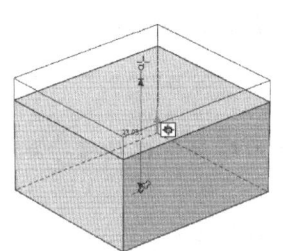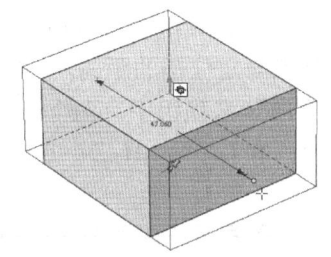

图 1-37 "关于定位锚"调节尺寸方式

如果选择"从相反的操作柄"选项，则相反操作柄保持不变，零件尺寸随拖动操作柄变化，如图 1-38 所示。

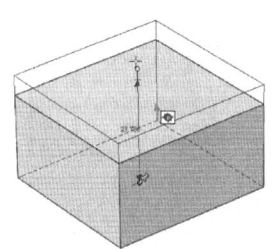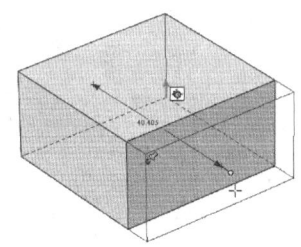

图 1-38 "从相反的操作柄"调节尺寸方式

其他选项含义如下。
- 显示：默认状态下长宽高六个操作柄都会显示。
- 形状锁定：锁定两个或多个尺寸的比例关系。
- 允许调整包围盒：选中这一复选框，允许在重置包围盒尺寸时修改其计算公式。要保存公式就要取消选中这个复选框，否则当在选择菜单"图素"→"重置包围盒"命令时公式就会丢失。

● 显示公式：选中此复选框，可在包围盒上显示公式，从而对零件进行参数化。

3. 定位锚

"定位锚"选项卡设置智能图素的定位锚的位置、方向等，如图1-39所示。

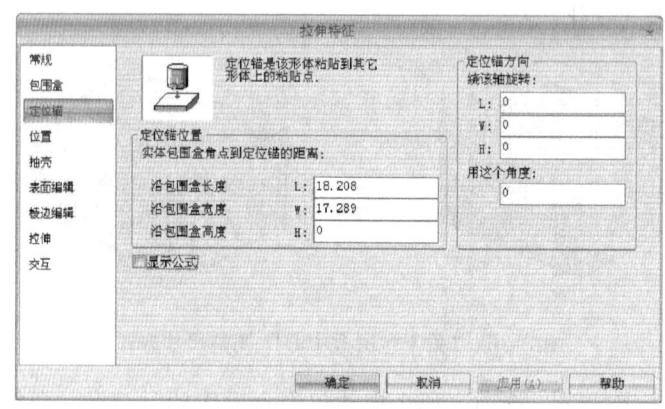

图1-39 "定位锚"选项卡

在"定位锚位置"选项组中可以通过在L、W、H后面的文本框中输入具体的数值来精确地确定包围盒角点与定位锚的距离。

在"定位锚方向"选项组中有两个分选项。

● 绕该轴旋转：有L、W、H三个选项，希望图素围绕定位锚的哪个轴旋转，就在其后输入1。

● 用这个角度：图素围绕定位锚某个轴旋转的角度。

这两个选项设置后，定位锚与父零件的相对位置不变，而图素的位置和方向发生改变。

4. 位置

"位置"选项卡设定图素定位锚相对父零件锚点的位置和方向，如图1-40所示。

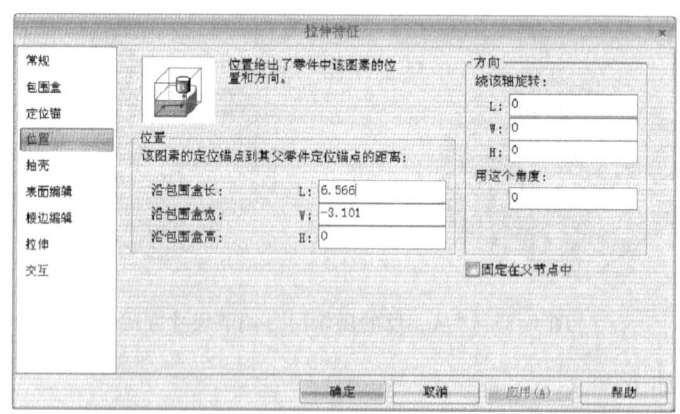

图1-40 "位置"选项卡

在"位置"选项组中：在长宽高文本框中输入数值，可以调整图素定位锚与父零件锚点的相对位置。

在"方向"选项组中有两个分选项。

- 绕该轴旋转：有 L、W、H 三个选项，希望图素围绕定位锚的哪个轴旋转，就在其后输入 1。
- 用这个角度：图素围绕定位锚某个轴旋转的角度。

如果选中"固定在父节点中"复选框，那么图素和整体零件的相对位置就确定下来，对话框中图素的位置和方向等就无法再更改。

5. 抽壳

默认状态下，拖曳的图素是一个实心图素，设置"抽壳"选项卡可对图素进行抽壳操作。

若未选中"对该图素进行抽壳"复选框，则其他选项都呈灰色，如图 1-41 所示。

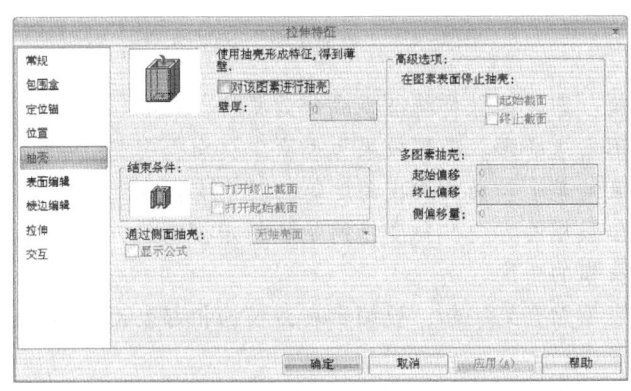

图 1-41 "抽壳"选项卡

如果选中"对该图素进行抽壳"复选框，则可对以下选项进行设置。

- 打开终止截面：选中此复选框后，拉伸图素的终止截面会打通。
- 打开起始截面：选中此复选框后，拉伸图素的起始截面会打通。

对图素进行过抽壳后，如果是有侧面的图素，如长方体、棱柱等，再次进入该对话框就会发现"通过侧面抽壳"下拉列表框可以选择了。此时还只能选择一个侧面。

在"高级选项"选项组中有以下两个分选项。

- 在图素表面停止抽壳：此选项可以决定 CAXA 实体设计抽壳的深度。

  起始截面：若使壳的起始截面与另一对象的表面相一致，选中这一复选框。

  终止截面：若使壳的结束截面与另一对象的表面相一致，选中这一复选框。

- 多图素抽壳：该选项对由两个图素组合成一个单独的中空零件十分有用。

  起始偏移：在文本框中输入要挖穿起始截面以外增加的深度值。

  终止偏移：在文本框中输入要挖穿终止截面以外增加的深度值。

  侧偏移量：在文本框中输入要挖穿选定侧壁以外增加的深度值。

6. 表面编辑

在"表面编辑"选项卡选择不同的选项可使图素表面发生某种变形。默认的选项是"不进行表面编辑"，如图 1-42 所示。

"哪个面"选项组：选择被编辑的面会在上边图中显示为红色，右边的几个小图也随之改变，会预显编辑后的结果。

在"重新生成选择的表面"选项组中有以下几个选项。

图 1-42 "表面编辑"选项卡

- 不进行表面编辑：即表面保持特征生成时的原状。
- 变形：所选表面发生变形。变形效果为表面中央向上突起。
- 拔模：定义图素的某个表面的拔模角度等，其中有两个选项。

   定位角度：定位拔模的方向，角度指的是从起始拔模的方向旋转的角度。

   倾斜角：定义拔模的角度。
- 贴合：与相邻表面贴合到一起，被编辑表面根据相邻表面的形状进行相应改变。

7. 棱边编辑

"棱边编辑"选项卡可以设置图素各边的倒角或者圆角过渡，如图 1-43 所示。

图 1-43 "棱边编辑"选项卡

在"哪个边"选项组中可以选择对哪个边进行编辑。选择后被编辑的边在上边的图中显示为红色。当零件为抽壳零件时，还可以选择对抽壳边进行编辑。

在"选择棱边的过渡方式"选项组中有三个选项。

- 不过渡：可以选择对某个边不进行倒角或圆角过渡。
- 圆角过渡：对选择边进行圆角过渡，在"半径"文本框中输入半径值。
- 倒角：对选择的某个边进行倒角。在"在右边插入"和"在左边插入"文本框内分别输入倒角值，可以相同也可以不同。

8. 拉伸

"拉伸"选项卡可以编辑拉伸图素的截面和拉伸深度，如图 1-44 所示。

图 1-44 "拉伸"选项卡

在"截面"选项组中可以编辑图素的截面。单击"属性"按钮，弹出"截面智能图素"对话框，如图 1-45 所示。

图 1-45 "截面智能图素"对话框

选择"轮廓"选项卡，则出现类似于电子数据表的属性表，以数字形式表示截面，如图 1-46 所示。

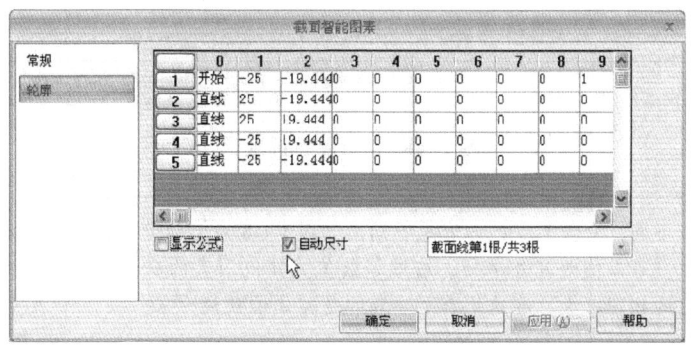

图 1-46 "轮廓"属性表

9. 交互

"交互"选项卡如图 1-47 所示。

图 1-47 "交互"选项卡

在此选项卡中，可以设置鼠标操作对智能图素的影响。

- 双击操作：在默认设置中为选中智能图素，进入图素编辑状态。
- 拖动定位：设置用鼠标拖动智能图素定位锚时对图素的影响，默认状态为"固定位置"，此时无法拖动。可根据需要更改为其他选项，也可以通过定位锚的右键快捷菜单对此项进行设置。
- 快速拖放：用于设置鼠标快速拖方式对智能图素的影响，默认为无。

10. 变量

对于高级图素元素库中的图素，还有一个特别的"变量"选项卡，如图 1-48 所示。

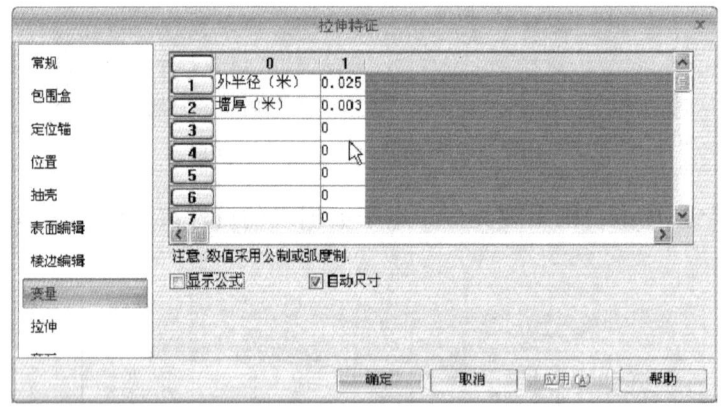

图 1-48 "变量"选项卡

📖 **提示**：图素的结构不同，变量表中的内容也不同。如图 1-48 所示为管状体的"变量"选项卡。在按序号排列的对话框中，可以修改其外半径、墙厚等数值。其他图素的变量内容不同，但基本上可以根据其数值名称确定它的物理含义。在这里需要注意的是其单位默认为米。

如果选中"显示公式"复选框后，变量中的各值将由公式代替，可以直接看出相互之间的关系。不选中此复选框时，可以直接看到各值的大小。

如果选中"自动尺寸"复选框，CAXA 实体设计可以自动调整电子数据表的列宽度，使之能够容纳各列中的内容。

1.3.5 智能捕捉

CAXA 实体设计具有强大的智能捕捉功能，除可用于尺寸修改外，还有强大的定位功能。通过智能捕捉反馈，可使图素组件沿边或角对齐，也可以把零件的图素组件置于其他零件表面的中心位置。利用智能捕捉，可使图素组件相对于其他表面对齐和定位。

当按住〈Shift〉键，然后在智能图素编辑状态选定并拖动图素的某个面或锚点时，即可激活智能捕捉功能。在零件表面上拖动鼠标时，当鼠标拖动点落到相对面、边或点上，绿色智能捕捉虚线和绿色智能捕捉点会自动显示。

智能捕捉各种点的绿色反馈显示特征有三种：大的绿点表示顶点，小绿点表示一条边的中点或一个面的中心点。由无数个绿点组成的点线表示边，如图 1-49 所示。

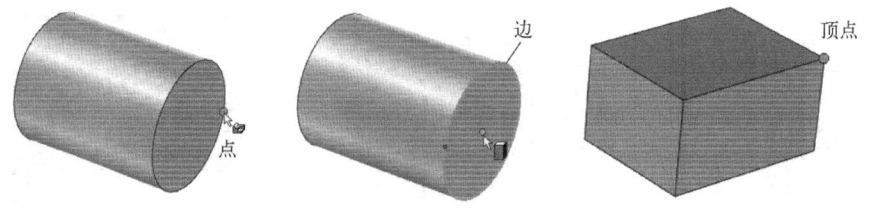

图 1-49 "智能捕捉点"的绿色反馈特征

若想将智能捕捉指定为默认手柄操作，可选择"工具"→"选项"命令，然后在对话框中选择"交互"选项卡，并选择第一个选项"捕捉作为操作柄的缺省操作（无 Shift键）"，然后单击"确定"按钮。当该选项被设定为缺省选项时，就不必为了激活智能捕捉而按住〈Shift〉键，因为此时智能捕捉在所有手柄上都总是处于激活状态。当捕捉被设置为缺省手柄操作设置时，按住〈Shift〉键可禁止智能捕捉手柄操作。

1. 智能捕捉设置

右击相应的手柄并从随之弹出的快捷菜单中选择"改变捕捉范围"命令，随即弹出"操作柄捕捉设置"对话框，如图 1-50 所示。

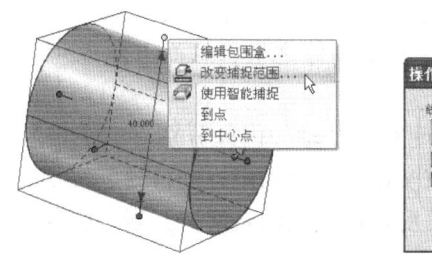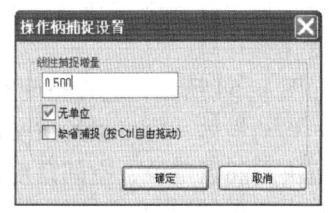

图 1-50 智能捕捉设置

在"线性捕捉增量"文本框中输入数值，用于设定拖动手柄时每次的增减量。

右击相应的手柄并从随之弹出的快捷菜单中选择"使用智能捕捉"命令，即可选定智能捕捉手柄操作。该选项图标呈黄色加亮状态，表明智能捕捉手柄操作已在该手柄上被激活。

2. 智能捕捉反馈定位

智能捕捉具有强大的定位功能和尺寸修改功能。智能捕捉反馈使零件的图素组件沿边或角对齐，也使零件的图素组件置于其他零件表面的中心位置。

若从元素库中拖曳一个新的图素至主控曲面上，则应在拖动新图素时观察主控图素表面棱边上的绿色显示区，如图 1-51 所示。

若从元素库中拖曳一个新的图素至主控曲面中心，则应在拖动新图素时观察主控图素曲面的中心直至出现一个深绿色圆心点。当该点后面出现一个更大更亮的绿点时，才可把新图素释放到主控图素上，如图 1-52 所示。

如要使同一零件的两个图素组件的侧面对齐，则应把其中一个图素侧面（在智能图素编辑状态选择）拖向第二个图素的侧面，直至出现于两侧面相邻边平行的绿色虚线，如图 1-53 所示。

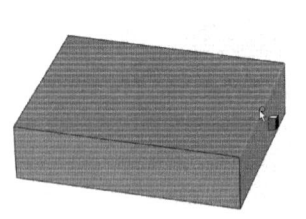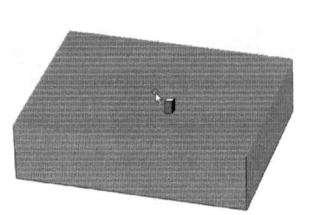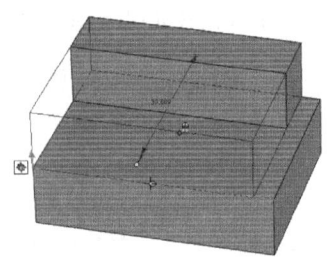

图 1-51　拖曳新图素至　　　　图 1-52　拖曳新图素至　　　　图 1-53　同一零件两个图素
　　　主控图素棱边　　　　　　　主控图素曲面中心　　　　　　组件侧面对齐

1.4　三维球工具

三维球是一个非常杰出和直观的三维图素操作工具。它可以通过平移、旋转和其他复杂的三维空间变换精确定位任何一个三维物体；同时三维球还可以完成对智能图素、零件或组合件生成拷贝、直线阵列、矩形阵列和圆形阵列的操作功能。

三维球可以附着在多种三维物体之上。在选中零件、智能图素、锚点、表面、视向、光源、动画路径关键帧等三维物体后，可通过单击"三维球工具"按钮 ⊙ （或按〈F10〉快捷键）打开三维球，使三维球附着在这些三维物体之上，从而方便地对它们进行移动、相对定位和距离测量。

三维球形状如图 1-54 所示，它在空间有三个轴。内外分别有三个控制柄。使得用户可以沿任意一个方向移动物体，也可以约束实体在某个固定方向移动，绕某固定轴旋转。

其中长轴是解决空间点定位、空间角度定位。短轴是解决元素、零件、装配体之间的相互关系。中心点是解决重合问题。

在默认状态下，CAXA 实体设计为这三个轴中每个轴各显示了一个红色的平移手柄和一个蓝色的方位手柄。选定某个轴的某个手柄将自动在其相反端显示该手柄。但是，若有必要，可以选择在任何时候都显示出所有的平移手柄和方位手柄。为此，用户只需在三维球的内侧右击，从弹出的快捷菜单中选择"显示所有手柄"命令。在默认手柄保持它们的原有颜色时，次级平移手柄显示为红色圆形轮廓，而次级方位手柄则显示为蓝色圆形轮廓。

在初始化状态下，三维球附着在元素、零件、装配体的定位锚上。对于智能图素，三维球的轴向与图素的边是完全平行或重合的。三维球的中心点与智能图素的中心点完全重合。

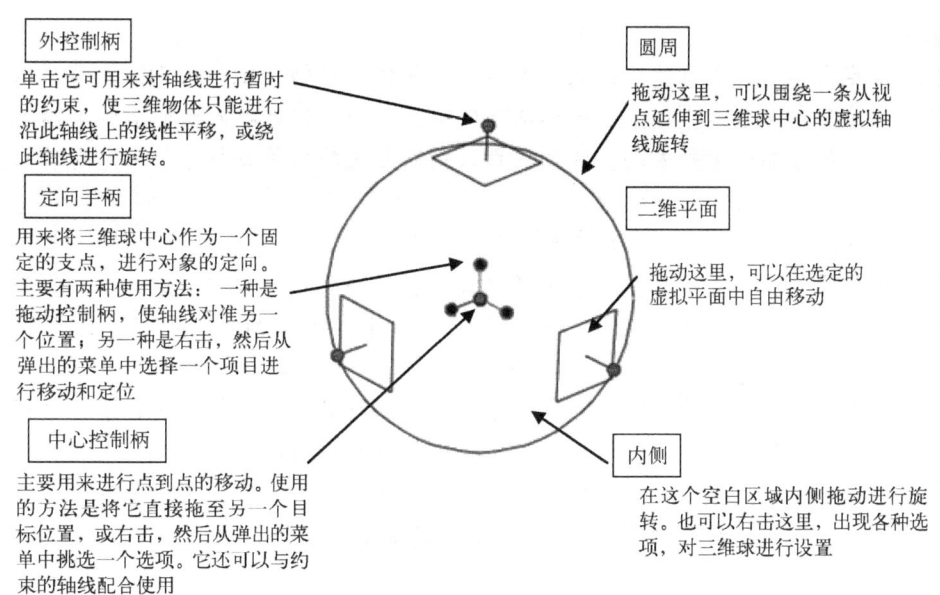

外控制柄

单击它可用来对轴线进行暂时的约束，使三维物体只能进行沿此轴线上的线性平移，或绕此轴线进行旋转。

定向手柄

用来将三维球中心作为一个固定的支点，进行对象的定向。主要有两种使用方法：一种是拖动控制柄，使轴线对准另一个位置；另一种是右击，然后从弹出的菜单中选择一个项目进行移动和定位

中心控制柄

主要用来进行点到点的移动。使用的方法是将它直接拖至另一个目标位置，或右击，然后从弹出的菜单中挑选一个选项。它还可以与约束的轴线配合使用

圆周

拖动这里，可以围绕一条从视点延伸到三维球中心的虚拟轴线旋转

二维平面

拖动这里，可以在选定的虚拟平面中自由移动

内侧

在这个空白区域内侧拖动进行旋转。也可以右击这里，出现各种选项，对三维球进行设置

图 1-54   三维球结构

三维球与附着图素的脱离通过按空格键来实现。三维球脱离后，移动到规定的位置，一定要再一次按空格键，附着三维球。

当在三维球内及其手柄上移动鼠标时，会看到图标不断地改变，表示不同的三维球动作，如图 1-55 所示。

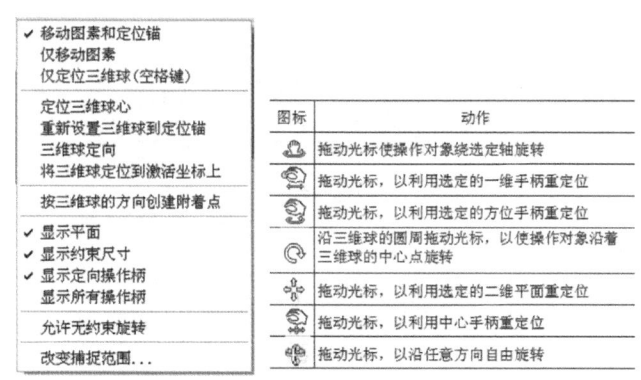

图 1-55   三维球设置及图标动作含义

三维球配置选项含义如下。

● 移动图素和定位锚：此选项将会使三维球的动作影响选定操作对象及其定位锚。此选项为默认选项。

● 仅移动图素：此选项将会使三维球的动作仅影响选定操作对象；而定位锚的位置不会受到影响。

● 仅定位三维球（空格键）：此选项可使三维球本身重定位，而不移动操作对象。

● 定位三维球心：此选项可把三维球的中心重定位到操作对象上的指定点。

● 重新设置三维球到定位锚：此选项可使三维球恢复到默认位置，即操作对象的定位

锚上。

- 三维球定向：此选项可使三维球的方向轴与整体坐标轴（L、W、H）对齐。
- 将三维球定位到激活坐标上：此选项可以将三维球的位置附着到激活的坐标上。
- 按三维球的方向创建附着点：此选项可以按照三维球的位置与方向创建附着点，常用于实体的快速定位、快速装配。
- 显示平面：此选项可在三维球上显示二维平面。
- 显示约束尺寸：此选项可使 CAXA 实体设计报告图素或零件移动的角度和距离。
- 显示定向操作柄：此选项将显示附着在三维球中心点上的方位手柄。此选项为默认选项。
- 显示所有操作柄：此选项可使三维球轴的两端都将显示出方位手柄和平移手柄。
- 允许无约束旋转：此选项可利用三维球自由旋转操作对象。
- 改变捕捉范围：此选项可设置操作对象重定位操作中需要的距离和角度变化增量。增量设定后，可在移动三维球时按住〈Ctrl〉键激活此功能选项。

1.5　课后练习

（1）智能图素有几种操作柄？如何切换？
（2）定位锚的作用是什么？有哪些方法可以修改它的相对位置？
（3）操作柄中的智能捕捉功能如何实现？
（4）如何设置操作柄捕捉范围？

第2章 二维草图

内容与要求

本章重点介绍二维草图的绘制方法，这是 CAXA 实体设计建模的基础。草图一般由点、线、圆弧、圆和抛物线等基本曲线构成的封闭或不封闭的几何图形，是三维实体建模的基础。一个完整的草图包括几何形状、几何关系和尺寸标注三方面。

教学目标

- 掌握 CAXA 实体设计二维草图的基本绘制方法
- 掌握 CAXA 实体设计二维草图的图形编辑命令
- 掌握 CAXA 实体设计二维草图的尺寸约束和几何关系

2.1 二维草图概述

草图设计是嵌入在 CAXA 实体设计各个功能模块中不可缺少的二维绘图环境。草图就是一个零件或者一个装配布局的二维表示。

在 CAXA 实体设计中，使用设计元素库可以完成很多的零件造型。同时系统也提供一些特征创建工具由用户创建自定义图素，以满足零件造型的设计要求。在使用某些特征创建工具时，需要绘制二维草图来生成三维实体或曲面。草图的功能可分为 4 类：绘制、修改、约束和显示，如图 2-1 所示。

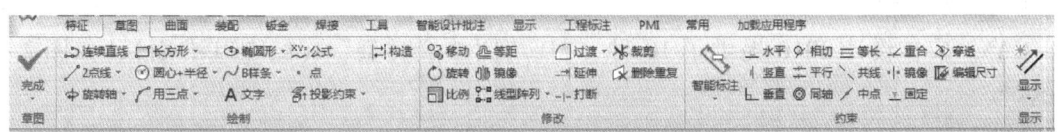

图 2-1 "草图"功能面板

2.1.1 创建草图

进入草图工作平面的操作步骤如下。

❶ 新建一个设计环境，在功能区打开"草图"面板。

❷ 单击"二维草图"按钮，出现如图 2-2 所示"2D 草图位置"属性管理器。利用该属性管理器设定二维草图定位类型等，设置完成后便可以在草图平面内开始二维草图的绘制。

📖 **提示**：单击"二维草图"按钮下方的小箭头，会出现如图 2-3 所示的基准面选择选项。此时还可以直接选择在 XOY、YOZ、ZOX 平面内新建草图。

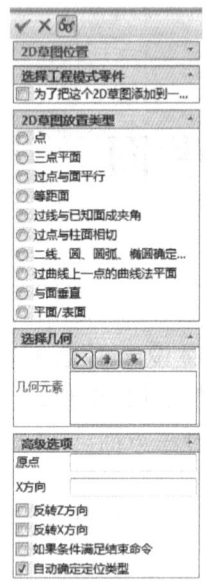

图 2-2 "2D 草图位置"属性管理器

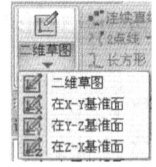

图 2-3 在坐标平面内建立草图

❸ 进入草图工作平面，直接在草图工作平面上绘制草图，如图 2-4 所示。

❹ 单击"完成"按钮 ✔，生成二维草图。

2.1.2 生成基准面

在 CAXA 设计草图环境中显示的二维绘图栅格，通常叫作"基准面"，它确定了草图平面所在的位置和方向。

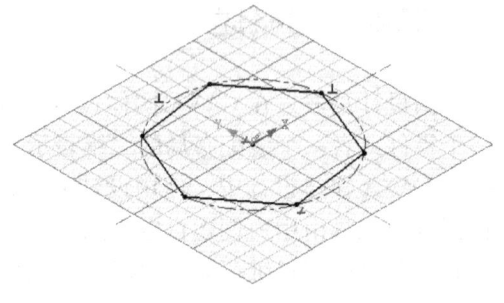

图 2-4 草图编辑状态

1. 生成基准面

CAXA 实体设计 2016 提供了 10 种"2D 草图放置类型"（绘图基准面），如图 2-2 所示。

（1）点

当设计环境为空时，在设计环境中选取一点，就会生成一个默认的与 XY 平面平行的草图基准面。当设计环境中存在实体时，生成基准面时系统提示"选择一个点确定 2D 草图的定位点"，拾取面上的需要的点那么就在这个面上生成基准面。当在设计环境中拾取 3D 曲线上的点时，在相应的拾取位置上生成基准面，生成的基准面与曲线垂直。当在设计环境中拾取 2D 曲线时，生成的基准面为过这个二维曲线端点的 XY 平面。

（2）三点平面

拾取三点建立基准面，生成的基准面的原点在拾取的第一个点上。这三个点可以是实体上的点和三维曲线上的点。

（3）过点与面平行

生成的基准面与已知平面平行并且过已知点。这平面可以是实体的表面和曲面。拾取的点可以是实体上的点和三维曲线上的点。

（4）等距面

生成的基准面由已知平面法向平移给定的距离而得到。生成基准面的方向由输入距离的正、负符号来确定。平面可以是实体上的面和曲面。

（5）过线与已知面成夹角

与已知的平面成给定的夹角并且过已知的直线。这里的线和面必须是实体的面和棱边。

（6）过点与柱面相切

所得到的基准面与柱相切，并且过空间一点。柱面可以是曲面和实体的表面；空间一点可以是三维曲线和实体棱边上的点。

（7）二线、圆、圆弧、椭圆确定平面

直接拾取两条直线、圆、圆弧和椭圆都可以唯一确定一个平面，从而生成所需要的基准面。这两条直线、圆、圆弧和椭圆必须是三维曲线和实体上的棱边。

（8）过曲线上一点的曲线法平面

选择曲线上的任意一点，所得到的基准面与曲线上这一点的切线方向垂直，使用最多的是选择曲线的端点。这个曲线可以是三维曲线、曲面的边、实体的棱边。

（9）与面垂直

选择一点，再选择一个表面，得到通过此点与表面垂直的基准面。

（10）平面/表面

选择一个平面/表面，所得到的基准面就在这个平面/表面。

2. 快速生成基准面

在实际设计中，有时可以在一个指定的坐标系平面上进行二维草图的绘制。坐标系平面的坐标可以是全局坐标系也可以是局部坐标系。如果想在设计环境中显示已存在局部坐标系的基准平面，可选择"显示"菜单中的"坐标系"命令。

在绘图区域中右击一个坐标系平面，弹出一个快捷菜单，如图 2-5 所示，利用该菜单可以对基准平面进行相关的操作。也可以在左侧设计树中右击所需的坐标平面，在弹出的快捷菜单中进行设置，如图 2-6 所示。

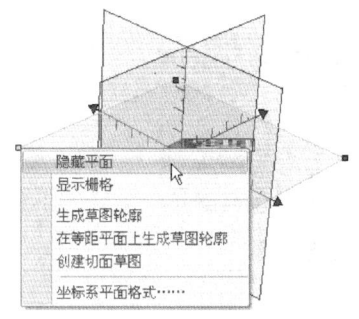

图 2-5　坐标系平面的快捷菜单

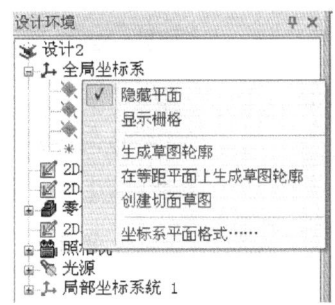

图 2-6　设计树中坐标系的快捷菜单

● 隐藏平面：设置所选定的基准平面是否隐藏。

● 显示栅格：控制所选定基准平面上的栅格是否显示。

● 生成草图轮廓：选择此选项，则在所选择的基准平面上绘制二维草图。

- 在等距平面上生成草图轮廓：选择此选项，则在所选择的基准平面的等距面上绘制二维草图。等距的方向由所对应的坐标轴和输入值的正、负来决定。
- 坐标系平面格式：对基准面的各项默认参数进行设置，内容包括栅格间距（分为主刻度和副刻度）、对栅格是否进行捕捉、基准面尺寸（分为固定尺寸和自动尺寸）。

3. 基准面重新定向和定位

利用草图的定位锚可以对草图进行拖动，重新定位。

在 CAXA 实体设计里利用三维球工具可以更为便捷、快速地对基准面进行定向和定位。打开已经生成的基准面的三维球，利用它的旋转、平移等功能对其所附着的基准面进行定向和定位操作。

2.1.3　退出草图

CAXA 实体设计退出草图绘制的有以下两种方法。

- 单击"草图"功能面板"完成"按钮✔或"取消"按钮✖，退出草图绘制模式。
- 使用鼠标右键。在草图平面的空白区域右击，在弹出的快捷菜单中选择"结束绘图"命令或者"取消绘图"命令，退出草图。

2.1.4　编辑草图

已经退出草图环境，在 CAXA 实体设计的设计树中找到对应的草图名称，右击，弹出快捷菜单，如图 2-7 所示。在快捷菜单中选择"编辑"命令，可以返回草图环境进行修改。

图 2-7　设计树

2.2　草图绘制

CAXA 实体设计 2016 提供的用于草图绘制的工具集中于功能区的"草图"→"绘制"功能面板，如图 2-8 所示为"草图"→"绘制"功能面板。

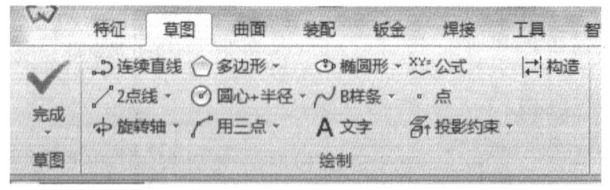

图 2-8　"草图"→"绘制"功能面板

2.2.1　连续直线

在草图平面上可用"连续直线"工具来绘制多条首尾相连的直线。

【例 2-1】建立连续直线。

❶ 进入草图平面以后，单击"绘制"功能面板中"连续直线"按钮。

❷ 在草图平面中单击第 1 点。

❸ 在属性管理器中设置相关选项，单击"切换直线/圆弧"按钮，可以在绘制直线和绘制圆弧之间切换，如图 2-9 所示。

❹ 单击下一点，完成第一段线段的绘制，继续绘制其他线段，生成所需的轮廓，如图 2-10 所示。

❺ 再次单击"连续直线"按钮，或按〈Esc〉键结束绘制。

图 2-9　属性管理器

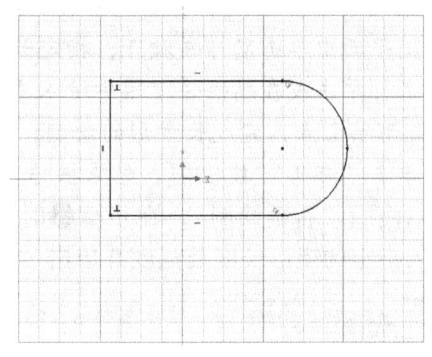

图 2-10　绘制轮廓线

2.2.2　两点线

使用"两点线"工具可以在草图平面的任意方向上画一条直线或一系列相交的直线。CAXA 实体设计提供两种两点线绘制方法。

【例 2-2】鼠标左键绘制两点线。

❶ 进入草图平面以后，单击"绘制"功能面板中"两点线"按钮╱。

❷ 用鼠标左键在草图平面上单击所要生成直线的两个端点，或者在属性管理器中输入点的坐标，如图 2-11 所示。

❸ 直线绘制完毕，按〈Esc〉或再次单击"两点线"按钮结束操作。

【例 2-3】鼠标右键绘制两点线。

❶ 进入草图平面以后，单击"绘制"功能面板中"两点线"按钮╱。

❷ 将鼠标移动到所期望的直线开始点位置，单击（左右键均可）确定起始点位置。

❸ 将鼠标移动到另一个直线端点位置，右击，弹出如图 2-12 所示"直线长度/斜度编辑"对话框，在文本框中输入长度和倾斜角度，单击"确定"按钮完成直线绘制。

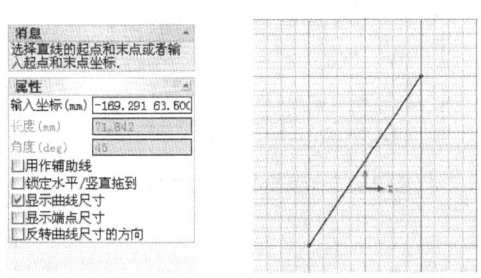

图 2-11　绘制两点线

图 2-12　"直线长度/斜度编辑"对话框

2.2.3 多边形

单击"矩形"按钮下方的小箭头，会出现如图2-13所示的多边形选择选项。绘制多边形工具包括矩形、三点矩形、多边形和中心矩形4种方式。

1. 矩形

图2-13 多边形选项

【例2-4】利用"矩形"工具，快速生成矩形。

❶ 在"绘制"功能面板中单击"矩形"按钮□。

❷ 在草图平面中单击鼠标并放开，指定长方形第1点。

❸ 使用鼠标单击或在属性管理器中输入坐标的方式（如图2-14所示）指定矩形第2点，完成长方形的绘制。

❹ 再次单击"矩形"按钮□，结束操作。

同样可以使用"右键绘制"，在步骤❸时，右击，出现如图2-15所示"编辑长方形"对话框，输入指定的矩形长度及宽度并单击"确定"按钮即可。

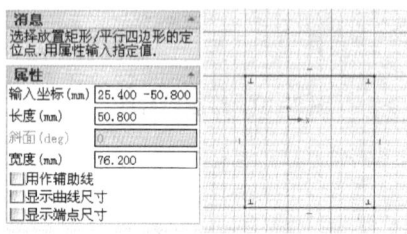

图2-14 输入坐标

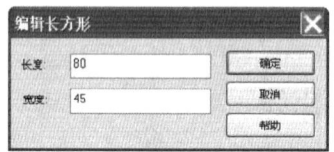

图2-15 "编辑长方形"对话框

2. 三点矩形

【例2-5】利用"三点矩形"工具，快速生成斜置长方形。

❶ 在"绘制"功能面板中单击"三点矩形"按钮◇。

❷ 在草图平面中单击指定三点矩形的第1点。

❸ 移动鼠标指定三点矩形的第2点，或者右击并利用弹出的"编辑矩形的第一条边"对话框对矩形的第一条边进行编辑，如图2-16所示。

❹ 移动鼠标指定三点矩形第3点，单击形成矩形；也可以在鼠标移至某一位置后右击，在弹出如图2-17所示"编辑矩形的宽度"对话框中，设置长方形的宽度。

❺ 单击"确定"按钮，完成绘图。

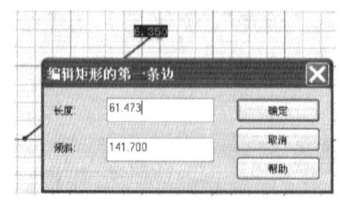

图2-16 编辑矩形的第一条边

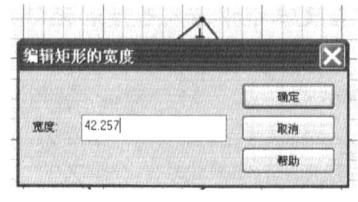

图2-17 编辑矩形的宽度

3. 多边形

【例2-6】利用"多边形"工具，快速生成多边形。

❶ 在"绘制"功能面板中单击"多边形"按钮⬠。

❷ 在草图上确定一点，设为多边形的中心点。

❸ 移动鼠标，则在草图平面中动态显示默认的多边形。在左侧属性管理器中设置多边形的变数，并单击"外接"或"内接"单选按钮；在"半径"文本框中输入半径值，在"角度"文本框中输入角度值，按〈Enter〉键即可完成多边形的绘制，如图 2-18 所示。

❹ 也可在鼠标移动至一定位置后右击，在弹出的"编辑多边形"对话框中设置相应参数，然后单击"确定"按钮，完成多边形绘制，如图 2-19 所示。

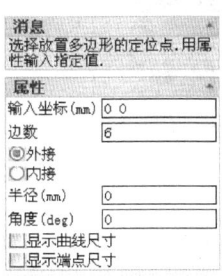

图 2-18　属性管理器

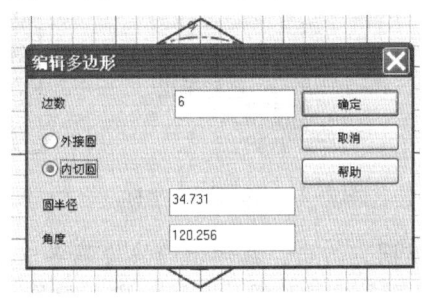

图 2-19　"编辑多边形"对话框

4. 中心矩形

【例 2-7】利用"中心矩形"工具，快速生成矩形。

❶ 在"绘制"功能面板中单击"中心矩形"按钮▣。

❷ 在草图上确定一点，设为中心矩形的中心点。

❸ 移动鼠标，在适合位置单击，完成中心矩形绘制，如图 2-20 所示。

❹ 也可在鼠标移动至一定位置后右击，在弹出的"编辑长方形"对话框中设置长度和宽度值，然后单击"确定"按钮，完成中心矩形绘制，如图 2-21 所示。

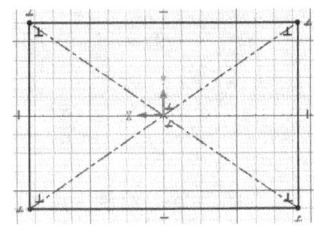

图 2-20　中心矩形

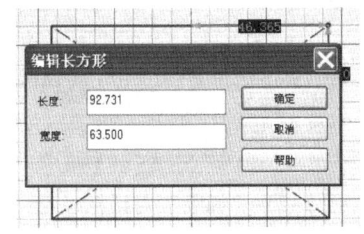

图 2-21　"编辑长方形"对话框

2.2.4　圆形

单击"圆心 + 半径"按钮下方的小箭头，会出现如图 2-22 所示的绘制圆选择选项。绘制圆的工具按钮有"圆心 + 半径"◉、"三点圆"◉、"两点圆"◉、"一切点 + 两点"◉、"两切点 + 一点"◉和"三切点"◉。

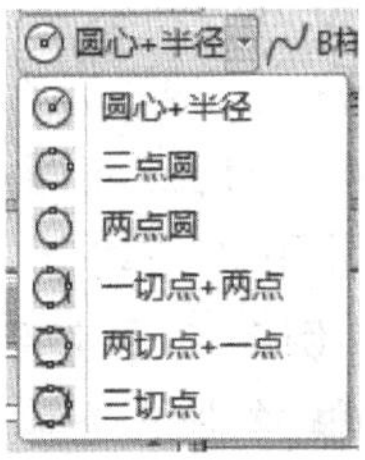

1. 圆心 + 半径

【例 2-8】根据确定的圆心和半径绘制圆形。

❶ 进入草图平面后，单击"绘制"功能面板中"圆心 + 半径"按钮◉。

❷ 在栅格上单击一点作为圆心，或在命令管理栏中输入圆心坐

图 2-22　绘制圆选项

标，如图 2-23 所示。

❸ 指定另一点来确定半径，或在命令管理栏中"半径"文本框中输入半径值或另一点的坐标。如果在指定圆心后，在草图平面中将鼠标拖动一定距离后右击，则可以在弹出的"编辑半径"对话框中输入所需半径值，然后单击"确定"按钮，如图 2-24 所示。

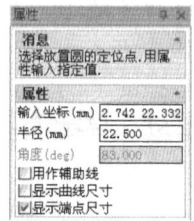
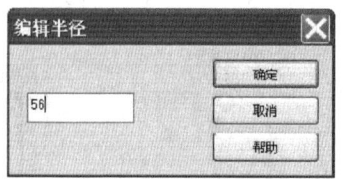

图 2-23　输入圆心坐标　　　　图 2-24　"编辑半径"对话框

❹ 选定该圆，右击，在弹出的快捷菜单中选择"曲线属性"命令，打开"椭圆"对话框，从中可查看和编辑该圆的属性，完成后单击"确定"按钮，如图 2-25 所示。

2. 三点

【例 2-9】指定圆周上的 3 个点来画圆。

❶ 单击"绘制"功能面板中"三点圆"按钮 ⊙。

❷ 单击栅格指定圆的第 1 点。

❸ 在系统提示下，在栅格上指定第 2 点。

❹ 在系统提示下，在栅格上指定第 3 点，从而绘制一个圆，如图 2-26 所示。

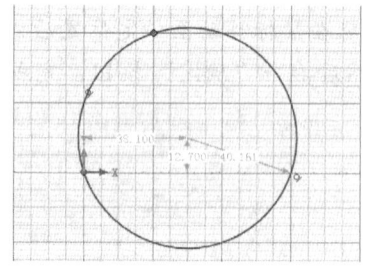

图 2-25　"椭圆"对话框　　　　图 2-26　绘制三点圆

3. 两点

【例 2-10】通过指定直径上的两个端点生成圆。

❶ 单击"绘制"功能面板中"两点圆"按钮 ⊙。

❷ 在系统提示下，在栅格上指定圆上一点。

❸ 在系统提示下，指定圆上另一点，完成两点圆的绘制，如图 2-27 所示。

❹ 再次单击"两点圆"按钮 ⊙，结束绘制。

4. 一切点 + 两点

使用"一切点 + 两点"按钮可生成一个与圆、圆弧、圆角和直线相切的圆。

【例 2-11】绘制与已知曲线相切的圆。

❶ 单击"绘制"功能面板中"一切点 + 两点"按钮 ⊙。

❷ 在栅格上单击如图 2-28 所示的"已知圆"上的任一点以指定参考曲线。

❸ 移动鼠标至合适位置后单击，以指定圆上一点。

❹ 移动鼠标，单击确定第 2 点，从而完成该相切圆的绘制，如图 2-28 所示。

❺ 再次单击"一切点＋两点"按钮 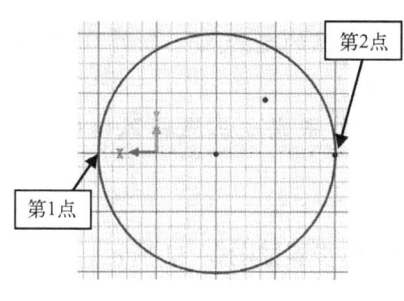，结束操作。

图 2-27　绘制两点圆　　　　　图 2-28　"一切点＋两点"绘制圆

5. 两切点＋一点

【例 2-12】绘制与一个圆和一条直线都相切的新圆。

❶ 单击"绘制"功能面板中"两切点＋一点"按钮 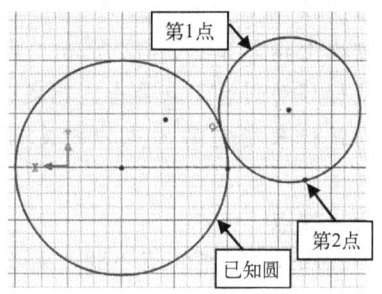。

❷ 在如图 2-29 所示"已知圆"上单击一点，以指定第一条参考曲线。

❸ 移动鼠标，在已知直线上单击一点，以指定第二条参考曲线。

❹ 移动鼠标，单击栅格上一点，完成相切圆的绘制，如图 2-29 所示。

❺ 按〈Esc〉键，结束操作。

6. 三切点

【例 2-13】利用三切点绘制 3 个圆的外切圆。

❶ 单击"绘制"功能面板中"三切点"按钮 。

❷ 单击第一个已知圆圆周上的一点。

❸ 单击第二个已知圆圆周上的一点。

❹ 将鼠标移动到第三个已知圆圆周上的一点，当鼠标定位到生成所希望得到的圆的位置时，单击即可得到相切圆，如图 2-30 所示。

❺ 再次单击"三切点"按钮 ，退出操作。

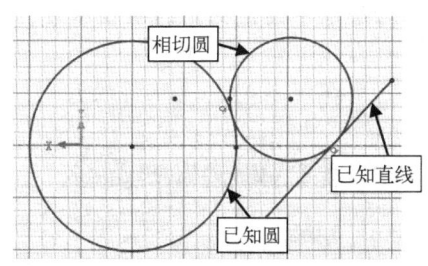
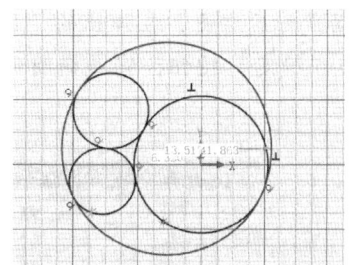

图 2-29　"两切点＋一点"绘制圆　　　　　图 2-30　"三切点"绘制圆

2.2.5　圆弧

CAXA 实体设计 2016 提供了多种方法生成圆弧，如"用三点"按钮 、"圆心＋端点"

按钮 和"两端点"按钮，如图 2-31 所示。

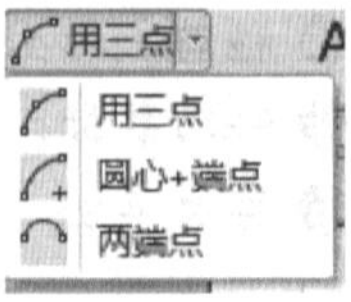

1. 三点

【例 2-14】利用指定的三点生成圆弧。

❶ 单击"绘制"功能面板中"用三点"按钮 。

❷ 在栅格上指定如图 2-32 所示"第 1 点"作为圆弧的起始点。

❸ 将鼠标移动到第 2 点单击，指定圆弧的终止点。

图 2-31　绘制圆弧选项

❹ 移动鼠标来指定第 3 点以确定圆弧的半径，单击完成三点圆弧绘制，如图 2-32 所示。

2. 圆心 + 端点

通过定义圆心和圆弧的两个端点来绘制圆弧的操作步骤如图 2-33 所示。

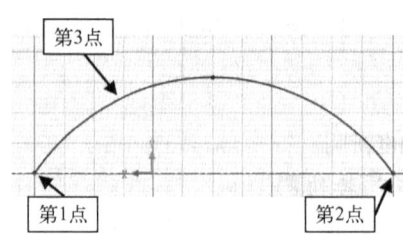

图 2-32　三点圆弧

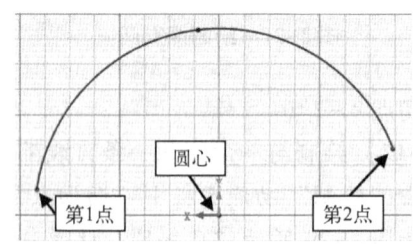

图 2-33　"圆心 + 端点"绘制圆弧

3. 两端点

通过定义圆弧的两个端点来绘制圆弧的操作步骤与上述方法类似。

2.2.6　椭圆

使用椭圆工具可以轻松地绘制出各种椭圆形和椭圆弧。

【例 2-15】绘制椭圆。

❶ 单击"绘制"功能面板中"椭圆形"按钮 。

❷ 在栅格上单击确定一点，设为椭圆的中心。

❸ 移动鼠标到合适位置后右击，在弹出的"椭圆长轴"对话框中设定椭圆的长轴参数，单击"确定"按钮，如图 2-34 所示。

❹ 移动鼠标后右击，在弹出的"编辑短轴"对话框中设定椭圆的短轴参数，如图 2-35 所示，单击"确定"按钮，完成椭圆形绘制。

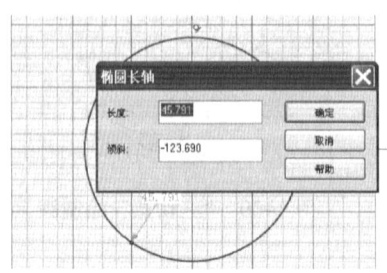

图 2-34　编辑椭圆长轴

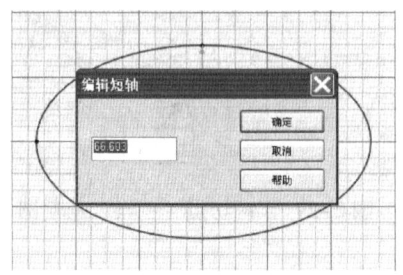

图 2-35　编辑椭圆短轴

【例2-16】 生成椭圆弧。

❶ 单击"绘制"功能面板中"椭圆弧"按钮 。

❷ 在栅格上单击确定一点，设为椭圆的中心。

❸ 移动鼠标，在栅格上单击一点，确定椭圆弧的长半轴。

❹ 移动鼠标，在栅格上单击一点，确定椭圆弧的短半轴。

❺ 移动鼠标，此时黄色圆弧会随之移动，单击一点确定圆弧的一个端点。

❻ 再单击一点确定圆弧的另一个端点，完成椭圆弧绘制，如图2-36所示。

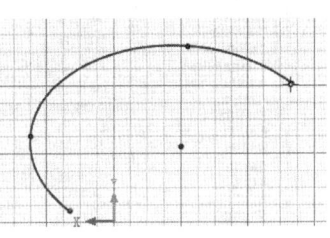
图2-36　绘制椭圆弧

2.2.7　B样条曲线

【例2-17】 生成B样条曲线。

❶ 单击"绘制"功能面板中"B样条"按钮 。

❷ 在草图栅格中单击指定B样条上的第一个插值点。

❸ 继续指定其他插值点，以生成一条连续的B样条曲线，如图2-37所示。

❹ 完成后右击或按〈Esc〉键结束操作。

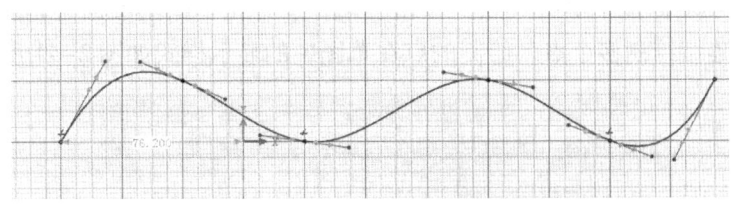
图2-37　B样条曲线

2.2.8　Bezier曲线

生成Bezier曲线的操作步骤同B样条曲线，绘制Bezier曲线的示例如图2-38所示。

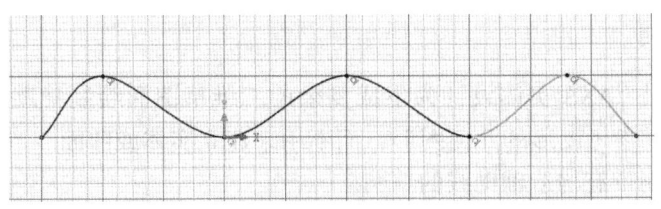
图2-38　Bezier样条曲线

2.2.9　公式曲线

单击"绘制"功能面板中"公式曲线"按钮 ，系统将弹出如图2-39所示的"公式曲线"对话框。在该对话框中可设置坐标系、可变单位、参数变量、表达式等，并可预览公式曲线的属性。然后单击"确定"按钮，即可完成公式曲线的绘制，如图2-40所示。

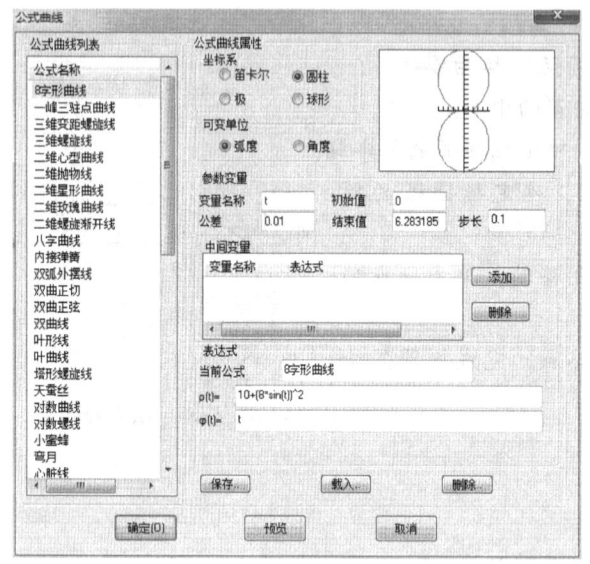

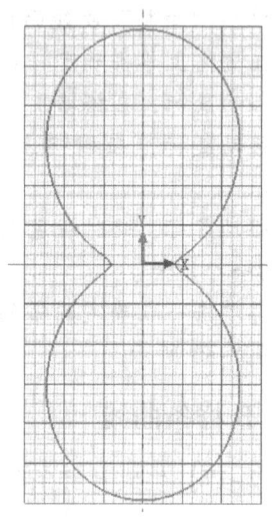

图 2-39 "公式曲线"对话框　　　　　图 2-40　绘制公式曲线

2.2.10　点

在"绘制"功能面板中单击"点"按钮 · 点，接着在草图基准面中指定位置即可绘制一个点，也可以连续绘制多个点，绘制的点在草图中的显示样式如图 2-41 所示。

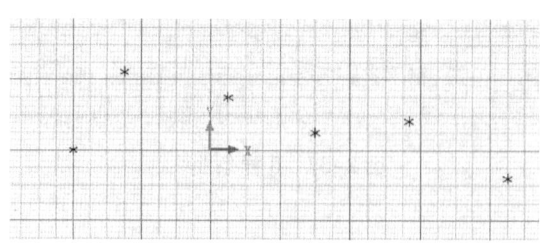

图 2-41　草图中绘制点

2.2.11　构造几何

构造几何工具是 CAXA 实体设计为生成复杂的二维草图而绘制辅助线的工具，利用此工具来生成作为辅助参考图形的几何图形，而不用来建立实体或曲面。

【例 2-18】绘制带有构造辅助线的草图。

❶ 单击"绘图"功能面板中"构造"按钮 和"圆心＋半径"按钮 ○。

❷ 在草图栅格中利用三点绘制圆，绘制完成时，该圆形就会立即以颜色加亮显示，以表明其为一条辅助线。此时在左侧属性管理器中"用作辅助线"复选框处于被选中状态，如图 2-42 所示。

❸ 右击圆图素，在弹出的"椭圆"对话框中设置其半径值为 60，单击"确定"按钮。

❹ 单击"绘图"功能面板中"构造"按钮 。

❺ 利用智能捕捉功能，分别绘制如图 2-43 所示的 4 个圆，半径值皆调整为 15。

图 2-42　属性管理器

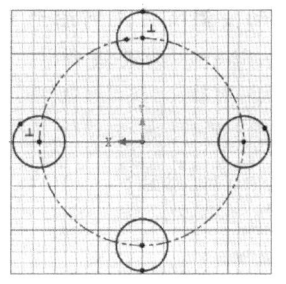

图 2-43　利用辅助圆绘制 4 个圆

如果需要把已经绘制好的图形作为辅助元素，则可以右击已有的几何图形，在弹出的快捷菜单中选择"作为构造辅助元素"命令即可。如果要将已有的构造线转化为普通实线，可以右击该构造线，然后在弹出的快捷菜单中选择"作为构造辅助元素"命令，从而取消其选中状态。

2.3　草图修改

设计过程中草图一般不是一次完成，经常需要后期的修改和编辑才能得到合格的草图。CAXA 实体设计可以对草图中的图形进行平移、缩放、旋转、镜像、偏置、投影等操作。草图编辑功能的按钮集中在"修改"功能面板中。如图 2-44 所示为二维编辑和修改的功能面板。

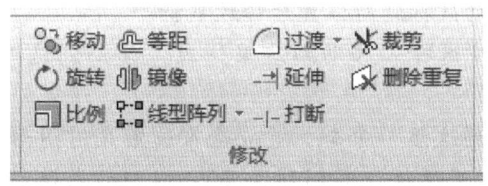

图 2-44　二维修改面板和编辑工具条

2.3.1　移动

移动工具可以移动草图中的图形。既可以对单独的一条直线或曲线，也可以同时对多条直线或曲线使用移动工具。

【例 2-19】移动六边形。

❶ 在草图创建一个六边形。

❷ 单击"移动"按钮，在草图中选择要移动的几何图形。选中的几何图形被收集在"选择实体"收集器列表中，如图 2-45 所示。

📖 提示：如果要选择多个几何图形，可以使用鼠标指定对角点的方法实现框选，或按住〈Shift〉键对几何图形一一进行选择。若要选择全部几何图形，那么就应在"编辑"菜单中选择"全选"命令。

---

❸ 在属性管理器"模式"选项组中单击"拖动实体"单选按钮。

❹ 在草图中单击，然后按住鼠标，将其拖动到新位置后放开鼠标。当拖动鼠标时，

CAXA 实体设计会自动提供有关几何图形离开参考位置距离的反馈信息，如图 2-46 所示。

❺ 单击"确定"按钮，结束操作。

图 2-45   属性管理器

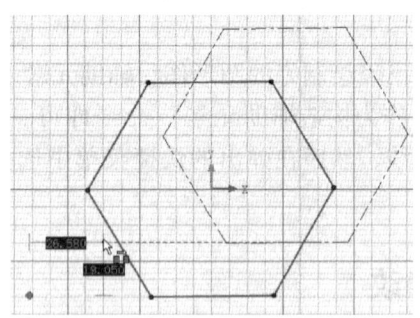

图 2-46   移动曲线

【例 2-20】 精确移动/复制。

❶ 在草图中创建六边形，单击"移动"按钮 🔧。

❷ 框选六边形，在属性管理器"模式"选项组中单击"拖动实体"单选按钮。

❸ 在草图中右击，拖动鼠标到新位置后释放鼠标。

❹ 在弹出的快捷菜单中选择"移动到这里"或"复制到这里"命令，弹出如图 2-47 所示对话框。

❺ 如果选择了"移动到这里"命令，就应输入选定几何图形相对于原位置的水平、竖直移动数值和矢量距离。如果选择"复制到这里"，就应输入选定几何图形的复制份数及其相对于原位置的水平、竖直移动数值和矢量距离。设置完毕后单击"确定"按钮。

❻ 也可以在属性管理器中输入相关移动或复制的精确距离，如图 2-48 所示。

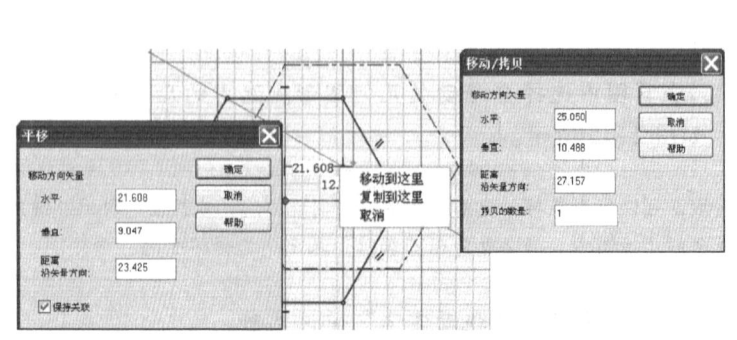

图 2-47   精确移动/复制曲线

图 2-48   属性管理器

2.3.2 旋转

旋转工具可用于使几何图形旋转。同前面介绍移动一样，既可对单条直线/曲线，也可以对一组几何图形使用旋转工具。

【例 2-21】 对长方形进行旋转操作。

❶ 在草图栅格中绘制长方形，然后框选长方形。

❷ 单击"旋转"按钮 ，在草图栅格的原点位置会出现一个尺寸较大的图钉。用这个图钉定义旋转中点。

❸ 若想调整旋转中点，则应将鼠标移动到图钉针杆接近钉帽的位置处，然后按住鼠标并拖动到需要的位置后放开鼠标。

📖 **提示：** 可以将图钉重新定位到草图栅格上的任意位置，甚至移动到其他的几何图形上。拖动几何图形时，系统会显示出拖动距离反馈信息。

❹ 单击并拖动选定的几何图形，以确定旋转角度。CAXA 实体设计会在拖动几何图形的时候显示出旋转角度反馈信息。

❺ 完成后单击"确定"按钮 ，结束操作，如图 2-49 所示。

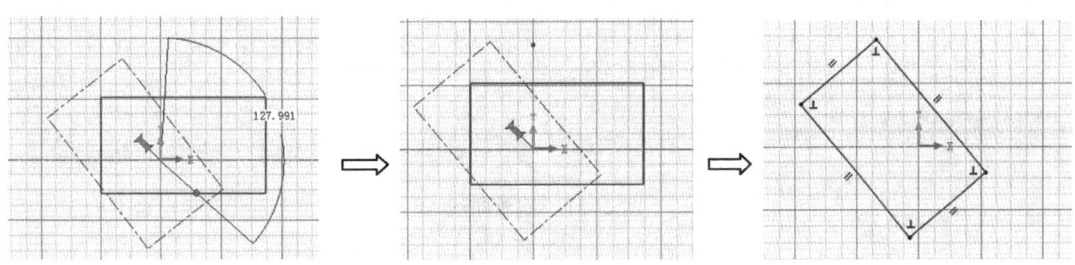

图 2-49　旋转曲线

【例 2-22】 精确旋转/复制。

❶ 选择需要旋转的几何图形。

❷ 在"修改"面板中单击"旋转"按钮 。

❸ 确定旋转中心后，在适当位置按住鼠标右键并移动鼠标少许，释放鼠标后在弹出的快捷菜单中选择"移动到这里""复制到这里"或"取消"命令。

❹ 在弹出的相应对话框中输入参数，单击"确定"按钮，结束操作，如图 2-50 所示。

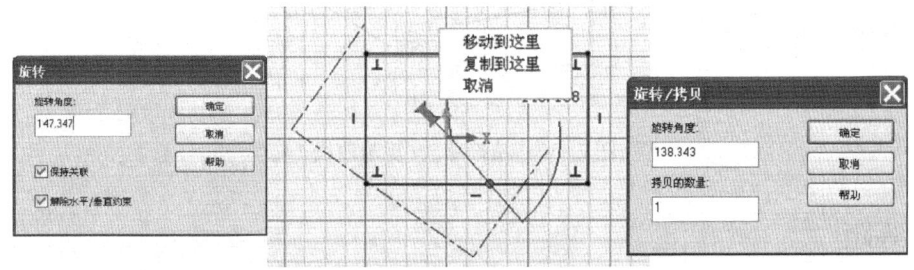

图 2-50　精确旋转/复制

2.3.3 比例

利用比例工具，可以将几何图形按比例缩放。与移动工具一样，既可以对单独的一条直线或曲线，也可以同时对多条直线或曲线使用本工具。

【例2-23】对长方形进行缩放操作。

❶ 选择需要缩放的几何图形。

❷ 单击"修改"功能面板中"比例"按钮 ▣。在草图栅格的原点处会出现一个尺寸较大的图钉。用这个图钉定义比例缩放中点。

📖 提示：若想调整比例缩放中点，则应将鼠标移动到图钉针杆接近钉帽的位置处，然后按住鼠标并拖动到需要的位置后放开鼠标。可以将图钉重新定位到草图栅格上的任意位置，甚至移动到其他几何图形上。

---

❸ 单击并拖动选定的几何图形，缩放到适当的比例后放开鼠标。拖动鼠标时，CAXA实体设计会自动提供有关几何图形离开原位置的距离的反馈信息。

❹ 单击"确定"按钮，结果如图2-51所示。

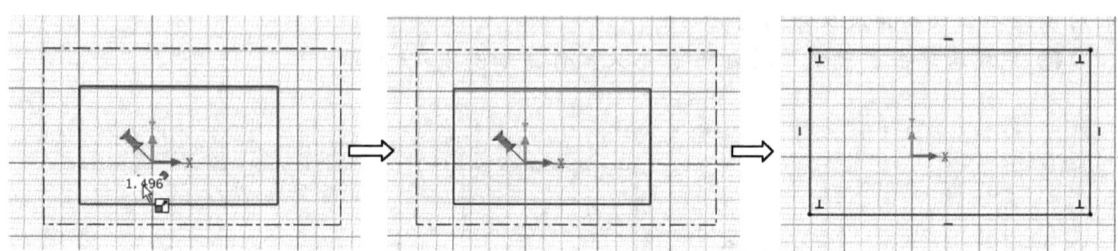

图2-51　缩放曲线

📖 提示：用户也可以直接在左侧属性管理器中的"缩放因子"文本框中输入所需的缩放因子，然后单击"确定"按钮。

精确缩放/复制曲线的操作步骤与上述内容类似，如图2-52所示。

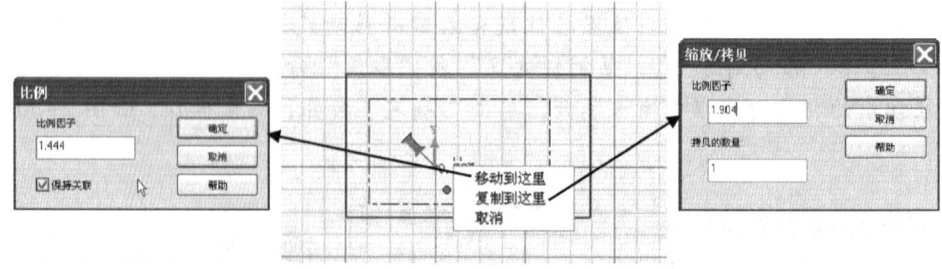

图2-52　精确缩放/复制曲线

2.3.4 等距

利用等距工具，可以复制选定的几何图形，然后使它从原位置偏移指定距离。对直线和圆弧等非封闭图形而言，其作用与复制功能并没有多大的区别。但是对于包含不规则几何图形的封闭草图来说，本工具的作用则是非常明显的。

【例2-24】对不规则几何图形进行偏移操作。

❶ 在草图栅格中生成由直线、圆弧和B样条曲线组成的二维草图轮廓，然后框选。

❷ 单击"修改"功能面板"偏移曲线"按钮 ⬛。

❸ 在左侧的属性管理器中设置相应参数，如图2-53所示。其中近似精度值越小，复制图形对于原几何图形的相对准确度就越高。

❹ 单击"确定"按钮，结果如图2-54所示。

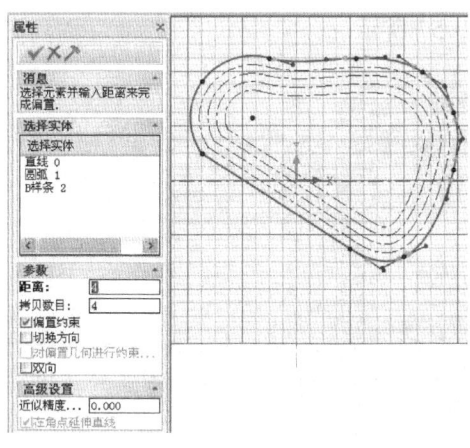 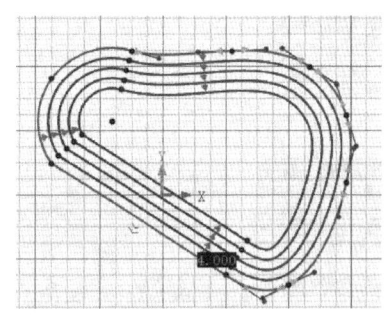

图2-53　属性管理器　　　　　　　　　图2-54　偏移曲线

2.3.5　镜像

利用镜像工具可以在草图中将图形对称地复制。对于有对称结构的草图来说，可以只绘制一侧，然后用草图镜像完成。

【例2-25】对曲线进行镜像操作。

❶ 在草图栅格上绘制一个直线和B样条曲线构成的几何图形。

❷ 单击"两点线"按钮，在三角形右侧绘制一条竖直线。取消"两点线"工具。

❸ 右击竖直线，然后从弹出的快捷菜单中选择"作为构造辅助元素"命令。

❹ 按住〈Shift〉键拾取几何图形各边。

❺ 单击"镜像"按钮 ⬛，然后单击竖直线上的任意位置，结果如图2-55所示。

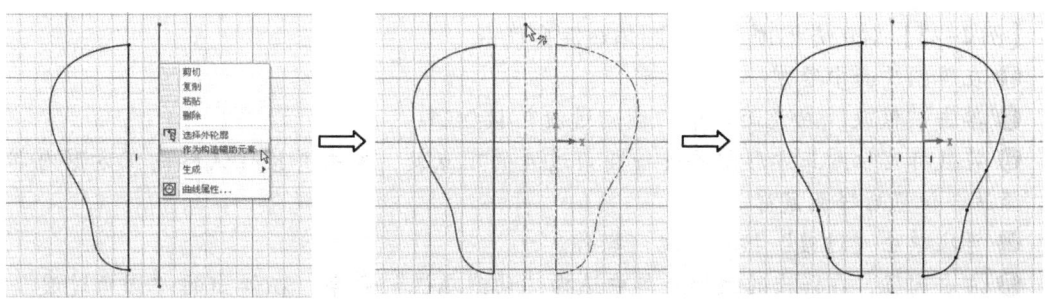

图2-55　镜像操作

2.3.6 阵列

阵列是将草图实体沿一个或两个轴复制生成多个排列图形。阵列有两种方式：一种是线性阵列，一种是圆形阵列。

【例 2-26】圆形阵列操作。

❶ 选择需要阵列的几何图形。

❷ 单击“修改”功能面板中“圆形阵列”按钮。

❸ 在左侧的属性管理器中设置圆形阵列的中心点、阵列数目、角度间隔、半径等参数，然后单击“确定”按钮，如图 2-56 所示。

线性阵列操作步骤与圆形阵列相似，如图 2-57 所示。

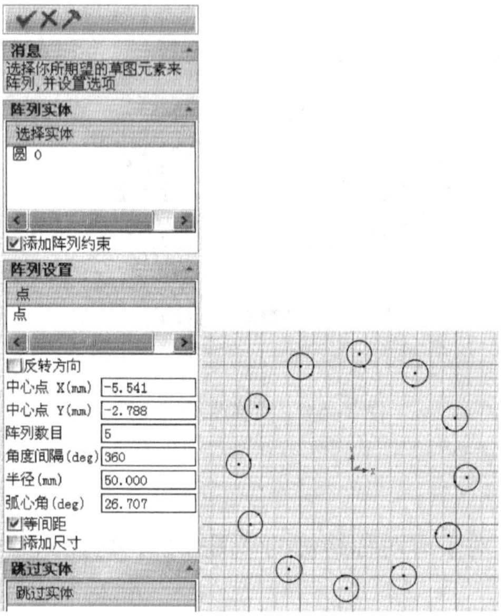

图 2-56　圆形阵列操作

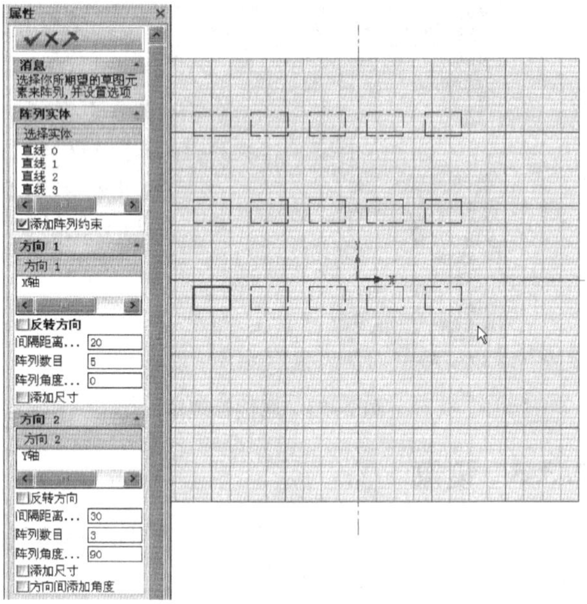

图 2-57　线性阵列操作

2.3.7 圆角过渡

圆角过渡命令是将两个草图实体交叉处裁剪掉角部，生成一个与两个草图实体都相切的圆弧，此命令在二维草图和三维草图中均可使用。CAXA 实体设计提供了两种绘制圆角过渡的方式。

【例 2-27】对正方形顶点进行圆角过渡操作。

❶ 在草图平面中绘制一个正方形。

❷ 单击“修改”功能面板中“圆角过渡”按钮。

❸ 将鼠标定位到正方形需要进行圆角过渡的顶点处，单击并按住鼠标向正方形内部拖动，至适合位置后释放鼠标。

❹ 再次单击“过渡”按钮，取消操作。

❺ 右击圆弧，在弹出的快捷菜单中选择“曲线属性”命令，在弹出的“圆角过渡”对话框中设置半径值，然后单击“确定”按钮，如图 2-58 所示。

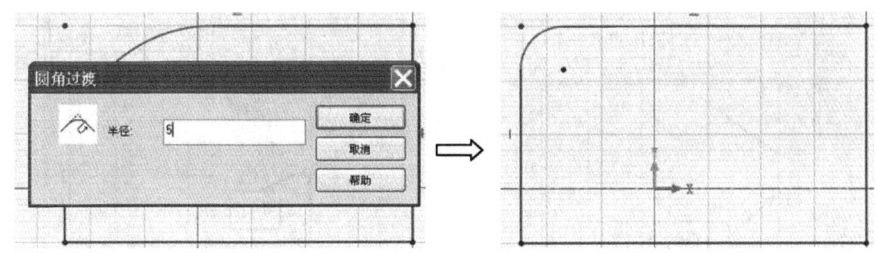

图 2-58　圆角过渡

CAXA 实体设计 2016 支持交叉线/断开线过渡，步骤如下。

❶ 在草图平面上，绘制一组交叉直线。

❷ 单击"圆角过渡"按钮，然后分别拾取两段直线要保留的部分。

❸ 按〈Esc〉键取消操作，然后拾取圆弧过渡，在属性管理器中精确设置其半径值，如图 2-59 所示。

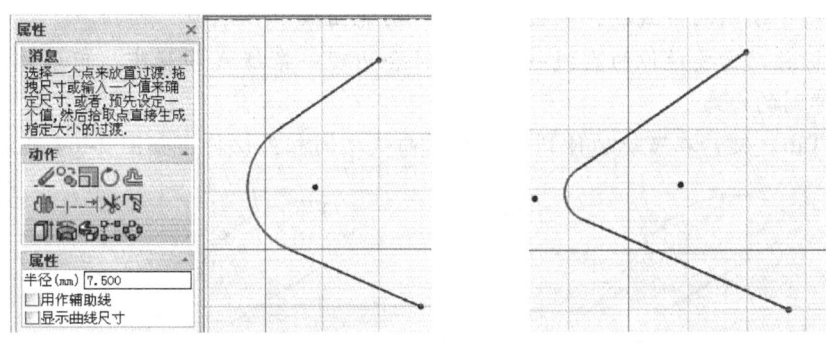

图 2-59　交叉线过渡

2.3.8　倒角

倒角命令提供了三种普遍应用的倒角方式：距离、两边距离和距离 - 角度，方便在草图设计过程选择倒角的方式，如图 2-60 所示。倒角命令支持交叉线/断开线倒角及一次多个倒角的功能。

【例 2-28】长方形倒角。

❶ 在草图中绘制一个长方形，然后单击"修改"功能面板中"倒角"按钮◿。

❷ 在属性管理器中选择倒角类型，并设定参数值。

❸ 单击长方形某一顶点，形成倒角。三种类型的倒角如图 2-61 ~ 图 2-63 所示。

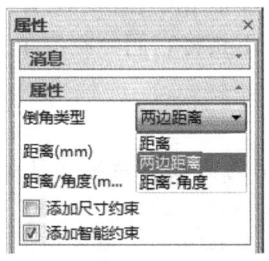

图 2-60　倒角类型

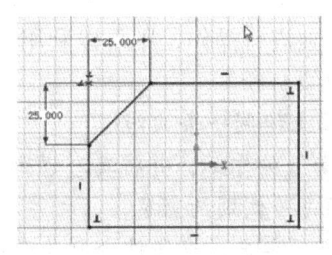

图 2-61　距离倒角

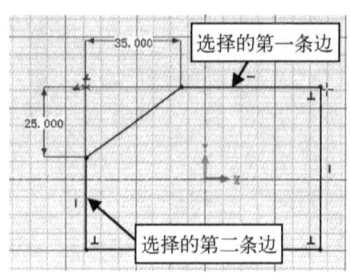

图 2-62 两边距离倒角

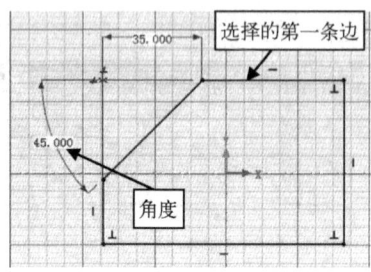

图 2-63 距离-角度倒角

2.3.9 延伸

利用延伸工具可将一条曲线延伸到一系列与它存在交点的曲线上，也可延伸到曲线的延长线上。

【例 2-29】直线延伸。

❶ 在草图中绘制两条线段，单击"修改"功能面板中"延伸"按钮 ⊣ 。

❷ 将鼠标移动需要延伸的直线一端，此时会出现一条绿线和箭头，用以指明曲线的延伸方向和延伸到的曲线。

❸ 按〈Tab〉键，在可能延伸到的一系列曲线之间相互切换，如图 2-64 所示。

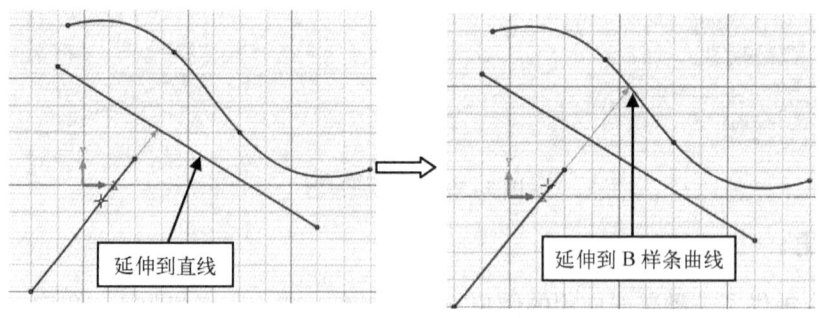

图 2-64 延伸操作

❹ 选定延伸到的曲线，然后单击，完成延伸操作。

❺ 按〈Esc〉键取消"延伸"工具。

2.3.10 打断

如果需要在草图平面上现有直线或曲线段中添加新的几何图形，或者如果必须对某条现有直线或曲线段单独进行操作，则可以利用"打断"工具将它们分割成单独的线段。

【例 2-30】直线打断。

❶ 在草图平面上绘制一条曲线。

❷ 单击"打断"按钮 ⊣ ，并将其移动到需要分割的曲线，曲线上鼠标点一侧将成绿色反亮显示状态，而另一侧则为蓝色。

❸ 选定分割点后单击，直线被分割为两段，可独立操作，如图 2-65 所示。

❹ 按〈Esc〉键，取消"打断"工具，结束操作。

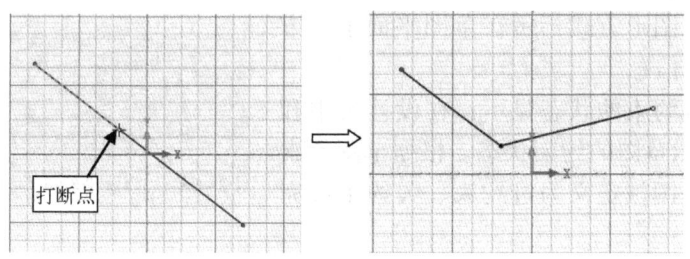

图 2-65　打断操作

2.3.11　裁剪

裁剪主要用于删除一个草图实体与其他草图实体相互交错产生的线段；如果草图没有与其他实体相交，则删除整个草图实体。

【例 2-31】对长方形进行裁剪操作。

❶ 在草图栅格中生成长方形，单击"裁剪"按钮 。

❷ 将鼠标移向需要裁剪曲线处，直到该曲线段呈现绿色反亮状态。

❸ 单击该曲线段，如图 2-66 所示。

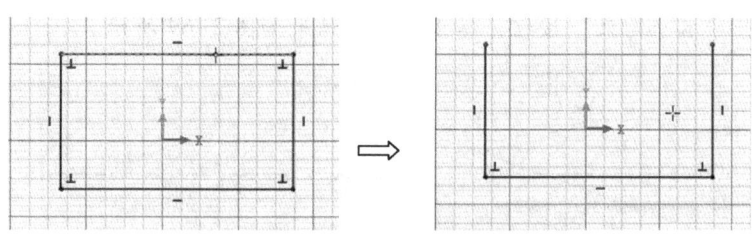

图 2-66　裁剪操作

【例 2-32】强力裁剪操作。

❶ 在草图栅格中绘制长方形和圆形，单击"裁剪"按钮 。

❷ 按住鼠标滑过需要裁剪的曲线，完成后释放鼠标。

❸ 取消"裁剪"工具，结束操作，过程如图 2-67 所示。

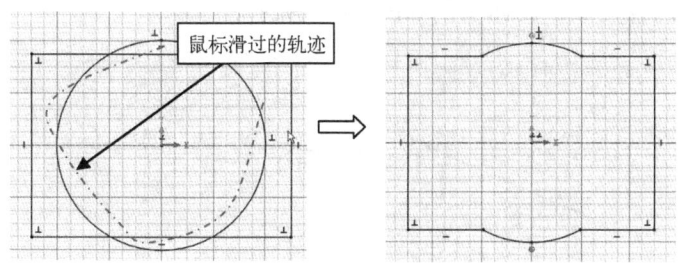

图 2-67　强力裁剪曲线

2.4　草图约束

CAXA 实体设计 2016 草图生成后需对对二维草图图形进行约束。"约束"功能面板如图 2-68 所示。

"二维约束"工具用可以对绘出图形的长度、角度、平行、垂直、相切等曲线图形加上限制条件，并且以图形方式标示在草图平面上，方便直观浏览所有的信息。

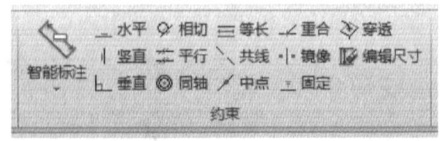
图2-68 二维"约束"功能面板和工具条

过、欠、完全约束的状态显示：在设计树中和2D草图中都能显示草图的约束状态。根据草图元素上添加的约束，草图被定义为过约束、欠约束或完全约束。

在设计树中会显示该草图的约束状态，草图名称后面+号为过约束，－号为欠约束，没有加减号则为完全约束状态。草图中通过颜色显示约束状态。默认设置下，过约束为红色、欠约束为白色、完全约束为绿色。

2.4.1 水平约束

水平约束工具可以在一条直线上生成一个相对于栅格X轴的平行约束。

【例2-33】对非水平曲线进行水平约束。

❶ 单击"约束"功能面板中"水平"按钮▬。

❷ 单击需要约束的直线，被选定的直线将立即重新定位为相对于栅格X轴水平。

❸ 再次单击"水平约束"按钮，结束操作，结果如图2-69所示。

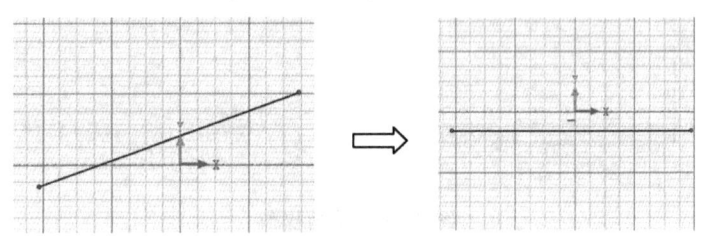
图2-69 添加水平约束

2.4.2 竖直约束

竖直约束可以在一条直线上生成一个相对于栅格X轴的垂直约束。生成竖直约束的操作步骤与2.4.1节内容类似，具体示例如图2-70所示。

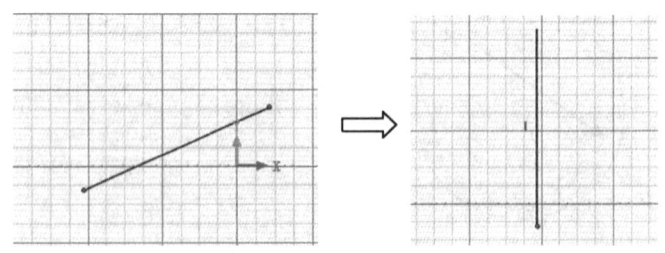
图2-70 添加竖直约束

2.4.3 垂直约束

垂直约束用于在草图平面中的两条已知曲线之间生成垂直约束。

【例2-34】对两条不存在垂直关系的曲线进行垂直约束。

❶ 单击"约束"功能面板中"垂直"按钮▙。

❷ 如图 2-71 所示，单击要应用垂直约束的曲线 1。

❸ 单击应用垂直约束的曲线 2，这两条曲线将相互垂直，同时在它们的相交处出现一个红色的垂直约束符号，如图 2-71 所示。

❹ 如果需要，可以清除该约束条件：将鼠标移至垂直符号处，当鼠标变成小手形状时右击，在弹出的快捷菜单中选择"锁定"命令，取消锁定即可。

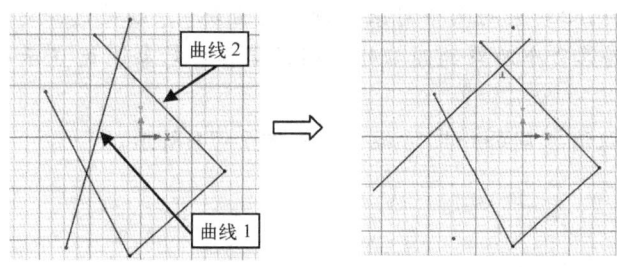

图 2-71　添加垂直约束

2.4.4　相切约束

相切约束用于在草图平面中已有的两条曲线之间生成一个相切的约束条件。

【例 2-35】对两条不存在相切关系的曲线进行相切约束。

❶ 单击"约束"功能面板中"相切"按钮 。

❷ 单击第 1 条被约束曲线。

❸ 单击第 2 条被约束曲线，这两条曲线将立即形成相切约束关系，同时在切点位置出现一个红色的相切约束符号，如图 2-72 所示。

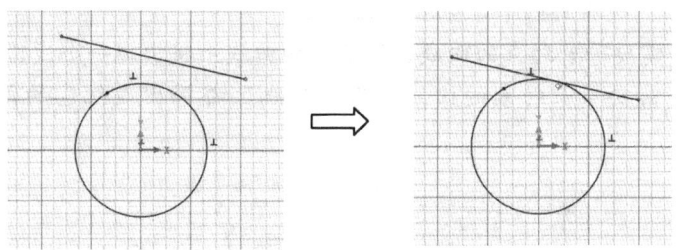

图 2-72　添加相切约束

2.4.5　平行约束

平行约束用于使两条曲线平行，添加平行约束关系的操作步骤同 2.4.4 节内容类似，具体示例如图 2-73 所示。

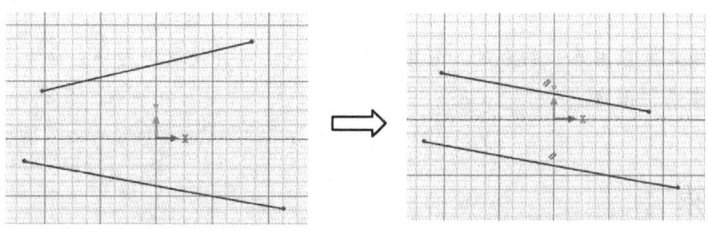

图 2-73　添加平行约束

2.4.6 同轴约束

使用同轴约束，可以使草图平面上的两个已知圆形成同心的约束关系。

【例 2-36】 在两个已知圆上生成同心约束。

❶ 单击"约束"功能面板中的"同轴"按钮 ◎。

❷ 依次选择需要同心约束的两个对象（圆或者圆弧），则被选择对象立即重新定位，第 1 个对象圆心被定位到第 2 个对象的圆心处，同时在各自对象附近显示一个红色的同心约束符号。

❸ 按〈Esc〉键取消"同轴约束"操作，如图 2-74 所示。

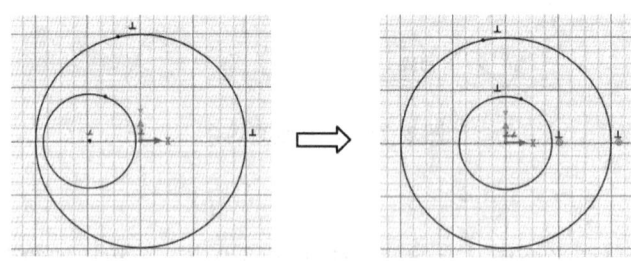

图 2-74 添加同轴约束

2.4.7 等长约束

可以为两条已知曲线建立等长约束。

【例 2-37】 在两条已知曲线上生成等长约束。

❶ 单击"约束"功能面板中"等长"按钮 ▤。

❷ 单击第 1 条需要等长约束的曲线，被选定的曲线上将出现一个浅蓝色的标记。

❸ 单击第 2 条需要等长约束的曲线，两条曲线上都将出现红色的等长约束符号，如图 2-75 所示。

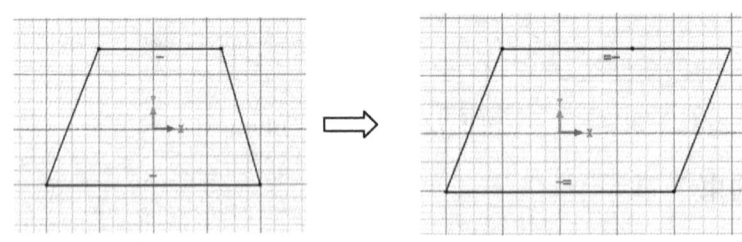

图 2-75 添加等长约束

📖 **提示：** 在两条曲线之间应用等长约束时，究竟调整哪一条曲线并使其与另一条曲线匹配，由单独的几何图形和已有的约束条件确定。

2.4.8 共线约束

共线约束可以为已存在的直线间建立共线约束关系。

【例2-38】 在两条现有直线上生成共线约束。

❶ 单击"约束"功能面板中"共线"按钮 。

❷ 分别拾取需要建立共线约束关系的两条直线，此时，两条直线将立即重新定位，形成共线约束，并出现红色的共线约束符号。

❸ 按〈Esc〉键取消共线约束操作，操作结果如图2-76所示。

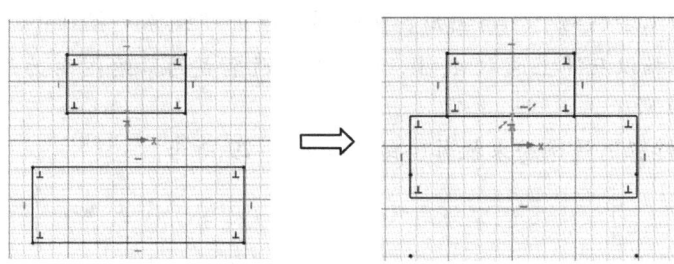

图 2-76 添加共线约束

2.4.9 中点约束

中点约束就是指将选定的一个顶点或圆心约束到指定对象的中点处。中点约束操作过程同重合约束操作类似，将圆约束至线段中点的示例如图2-77所示。

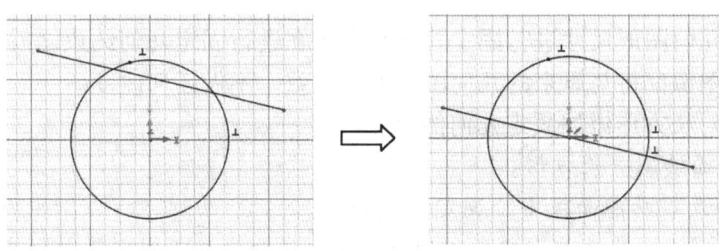

图 2-77 添加中点约束

2.4.10 重合约束

重合约束可以将端点、中点约束到草图中的其他元素。

【例2-39】 对圆心和长方形角点进行重合约束。

❶ 在草图平面上绘制一个圆和一个长方形，如图2-78所示，单击"重合"按钮 。

❷ 分别单击圆中心和长方形的一个角点，为这两个点之间添加了重合约束。

❸ 按〈Esc〉键取消重合约束操作，结果如图2-78所示。

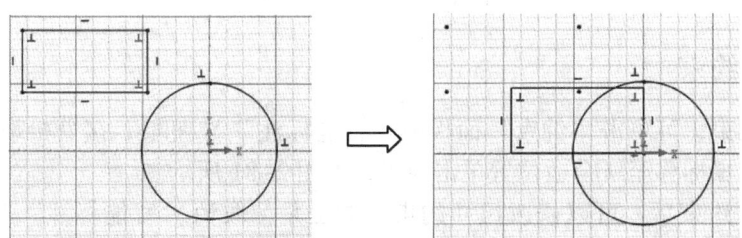

图 2-78 添加重合约束

2.4.11 镜像约束

镜像约束功能就是建立两组几何相对于镜像轴的对称功能。且镜像约束以后改变镜像轴一边的几何长度，则另一边的几何长度随着变化。

【例2-40】对两个圆进行镜像约束。

❶ 在草绘平面上绘制两个几何图形，例如圆，单击"镜像"按钮 ．．．。

❷ 依次在对称轴以及圆上选取 a、b、c 三点。则生成的草绘图形为两圆心相对于中心轴对称。如图2-79所示。

❸ 按〈Esc〉键取消镜像约束操作，结果如图2-79所示。

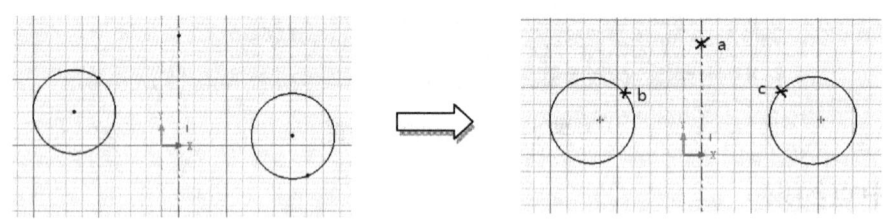

图2-79　添加镜像约束

2.4.12 固定几何约束

可以对选定几何图形尺寸进行固定几何约束。在进行固定几何约束之后，无论对它们进行了何种修改，图像都将与原来的几何图形保持一致，不做任何改变。

【例2-41】对长方形添加固定几何约束。

❶ 在草图平面绘制一长方形。

❷ 单击"约束"功能面板中"固定"按钮 ．．。

❸ 拾取长方形4个边添加固定几何约束，拾取的曲线显示固定几何约束符号，如图2-80所示。在接下来的操作中，不管对它们做了何种修改，由于其几何尺寸固定约束，其图像不发生改变。

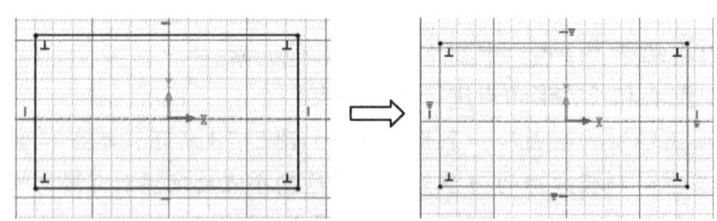

图2-80　添加固定几何约束

2.4.13 尺寸约束

建立尺寸约束，可单击"约束"面板中"智能标注"按钮 ．．，接着拾取需要添加约束的曲线，然后将鼠标移至所合适位置单击即可，如图2-81所示。

建立好尺寸约束后，可以修改尺寸约束。方法是：取消"智能标注"按钮选中状态，将鼠标移至尺寸处，待鼠标变为手形时右击，弹出如图2-82所示快捷菜单，在该快捷菜单中选择相应命令即可。

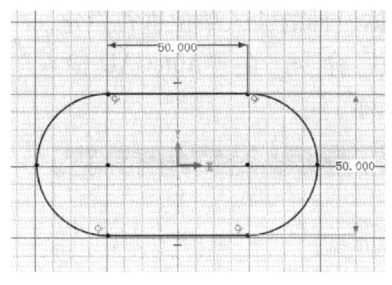
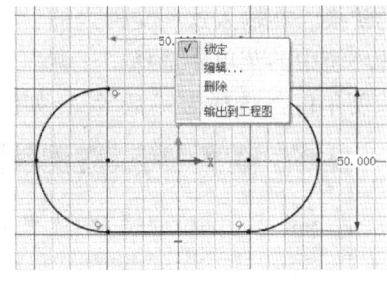

图 2-81　建立尺寸约束　　　　　　　　　图 2-82　编辑尺寸

- 锁定：用于对曲线的尺寸值进行锁定或清除锁定。清除锁定后，关系仍然保留。
- 编辑：用于对曲线的约束尺寸值进行编辑，以精确地确定尺寸。
- 删除：用于删除选定的尺寸约束及其关系。
- 输出到工程图：用于将图形投影到工程图时，实现约束值的自动标注。

2.4.14　角度约束

角度约束可在两条已知曲线之间建立角度约束关系。角度约束和尺寸约束操作步骤类似，也可以对其尺寸值进行修改等操作。

【例 2-42】对两条已知曲线进行角度约束。

❶ 在"约束"面板中单击"角度约束"按钮 △。

❷ 单击要应用角度约束的第一条曲线。

❸ 再单击另外一条曲线。

❹ 拖动鼠标，移至适合位置后单击。

❺ 再次单击"角度约束"按钮 △，结束操作，如图 2-83 所示。

❻ 建立约束后，可将鼠标移至角度约束值处，待出现手形后右击，出现快捷菜单后进行相关操作。

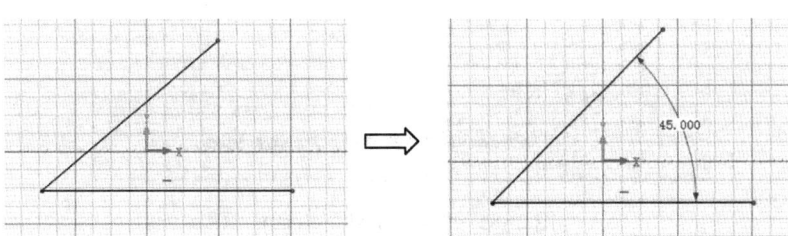

图 2-83　建立角度约束

2.4.15　弧长和弧心角约束

可以为圆弧创建弧长约束和弧心角约束。相应工具按钮分别为"约束"面板中的"弧长约束"按钮 ⚞ 和"弧心角约束"按钮 ⚟。两者的操作方法与角度约束相同。

2.5　输入二维图形

CAXA 实体设计支持把 *.exb 和 *.dwg/*.dxf 文件输入到草图平面中，方便实现从二维到三维的转换。在输入这些文件之前，需要对实体设计的输入单位进行设定。

在设计环境中的菜单中选择"工具"→"选项"命令，在"AutoCAD 输入"选项卡中将"缺省长度单位"选择为"毫米"，如图 2-84 所示。

图 2-84 "选项"对话框

在 CAXA 实体设计中进行二维草图绘制时，可将 CAXA 的 *.exb 格式及 AutoCAD 的 *.dxf/*.dwg 格式图形输入到二维草图栅格上。方法是：在草图栅格环境下，从菜单浏览器中选择"文件"→"输入"→"2D 草图中输入"→"输入"命令，或直接在草图栅格空白处右击，从弹出的快捷菜单中选择"输入"命令，打开"输入文件"对话框，如图 2-85 所示。结合文件类型设置来选择所需的格式文件，然后单击"打开"按钮即可。

图 2-85 "输入文件"对话框

CAXA 实体设计中，在插入 B 样条时，还提供了输入坐标点的 *.txt 文件方法，步骤如下。

在草图栅格环境下，从菜单浏览器中选择"文件"→"输入"→"2D 草图中输入"→"输入 B 样条"命令，弹出如图 2-86 所示的"B 样条输入"对话框，单击"浏览"按钮 [...]，选择包含 B 样条拟合点的文本，然后在"B 样条输入"对话框中单击"输入"按钮，系统会根据这些有效点位数据生成 B 样条曲线。

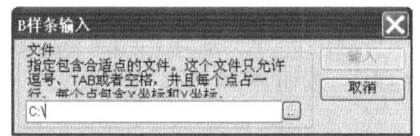

图 2-86 "B 样条输入"对话框

2.6 综合实例：法兰盘草图的绘制

法兰盘是机械中很常见的零件。如图 2-87 所示是某法兰盘草图尺寸及效果图，结构比较简单，是对称零件。从新建法兰盘的草图开始绘制，逐步熟悉 CAXA 实体设计的"草图绘制"工具。操作过程中注意"属性管理器"的提示，同时也可尝试用不同的绘图工具来完成草图的绘制。

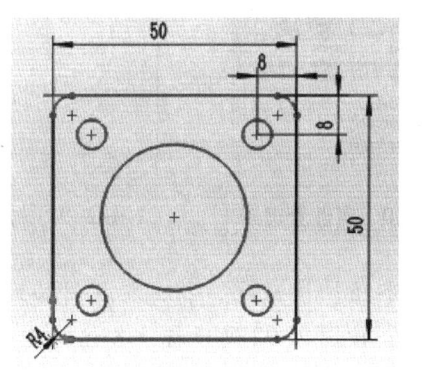 

图 2-87　法兰盘草图尺寸及效果图

✖ 设计步骤

❶ 单击"标准"工具栏中的"新建"按钮，系统弹出"新建"对话框，选择"设计"选项，单击"确定"按钮，弹出"新的设计环境"对话框，选择"空白模板"，单击"确定"按钮，进入 CAXA实体设计的工作界面。

❷ 单击"草图"→"二维草图"按钮 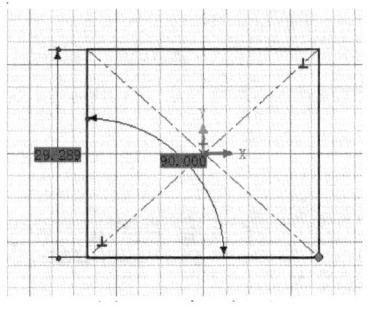，或单击"二维草图"按钮下方的三角按钮，直接选择绘图基准面为 Y‑Z 基准面。

❸ 单击"草图"工具栏中的"中心矩形"按钮，将鼠标指针移到草图坐标原点，单击并移动鼠标以生成矩形，如图 2‑88 示，在移动鼠标时，鼠标指针处会显示该矩形的尺寸。单击完成矩形绘制。

图 2-88　中心矩形

📖 **提示**：当用户在创建草图时，鼠标指针可动态改变，以提供草图实体的类型数据或指针相对于其他草图实体的距离数据，帮助用户方便快捷地确定草图形体的几何关系。在绘图时要注意指针形状的变化，它提供了有关指针的当前任务、位置和自动应用几何关系的反馈。

---

❹ 单击"草图"工具栏中的"智能标注"按钮，单击矩形的顶边，然后单击放置尺寸的位置，在尺寸文本框中输入"50"，草图根据新输入的尺寸更改大小。同理，将矩形的右侧边尺寸改为"50"，如图 2‑89 所示。

❺ 单击"草图"工具栏中的"圆心+半径"按钮 ，将鼠标指针移到坐标原点，单击此处作为圆心，并移动鼠标指针以生成圆形，系统的属性管理器会弹出参数选项栏，如图2-90所示，将"半径"文本框中的数值改为"15"，完成圆的绘制，如图2-91所示。

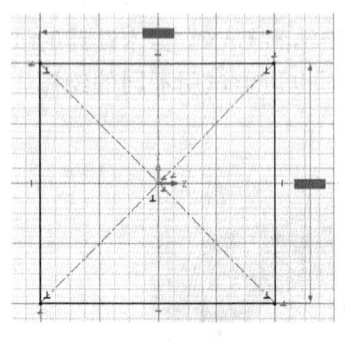

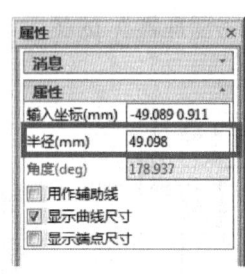

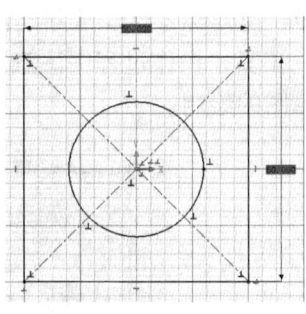

图2-89　绘制矩形　　　　　图2-90　属性管理器　　　　　图2-91　绘制大圆

❻ 单击"草图"工具栏中的"圆心+半径"按钮 ，将鼠标指针移到图2-92所示位置，绘制R3的圆。单击"智能尺寸"按钮，按图2-92所示标注各控制尺寸。

❼ 单击"草图"中"修改"功能面板中"圆形阵列"按钮 ，选择R3的小圆，在左侧的属性管理器中设置圆形阵列的中心点、阵列数目、角度间隔、半径等参数，如图2-93所示，然后单击"确定"按钮，如图2-94所示。

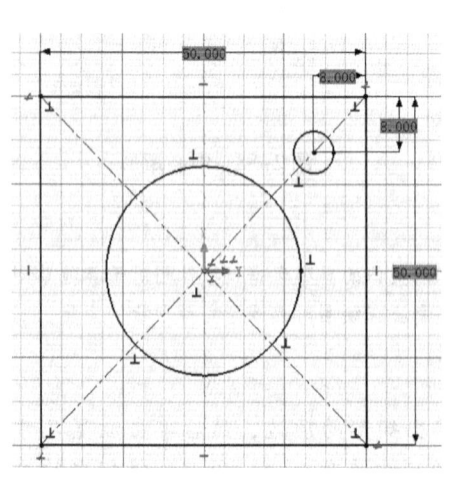

图2-92　绘制小圆　　　　　图2-93　"圆形阵列"属性管理器　　　　　图2-94　圆形阵列

❽ 单击"草图"工具栏中的"圆角过渡"按钮 🔲，弹出"圆角过渡"属性管理器，将"半径"文本框中的数值改为"4"，如图 2-95 所示。分别在图中单击矩形的 4 个角点，得到如图 2-96 所示图形。

图 2-95 "圆角过渡"属性管理器

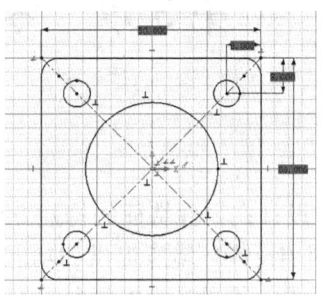

图 2-96 圆角过渡

❾ 单击"完成"按钮 ✅，完成法兰盘草图的绘制。

❿ 单击"标准"工具栏中的"保存"按钮 💾，将零件保存为"法兰盘"。

2.7 课后练习

1. 思考题

（1）如何改变草图中基准面的位置和方向？

（2）如何快速生成与原始坐标系平面平行的草图平面？

（3）如何在草图中选择所有曲线？

（4）如何改变草图中的线条宽度？

（5）如何设置基准面？

（6）修改端点位置有几种方法？

2. 上机题

（1）要求使用二维草图绘制及修改方法绘制出如图 2-97 所示的零件图。

（2）使用二维绘图工具大致绘制如图 2-98 所示的阀盖左视图。

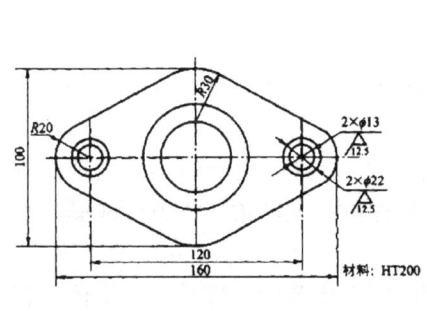

图 2-97 零件图

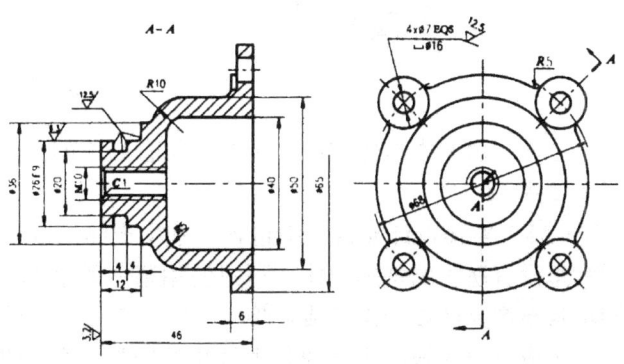

图 2-98 阀盖零件图

第3章　零件基础特征造型

内容与要求

CAXA 实体设计在零件特征的构建方面是延伸草图的设计概念，通过草图中所建立的二维草图截面，利用设计环境所提供的功能，建立三维实体。本章将介绍创建零件的各种设计方法及常用的工具，使设计者在进行产品设计时，可以将自己的设计思想通过软件以三维实体的形式直接加以实现。

教学目标
- 掌握由二维草图轮廓延伸为三维实体的常用方法
- 掌握常用的基础特征造型命令，如拉伸、旋转、扫描等

3.1　基础知识

机器或部件都是由若干零件按一定的装配关系和技术要求装配起来的。如图 3-1 所示为减速器装配图和分解图。可以看出，减速器是由箱体、箱盖、轴、齿轮、螺栓螺母、端盖等零件组成的，可见零件是构成机器或部件的最小单元。

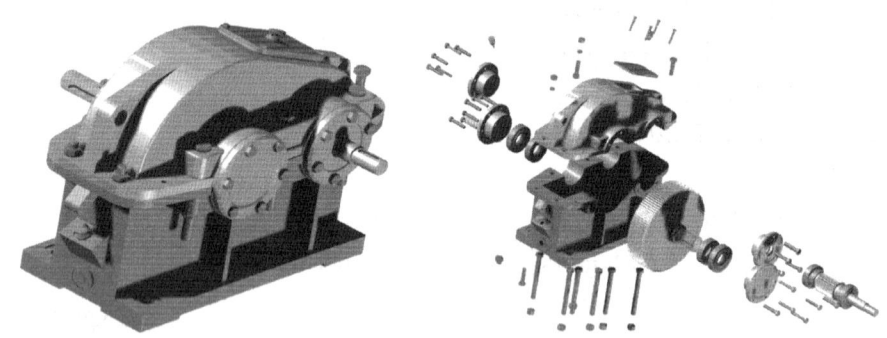

图 3-1　减速器装配及分解图

零件是由基本形体按照一定方式组合而成的，基本形体包括柱、锥、台、球、环等，如图 3-2 所示。

CAXA 实体设计元素库中包含的基本形体是进行创新设计的基础。设计中如果发现设计元素里没有所需的基本形体，可以使用智能图素工具生成各种自定义图素，以方便或满足不同项目与产品的设计需求或习惯。

生成自定义智能图素的基本方法是绘制一个二维截面再将二维截面延伸成三维实体，也就是从点到线再到面再到体的传统的"三维造型"，所以二维截面图形是生成自定义智能图素的基础。

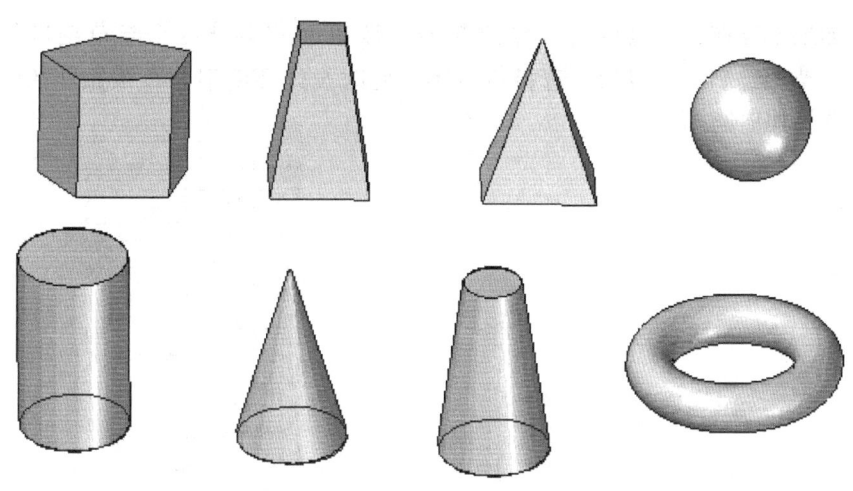

图 3-2 基本形体

CAXA 实体设计提供了 4 种由二维草图轮廓延伸为三维实体的基本方法，它们是拉伸、旋转、扫描及放样，使用这 4 种方法即可以生成实体特征，也可以生成曲面。"特征"功能面板如图 3-3 所示。

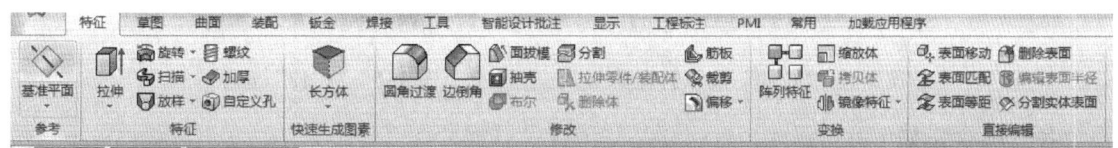

图 3-3 "特征"功能面板

3.2 拉伸

CAXA 实体设计可沿高度方向拉伸封闭的二维截面线，从而生成三维拉伸特征。即使图素已经拓展成三维状态，若对所生成的三维造型不满意，仍可编辑截面或其他属性。方法是在"智能图素"编辑状态下选择已拉伸生成的图素，然后通过拖动不同的"手柄"即可修改截面形状。

3.2.1 拉伸操作步骤

拉伸特征是最基本和常用的特征造型方法，而且操作比较简单，工程实践中的多数零件模型，都可以看作是多个拉伸特征相互叠加或切除的结果。利用拉伸创建拉伸特征一般要经过 4 个步骤，具体如下。

第一步：

单击"特征"功能面板中的"拉伸"按钮 ，可以打开如图 3-4 所示的"拉伸"属性管理器，此时可以通过"选项"在设计环境中选择一个零件，在其上添加拉伸特征；也可以创建一个新的零件。

第二步：

如果此时设计环境中存在需要拉伸的草图，则单击该草图，它的名称出现在"选择的轮廓"下。如果不存在，可以单击"创建草图"按钮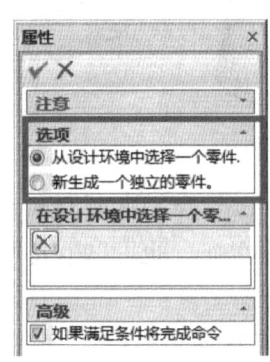来创建一个新草图进行拉伸，如图3-5所示。草图绘制完成以后，选择该草图。此时设计环境中会有该拉伸的预显，可以根据预显再进行其他选择。

图3-4 "拉伸"属性管理器   图3-5 "拉伸"选项

各选项含义如下。

- 拔模：可以选中"向内拔模"复选框，然后输入"拔模值"，在拉伸的同时进行拔模，生成一个有拔模斜度的拉伸零件。
- 切换方向：将按目前预显的反方向拉伸。
- 方向深度：选择该方向上的拉伸深度。可以用高度值表示，也可以选择到某特征，如贯穿、到顶点、到曲面、中性面等选项。
- 生成为曲面：选中该复选框，将拉伸成曲面。
- 增料：进行拉伸增料操作。
- 除料：对已存在零件，进行拉伸除料操作。

第三步：

选择已有零件的某一个面，进行拉伸增料或除料。如果在第一步中选择"新生成一个独立的零件"选项，单击图3-5中的"创建草图"按钮，进入草图绘制界面，可以绘制草图，如图3-6所示。

第四步：

单击"草图"面板中的"完成"按钮，在弹出的"拉伸"属性管理器中输入需要拉伸的高度值，如图3-7所示。单击"确定"按钮，完成拉伸特征，如图3-8所示。

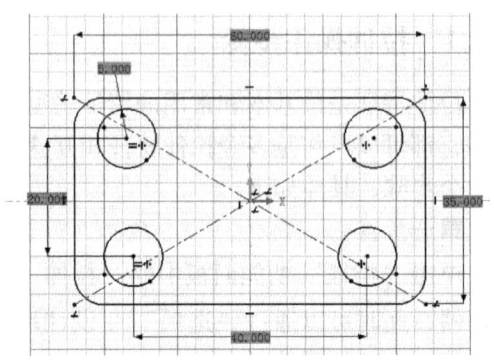

图3-6 草图

图 3-7 "拉伸"高度选项

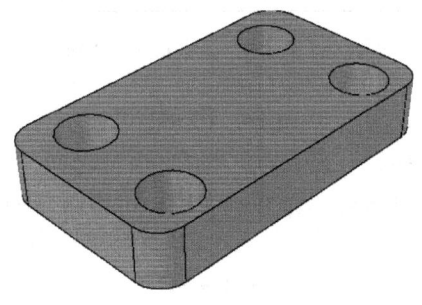

图 3-8 拉伸实体

3.2.2 使用拉伸向导创建拉伸特征

利用拉伸向导创建拉伸特征一般要经过 4 个步骤。

第一步：

生成一个新的设计环境后，在"特征"面板中单击"拉伸向导"按钮 ，系统将弹出"拉伸特征向导 – 第 1 步/共 4 步"对话框，如图 3-9 所示。

各选项含义如下。

- 独立实体：选中该单选按钮，将创建一个新的独立实体模型。
- 增料：对已经存在的零件或实体图素，进行拉伸增料操作。
- 除料：对已经存在的零件或实体图素，进行拉伸除料操作。
- 实体：选中此单选按钮，则创建的拉伸特征为实体造型。
- 曲面：选中此单选按钮，则创建的拉伸特征为曲面造型。

第二步：

若第一步采用默认选项，即选择"独立实体"和"实体"单选按钮，单击"下一步"按钮，系统弹出"拉伸特征向导 – 第 2 步/共 4 步"对话框，如图 3-10 所示。

各选项含义如下。

- 在特征末端（向前拉伸）：选中此单选按钮时，绘制的草图将位于新建特征一端，新建特征向前单向拉伸。
- 在特征两端之间（双向拉伸）：选中此单选按钮时，绘制的草图将位于新建特征中间，由草图向两侧拉伸。选中此单选按钮时，"约束中性面"复选框可用，表示用双向对称拉伸创建特征。
- 沿着选择的表面：选中此单选按钮时，拉伸方向平行于所选择的平面。
- 离开选择的表面：选中此单选按钮时，拉伸方向垂直于所选择的平面。

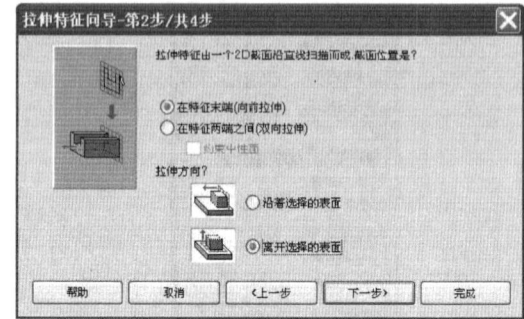

图3-9 "拉伸特征向导-第1步/共4步"对话框　　图3-10 "拉伸特征向导-第2步/共4步"对话框

第三步：

完成向导第 2 步，单击"下一步"按钮，弹出如图 3-11 所示的"拉伸特征向导-第 3 步/共 4 步"对话框，在该对话框中可设定拉伸距离等。

各选项含义如下。

- 到指定的距离：选中此单选按钮时，可在"距离"文本框中输入拉伸的距离。
- 到同一零件表面：选中此单选按钮时，拉伸至实体零件的表面，表面可以是曲面或平面。
- 到同一零件曲面：选中此单选按钮时，拉伸至实体零件的曲面。
- 贯穿：只有在减料操作时才可用，用于除去草图轮廓拉伸后与实体零件相交部分材料。

第四步：

完成向导第 3 步，单击"下一步"按钮，弹出如图 3-12 所示的"拉伸特征向导-第 4 步/共 4 步"对话框，在该对话框中可设置是否显示绘制栅格、定制主栅格间距和辅助栅格线间距等。

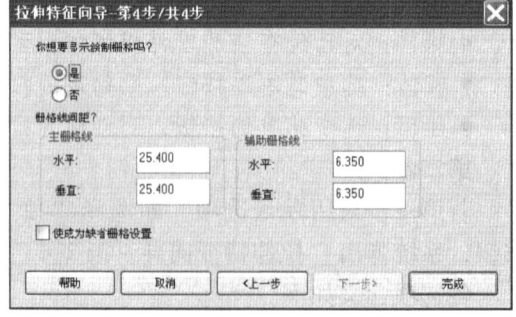

图 3-11 "拉伸特征向导-第3步/共4步"对话框　　图 3-12 "拉伸特征向导-第4步/共4步"对话框

设置好后，单击"完成"按钮，此时图形窗口中显示二维草图栅格，而功能区自动切换至"草图"选项卡并激活相关草图工具。

利用二维绘制工具绘制所需草图，并利用相关的草图修改工具和约束工具处理草图，使草图满足拉伸截面要求，然后在"草图"面板中单击"完成"按钮，系统可将二维草图轮廓按照设定的拉伸参数拉伸成三维实体造型。

【例 3-1】利用拉伸向导生成拉伸特征。

❶ 单击"特征"面板中"拉伸向导"按钮 ，设计环境中会出现"2D 草图"属性管理器，如图 3-13 所示。

❷ 在"2D 草图"→"平面类型"中选择基准点以后，单击"完成"按钮 ，设计环境中将出现拉伸特征向导，即可进入"拉伸特征向导"的 4 个步骤。

❸ 在对话框中输入所需要的数据（本例采用默认选项），依次单击进入下一步，至第 4 步单击"完成"按钮，此时图形窗口中显示二维草图栅格。

❹ 利用二维草图所提供的功能绘制，在草图栅格上绘制如图 3-14 所示的二维草图轮廓。

❺ 单击"完成"按钮 ，二维草图轮廓拉伸成三维实体造型，如图 3-15 所示。

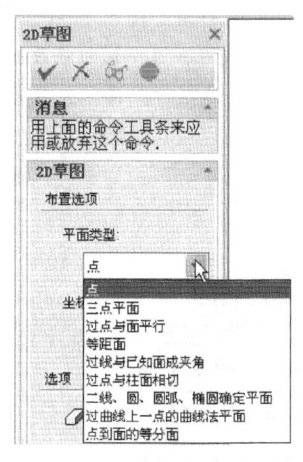 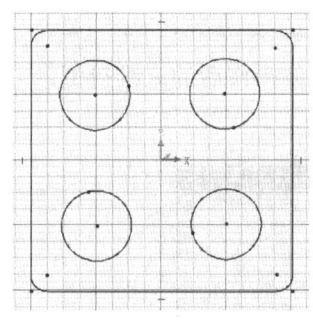 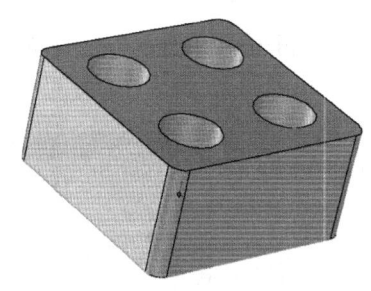

图 3-13 "2D 草图"属性管理器　　图 3-14 二维草图轮廓　　图 3-15 创建拉伸实体特征

3.2.3　已有草图轮廓的拉伸特征

CAXA 实体设计也提供对已存在的草图轮廓进行右键拉伸的功能，选择草图中绘制的几何图形，右击，在弹出的快捷菜单中选择"生成"→"拉伸"命令，如图 3-16 所示。

进入拉伸状态，并弹出"创建拉伸特征"对话框，如图 3-17 所示。

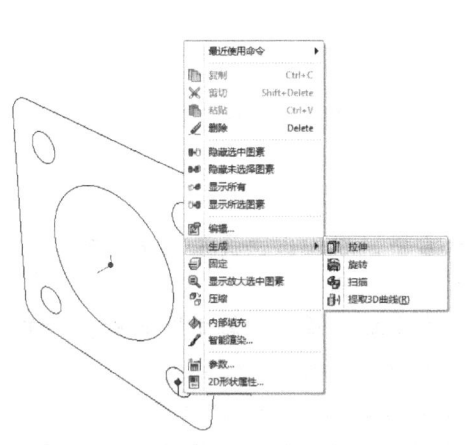 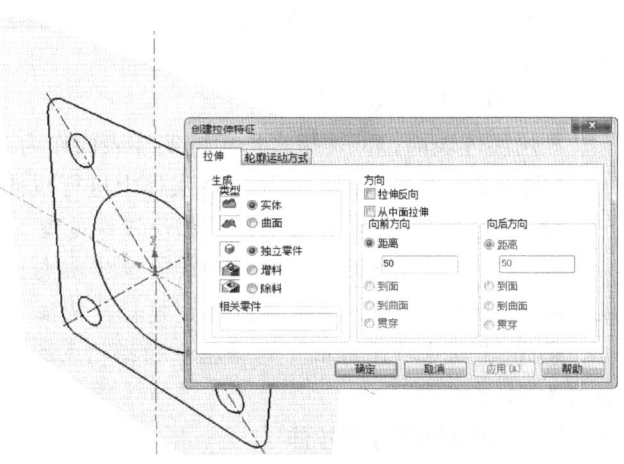

图 3-16 已有草图轮廓拉伸操作　　　　图 3-17 "创建拉伸特征"对话框

在设计区中以灰白色箭头显示拉伸方向，可以在"方向"选项组中选中"拉伸反向"复选框使拉伸方向反向。

"拉伸"选项卡可以定义拉伸的各个参数，与"拉伸造型向导"中的各个选项相类似。单击"轮廓运动方式"标签，则显示如图 3-18 所示选项卡。

各选项含义如下。

- 复制轮廓：在拉伸造型时，复制草图轮廓。
- 轮廓隐藏：在拉伸造型后，自动隐藏草图轮廓。在软件中为默认选项。
- 与轮廓关联：在设置轮廓关联后，草图轮廓自动复制（在设计树中以零件形式单独存在），并且拉伸实体与草图轮廓相关联。

📖 提示：通过修改设计树上复制的草图，便可以修改拉伸特征，修改后两者保持关联关系。通过修改拉伸实体自身的草图，拉伸实体随之修改，但复制的草图轮廓不随之修改，且与实体零件分离，关联关系丢失。

如图 3-19 所示为已有草图经拉伸操作后的三维造型。

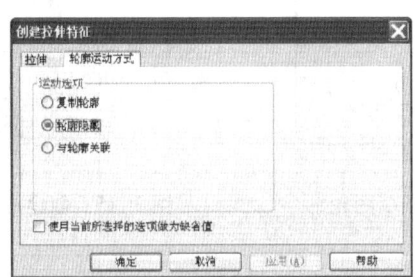 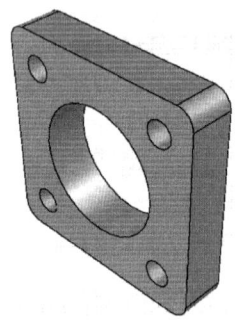

图 3-18 "轮廓运动方式"选项卡　　　　图 3-19 已有草图轮廓拉伸后的造型

3.2.4　创建拉伸特征的其他方法

在 CAXA 实体设计 2016 中，还有其他方法创建拉伸特征，例如实体表面拉伸、对草图轮廓分别拉伸等。

1. 利用实体表面拉伸

利用实体表面拉伸是指将选定的实体表面作为二维草图轮廓进行拉伸造型。

【例 3-2】在已生成的挡块三维实体上进行拉伸。

❶ 在设计环境中打开已生成的挡块三维造型。

❷ 单击挡块前表面，使其处于表面编辑状态，然后右击，在弹出快捷菜单中选择"生成"→"拉伸"命令，系统弹出"创建拉伸特征"对话框，如图 3-20 所示。

❸ 在"创建拉伸特征"对话框中选择相应选项并输入参数，单击"确定"按钮，结果如图 3-21 所示。

2. 对草图轮廓分别拉伸

CAXA 实体设计可将同一视图的多个不相交轮廓一次性输入到草图中，再选择性地利用轮廓构建特征。将同一视图的多个轮廓在同一个草图中约束完成，并在草图中可选择性地构

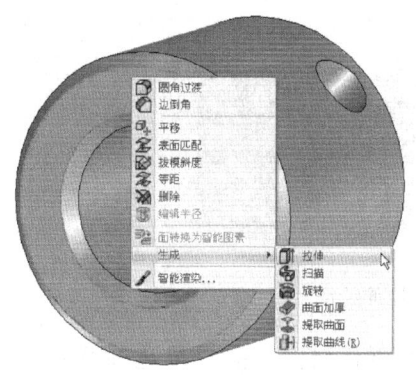
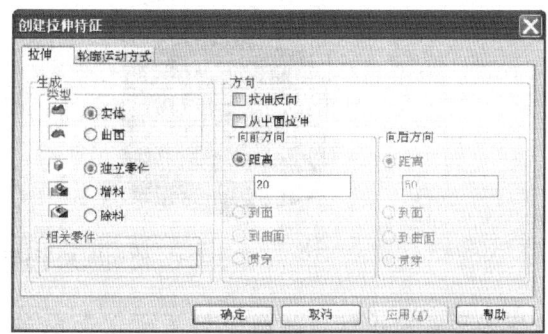

图 3-20　拉伸操作

建特征，可提高设计的效率，尤其是习惯在实体草图中输入 EXB/DWG 文件，并利用输入 EXB/DWG 文件后生成的轮廓构建特征的操作者，这个功能就比较实用。

其基本步骤如下。

❶ 在草图中绘制多个封闭不相交的草图轮廓。

❷ 选择某一个封闭轮廓，右击，在弹出的快捷菜单中选择"生成"→"拉伸"命令。

❸ 完成一次拉伸，再次进入拉伸草图编辑，拉伸其他封闭轮廓。

图 3-21　拉伸结果

如图 3-22 所示为经分别拉伸后形成的三维造型。

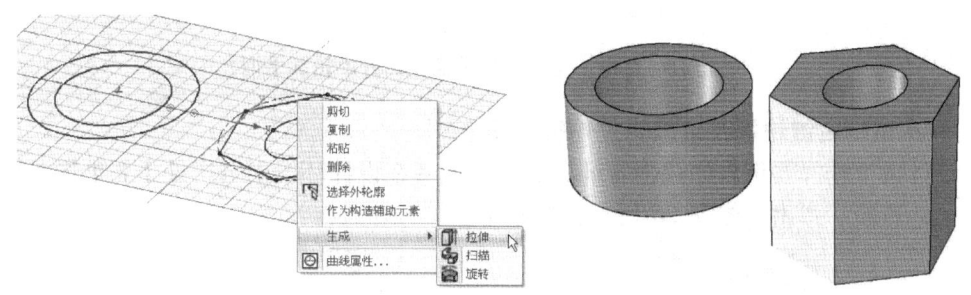

图 3-22　拉伸特征

3.2.5　编辑拉伸特征

利用二维草图拉伸生成拉伸特征后，如果对拉伸特征不满意，可对该拉伸特征的草图轮廓或其他属性进行编辑处理。

1. 利用图素手柄编辑

在"智能图素"编辑状态中选中已拉伸图素，图素手柄包括三角形拉伸手柄和四方形轮廓手柄，通过拖动自定义拉伸图素上的相关手柄可进行编辑操作，如图 3-23 所示。

各选项的含义如下。

● 三角形拉伸手柄：该类手柄用于编辑拉伸特征的两个相对表面，以改变拉伸特征长度。

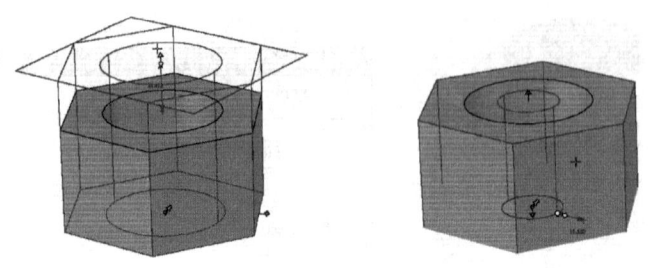

图 3-23 使用图素手柄编辑拉伸特征

● 四方形轮廓手柄：该类手柄用于改变拉伸截面的轮廓，重新定位拉伸特征的各个表面。

如果在手柄上右击，利用其右键快捷菜单中的相关命令也可以进行编辑处理，如图 3-24 所示。

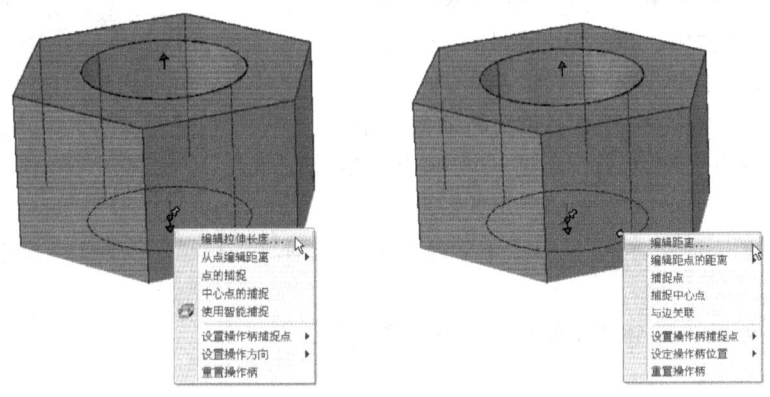

图 3-24 右击三角形拉伸手柄及四方形轮廓手柄

2. 利用鼠标右键快捷菜单编辑拉伸智能图素

在设计树上选择要编辑的拉伸特征，右击，或者在设计环境中选择处于智能图素状态的拉伸特征，右击，弹出如图 3-25 所示快捷菜单。

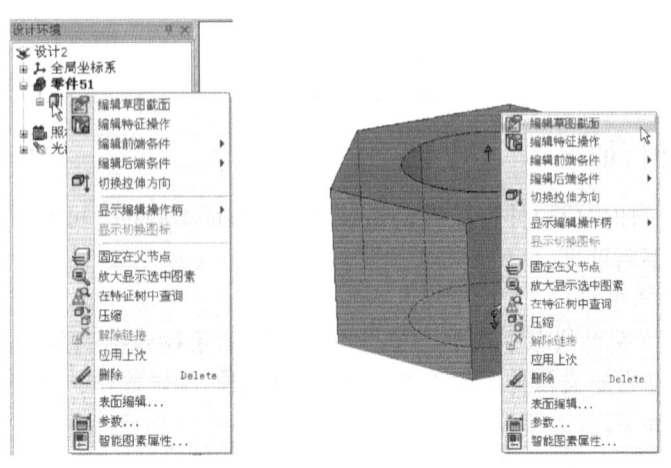

图 3-25 拉伸特征的快捷菜单

部分命令具体含义如下。

- 编辑草图截面：用于编辑当前所选特征的草图截面，从而修改三维拉伸特征。
- 编辑特征操作：进入拉伸特征操作的属性管理器，可以修改生成特征时的各项设置。
- 编辑前端条件：选择此命令，则展开其级联菜单，用于编辑三维造型的前端面条件选项。
- 编辑后端条件：选择此命令，用于编辑三维造型的后端面条件选项。
- 切换拉伸方向：用于使拉伸方向反向。
- 表面编辑：设置智能图素面变形属性。
- 参数：显示和控制参数和变量。
- 智能图素属性：用于显示和控制所选智能图素的属性。

3. 利用智能图素属性表编辑

利用"智能图素属性"命令可以编辑拉伸草图和拉伸长度，具体步骤如下。

❶ 在图素状态下右击拉伸特征，在弹出的快捷菜单中选择"智能图素属性"命令。

❷ "拉伸"选项卡如图 3-26 所示。

❸ 在"拉伸深度"文本框内输入拉伸高度。

❹ 可选择设定显示/隐藏"拉伸高度操作柄""截面操作柄"和"公式"。

❺ 单击"属性"按钮，在轮廓列表中修改草图轮廓，如图 3-27 所示。

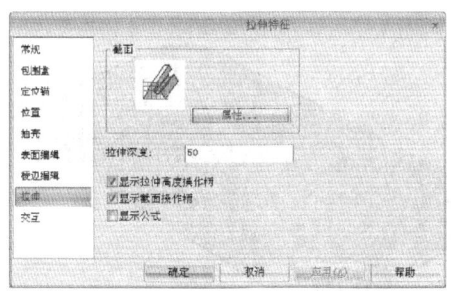

图 3-26 "拉伸"选项卡　　　　图 3-27 "轮廓"选项卡

3.2.6 实例：凸台

下面就应用拉伸特征构建一个垫片的三维特征，其基本外形和结构参数如图 3-28 所示。

【例 3-3】构建凸台造型。

⚒ **设计步骤**

❶ 在"特征"功能面板中单击"拉伸向导"按钮。

❷ 在左侧属性管理器的 2D 草图平面类型中选择基准点以后，设计环境中将出现拉伸特征向导。

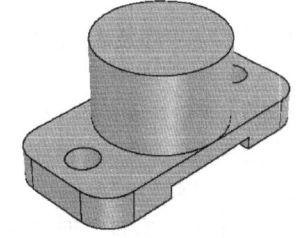

图 3-28 凸台结构

❸ 按照如图 3-29 所示步骤给出所需参数，绘制一个长为 160，宽为 80，圆角半径为 20 的矩形，对所绘制草图确认后，单击"完成"按钮✓，可得到凸台底座三维实体造型。

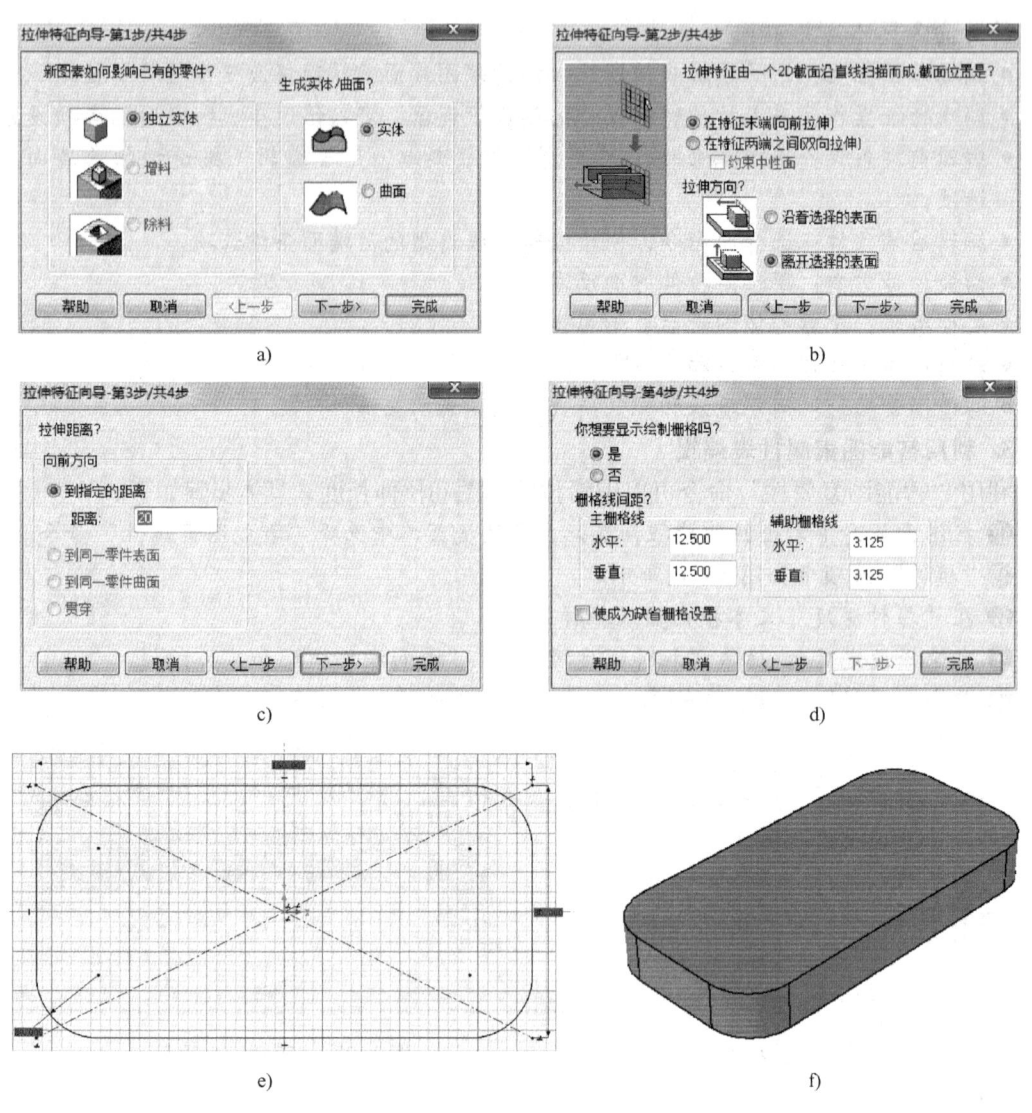

图 3-29 凸台底座绘图步骤

❹ 如果对已经生成的自定义智能图素不满意，可通过编辑二维截面其他属性对其进行修改，方法是在"智能图素"编辑状态下选择已拉伸生成的图素，然后通过拖动不同的"手柄"即可修改截面形状。

📖 **注意**：被选择的自定义智能图素上默认显示的是"截面"操作手柄，而不是"包围盒"操作手柄。对于新生成的自定义智能图素，"截面"操作手柄是唯一可用的手柄。

欲在拉伸特征生成的自定义智能图素上显示包围盒手柄，应在"智能图素"编辑状态的图素上右击，在弹出的快捷菜单中选择"智能图素属性"命令，在打开的"拉伸特征"对话框中选择"包围盒"选项卡。在"显示"选项组中选中"包围盒"复选框，然后单击"确定"按钮，此时新显示的手柄开关切换成包围盒手柄，如图 3-30 所示。

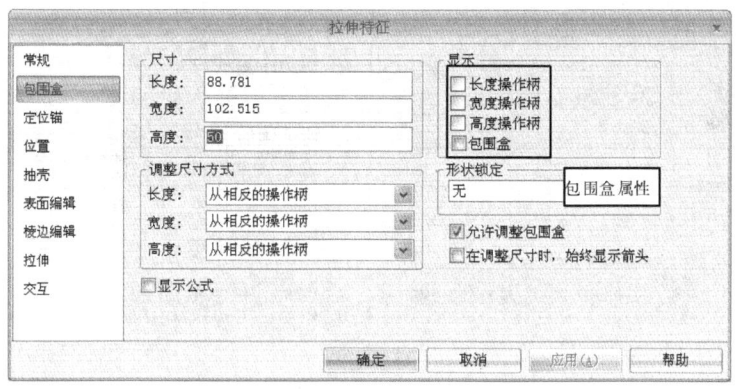

图 3-30　编辑包围盒属性

❺ 单击"拉伸向导"按钮，左侧的"2D 草图"属性管理器如图 3-31 所示，将鼠标移至凸台底座上平面的中心点，单击，设计环境中将出现拉伸特征向导。

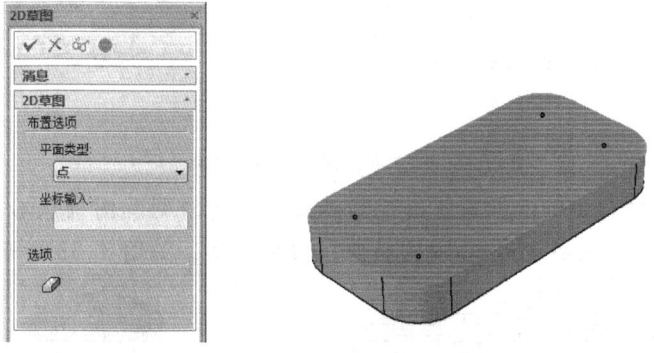

图 3-31　"2D 草图"平面选择

❻ 按照如图 3-32 所示步骤给出所需参数，对所绘制草图确认后，单击"完成"按钮，可得到凸台底座上的两个圆孔三维实体造型。

❼ 单击"拉伸向导"按钮，将鼠标移至凸台底座上平面的中心点，单击，设计环境中将出现拉伸特征向导。

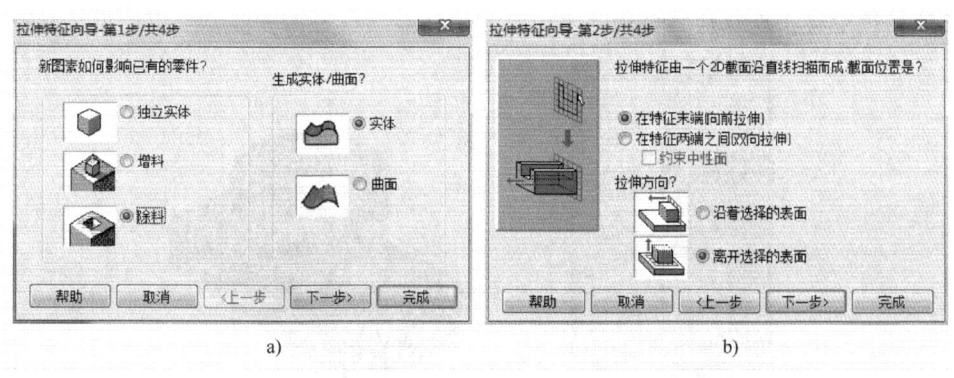

图 3-32　凸台底座两孔绘图步骤

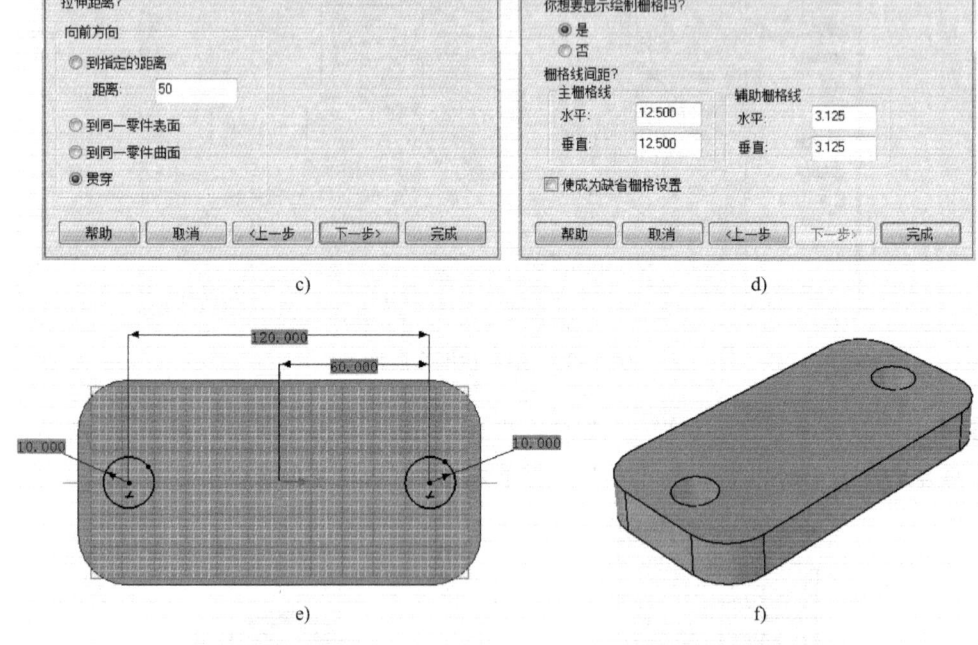

图 3-32 凸台底座两孔绘图步骤（续）

❽ 按照拉伸特征向导所示步骤给出所需参数，对所绘制草图确认后，单击"完成"按钮√，可得到凸台底座上高度为 50 的圆柱三维实体造型，如图 3-33 所示。

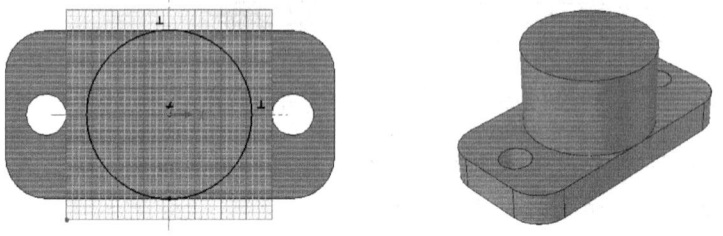

图 3-33 凸台圆柱

❾ 单击"拉伸向导"按钮，将鼠标移至凸台底座前平面的点 A，单击，如图 3-34 所示，设计环境中将出现拉伸特征向导。

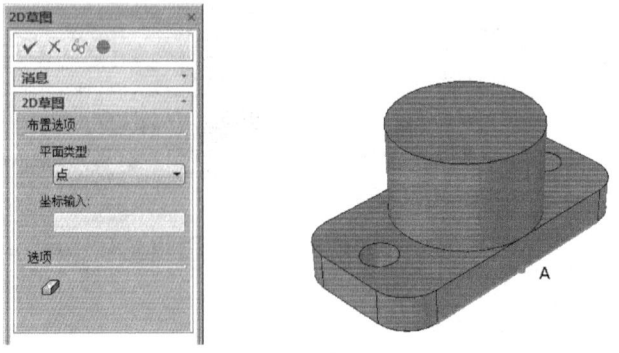

图 3-34 "2D 草图"平面选择

⑩ 按照拉伸特征向导所示步骤给出所需参数，参数选项与凸台底座两孔造型相同，绘制草图，单击"完成"按钮✔️，可得到凸台底座上凹槽三维实体造型，如图3-35所示。

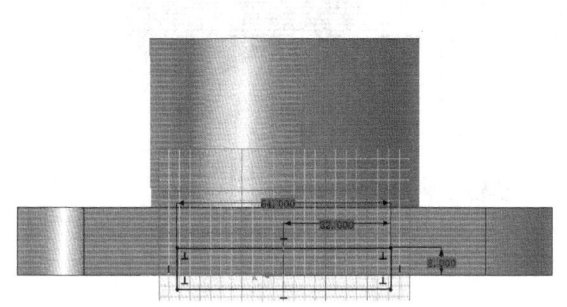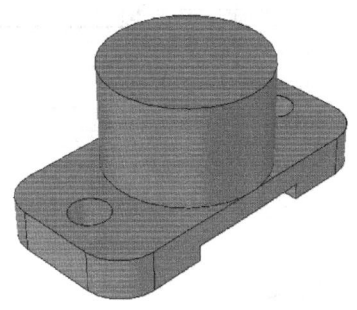

图3-35　凸台凹槽

3.3　旋转

旋转工具主要用来创建具有回转性质的特征，圆柱、圆锥、圆球和圆环都可通过旋转特征工具生成。CAXA实体设计系统规定，在旋转特征中，旋转轴不必单独画出，栅格上的坐标轴Y即为内定的旋转轴线。

利用旋转法把一个二维草图轮廓沿着它的旋转轴旋转生成三维造型。由于CAXA实体设计中使二维草图轮廓沿其旋转轴转动，产生的图素三维造型总是具有圆的性质，所以图素三维造型在沿该旋转轴的方向看形状总是圆的。

在"旋转"按钮下有两个选项："旋转"和"旋转向导"。

1. 旋转

使用旋转工具创建旋转特征步骤如下。

❶ 新建一个设计环境，在"草图"功能面板选项卡单击"二维草图"按钮🖊️，进入草图栅格模式，绘制所需的草图轮廓，单击"完成"按钮✔️。

❷ 单击"特征"功能面板中"旋转"按钮🖼️。

❸ 在属性管理器中单击"新生成一个独立的零件"按钮。

❹ 选择之前完成的草图轮廓，在属性管理器中分别设置方向类型、旋转角度和其他选项等，如图3-36所示。

❺ 在属性管理器中单击"确定"按钮。

CAXA实体设计允许将一个已经存在的实体特征的边线作为旋转轴来完成旋转特征。

2. 旋转向导

旋转向导的操作步骤及含义同拉伸向导相似。

下面以一个典型实例来介绍如何使用旋转向导创建旋转特征。

【例3-4】利用旋转向导创建如图3-37所示的旋转特征。

图3-36　"旋转"
属性管理器

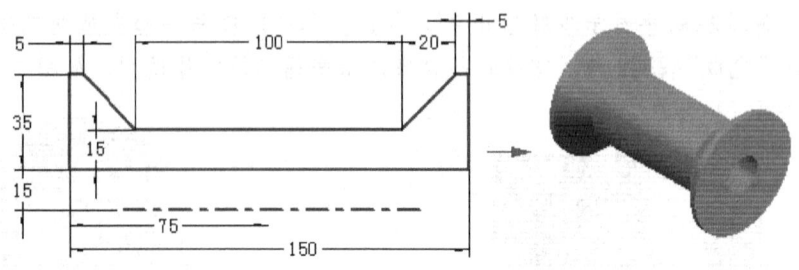

图 3-37　旋转实例

⚒ **设计步骤**

❶ 新建一个设计环境，单击"特征"面板中的"旋转向导"按钮▥。

❷ 设计环境中弹出"旋转特征向导-第1步/共3步"对话框，从中设置各项参数（各项设置同拉伸向导），单击"下一步"按钮，如图 3-38 所示。

❸ 弹出"拉伸特征向导-第2步/共3步"对话框，在该对话框中设置旋转角度，以及定义新形状如何定位，如图 3-39 所示，然后单击"下一步"按钮。

图 3-38　"旋转特征向导"第1步　　　图 3-39　"旋转特征向导"第2步

❹ 弹出"拉伸特征向导-第3步/共3步"对话框，可根据设计定义是否显示栅格，以及设置栅格线间距，如图 3-40 所示，然后单击"完成"按钮。

❺ 进入草图栅格模式，利用二维草图所提供的功能绘制所需草图，如图 3-41 所示。

❻ 草图轮廓绘制完毕后，在"草图"面板中单击"完成"按钮✔️，完成旋转特征，如图 3-42 所示。

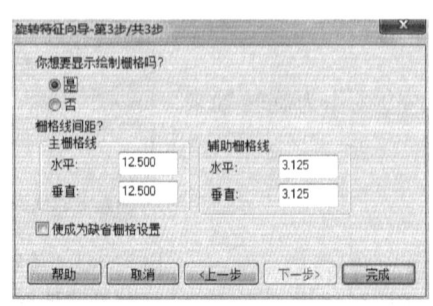
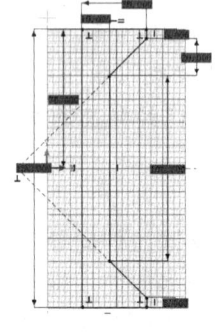

图 3-40　"旋转特征向导"第3步　　　图 3-41　二维草图轮廓　　　图 3-42　生成旋转体

生成旋转特征时，草图轮廓可以为非封闭轮廓。在轮廓开口处，轮廓端点会自动做水平延伸，生成旋转特征。利用"旋转向导"生成造型时，草图的轮廓曲线不可以与 Y 轴相交叉，但是轮廓端点可以在 Y 轴上。在"智能图素"编辑状态下，用图素手柄拖动旋转轴所在的面时，旋转特征的尺寸随之改变。

3.4 扫描

所谓扫描特征是指一个截面沿着一条轨迹线扫描生成的特征。因此利用扫描特征生成三维造型，除了需要二维草图外，还需指定一条扫描曲线。扫描曲线可以为一条直线、一系列连续线条、一条 B 样条曲线或一条三维曲线。生成的扫描特征的两端表面完全一样。

在"扫描"按钮下有两个选项："扫描"和"扫描向导"。

1. 扫描

利用"扫描"工具创建扫描特征步骤如下。

❶ 单击"扫描"按钮，在左侧属性管理器中选择是新建一零件还是在原有零件上添加特征。

❷ 选择一个选项（例如选择"新生成一个独立的零件"），然后单击"确定"按钮 🔽。

❸ 单击"扫描特征"→"选择的轮廓"选项组中"轮廓"→"创建草图"按钮 📝，按照创建草图的过程绘制一草图。或者单击"轮廓"后的输入框，选择已有草图作为截面。

❹ 然后单击"扫描特征"→"选择路径"选项组中"路径"→"创建路径"按钮 📝；也可直接单击按钮 📷 直接插入 3D 曲线；或者单击"路径"后的输入框，选择已有草图作为路径。如果选择合理，此时会在设计环境预显扫描结果，此时用户可以进行更改。

在属性管理器中有如下几个需要注意的命令选项。

● 允许尖角：即允许扫描特征有尖角。

● 反向：可以进行反方向扫描。

● 平行方向：可以选择每个扫描平面与截面平行还是沿轨迹与轨迹线垂直。

● 扭转截面：此选项与下面的"角度"选项相关。即选择沿哪一个方向，截面扭转多少角度。

● 角度：即截面扭转的角度。

❺ 预显满意可单击"确定"按钮，则生成预显中的扫描体，如图 3-43 所示。

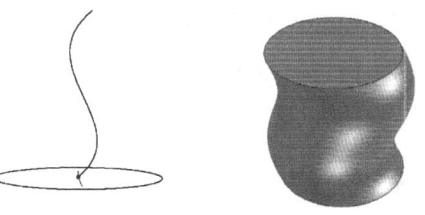

图 3-43 创建扫描特征

所选择或所生成的轨迹线相对曲率不能太大或者过小，否则将出现提示对话框，如图 3-44 所示，生成的造型会成为如图 3-45 所示的默认图素。

2. 扫描向导

扫描向导的操作步骤及含义同拉伸向导相似。下面利用扫描特征构建内六角扳手造型。

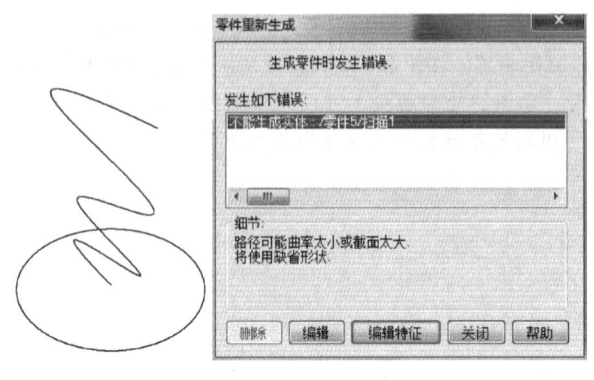
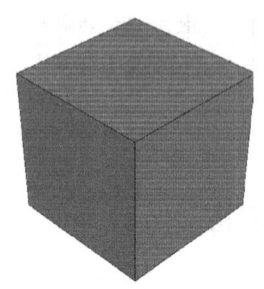

图 3-44　大曲率轨迹线及弹出的对话框　　　　图 3-45　生成失败的造型

【例 3-5】利用扫描特征创建内六角扳手（GB/T　5356 - 2008）。

⚒ 设计步骤

❶ 单击"扫描"按钮🔁，在左侧出现的属性管理器中选择"新生成一个独立的零件"。

❷ 弹出"扫描特征"属性管理器，在"选择的轮廓"选项组中单击"创建草图"按钮🖊，在草图栅格中绘制一个六边形草图，单击"确定"按钮，完成创建扫描轮廓，如图 3-46 所示。

❸ 单击"选择路径"选项组中"创建路径"按钮，按照创建草图的过程绘制一路径，如图 3-47 所示。单击"确定"按钮✔，完成创建扫描路径。

❹ 如果选择合理，会在设计环境预显扫描结果，此时用户可以修改，如图 3-48 所示。

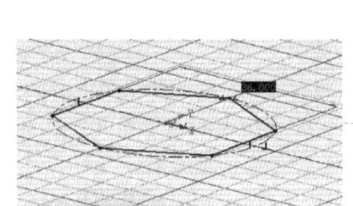　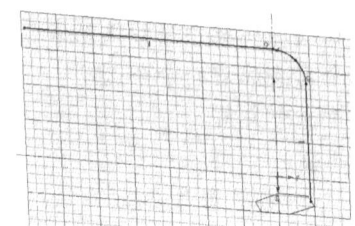　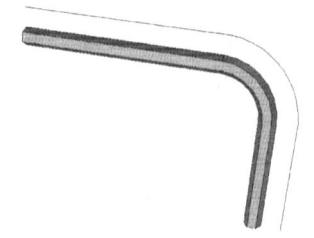

图 3-46　创建扫描轮廓　　　图 3-47　创建扫描路径　　　图 3-48　扫描特征

3.5　放样

放样是通过拟合多个截面轮廓来构造放样拉伸体的。放样设计的对象是多重草图截面，这些截面都必须进行编辑和重新设定尺寸。CAXA 实体设计通过放样命令把这些草图截面沿定义的轮廓定位曲线生成一个三维造型。

在"放样"按钮下有两个选项："放样"和"放样向导"。

1. 放样

使用放样工具创建放样特征步骤如下。

❶ 单击"放样"按钮🔩，在左侧属性管理器中选择是新建一零件还是在原有零件上添

加特征。

❷ 选择一个选项（例如选择"新生成一个独立的零件"），然后单击"确定"按钮☑。

❸ 单击"放样特征"→"选择的轮廓"选项组中"轮廓"→"创建草图"按钮☑，按照创建草图的过程绘制草图。或者单击"轮廓"后的输入框，选择已有草图作为截面。

❹ 设置起始及末端条件。

● 起始约束：其中有"无""正交于轮廓""与邻接面相切"3个选项。

　　无：即放样实体的生成处于自由状态。

　　正交于轮廓：即与草图轮廓垂直正交，下面的"起始向量长度"可以设置正交的向量长度，设置的值越大，则保持与起始截面垂直的长度越长。

　　与邻接面相切：当选择的截面为同一个零件的两个平面时，选择此选项，生成的放样特征起始或末端与所选平面的邻接面相切。

● 结束轮廓约束：同样有"无""正交于轮廓""与邻接面相切"三个命令选项，含义与"起始约束"中的三个命令选项相同。

❺ 选择中心线：可以选择一条变化的引导线作为中心线。所有中间截面的草图基准面都与此中心线垂直。中心线可以是绘制的曲线、模型边线或曲线。

❻ 选择引导曲线：单击"引导线"后面的按钮，可以创建一草图或一条三维曲线作为放样特征的引导线，引导线可以控制所生成的中间轮廓。选择已有草图作为轨迹。如果选择合理，此时会在设计环境预显扫描结果，此时用户可以进行更改。也可以选择一条三维曲线作为轨迹生成扫描特征。

❼ 放样基本选项如下。

● 生成曲面：放样得到一个曲面，而不是实体。

● 增料/除料：该次放样对已有零件进行增料或者除料操作。

● 封闭放样：自动连接最后一个和第一个草图，沿放样方向生成一闭合实体。

● 合并 G1 连续的面片：如果相邻面是 G1 连续的，则在所生成的放样特征中进行曲面合并。

❽ 当预显满意后，设置完成，单击"确定"按钮，生成预显中的放样，如图 3-49 所示。

📖 **提示**：生成放样特征时，可以根据需要生成多个截面草图。

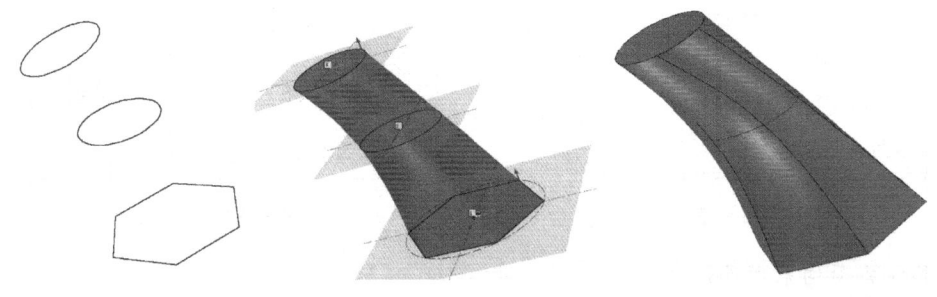

图 3-49　生成的放样造型

2. 放样向导

CAXA 实体设计同样提供了"放样特征向导"命令，指导用户一步步完成自己的特征操作。放样向导的操作步骤及含义同拉伸向导相似。

【例 3-6】 利用放样特征生成如图 3-50 所示的放样造型。

❶ 新建一个设计环境，单击"放样"按钮，在左侧属性管理器选中"新生成一个独立的零件"单选按钮，如图 3-51 所示。

❷ 左侧弹出"放样"属性管理器，单击"选择的轮廓"后的"创建草图"按钮，如图 3-52 所示。

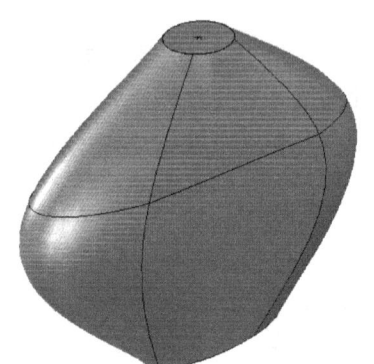

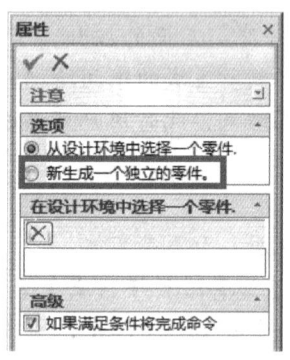

图 3-50　放样造型　　　　　图 3-51　属性管理器　　图 3-52　"放样"属性管理器

❸ 在 x-y 平面绘制一个 R6 的圆，在距离 x-y 平面 -20 的平面上绘制如图 3-53 所示的草图，在距离 x-y 平面 -60 的平面上绘制如图 3-54 所示的草图。

📖 **提示：** 生成放样特征时，可以根据需要生成多个截面草图。

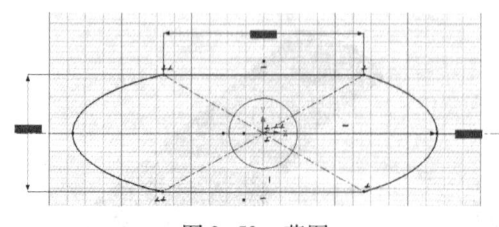

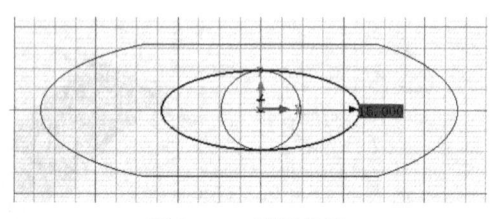

图 3-53　草图　　　　　　　　　　　　图 3-54　椭圆草图

❹ 其他各项均采用默认值。

❺ 如果选择合理，会在设计环境预显扫描结果，如图 3-55 所示。

❻ 当预显满意后，可单击"确定"按钮，则生成预显中的放样特征，如图 3-56 所示。

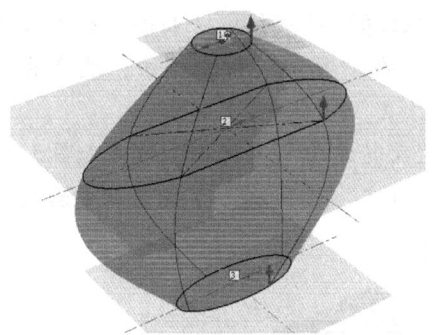

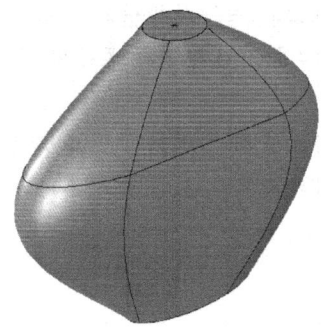

图 3-55　扫描预显造型　　　　　　图 3-56　生成的放样造型

3.6　螺纹特征

　　螺纹特征可在圆柱面或圆锥面上生成逼真的螺纹特征。通过输入螺纹参数表以及选择要生成螺纹的曲面、绘制好螺纹截面，便可快速生成螺纹特征。

　　下面通过一个螺杆螺纹的生成讲解螺纹特征的应用。

　　【例 3-7】螺纹特征。

　　❶ 从工具元素库中拖曳"圆柱体"图素至设计环境中，调整其直径为 20，长度为 100，如图 3-57 所示。

　　❷ 在"草图"功能区单击"二维草图"按钮📝（在 X-Y 基准面），进入草图绘制模式，绘制如图 3-58 所示二维草图，单击"完成"按钮。

　　❸ 在"特征"面板中单击"螺纹特征"按钮🗐，在设计环境左侧出现"螺纹特征"属性管理器。

　　❹ 在"螺纹特征"属性管理器中分别设置材料、螺距、螺纹选项、起始螺距等，如图 3-59 所示。

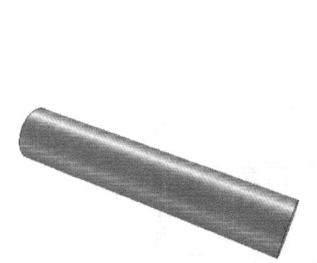

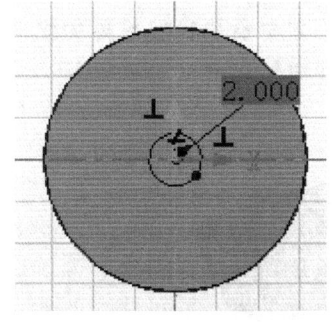

图 3-57　拖入圆柱体　　　图 3-58　绘制螺纹截面　　图 3-59　设置螺纹特征参数

❺ 在"螺纹特征"属性管理器中"几何选择"选项组中"曲面"输入框用于定义螺纹曲面，在框中单击，随即选择螺栓外圆柱面；在"草图"框中单击，选择前面创建的螺纹截面草图。

❻ 在"螺纹特征"属性管理器中选中"反转方向"复选框，结果如图 3-60 所示。

❼ 在"螺纹特征"属性管理器中单击"确定"按钮 ✔，系统开始重新生成，完成的零件效果如图 3-61 所示。

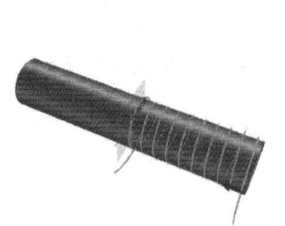 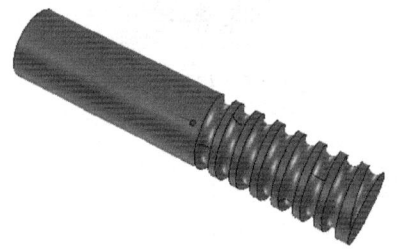

图 3-60　螺纹预显　　　　　　　　图 3-61　完成的螺纹特征

3.7　加厚特征

可单击"特征"功能面板中"加厚"按钮 🍲 为选择面做加厚操作。下面通过一段厚板的加厚操作讲解加厚特征的应用。

【例 3-8】加厚特征。

❶ 新建一个设计环境，从图素元素库中拖入"厚板"图素至设计环境中。

❷ 在"特征"面板中单击"加厚"按钮 🍲，打开"加厚"属性管理器，如图 3-62 所示。

- 面：选择要加厚的表面。在表面编辑状态选择表面图素（面以紫色显示），如图中的厚板上平面。
- 厚度：输入要加厚的厚度值。
- 方向：选择加厚的方向，可以向上、向下或对称。
- 向量：从 CAXA 实体设计 2011 开始，可以不局限于法线方向加厚，还可以选择向量，如图中可以选择长方体的一个边作为加厚方向。此时它的名称显示在向量后面的文本框里。如果此时向量的箭头方向不是我们想要的方向，可以选择"向下"单选按钮，这时加厚将是该向量的反方向。

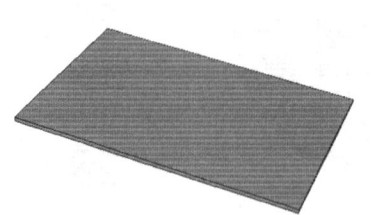

图 3-62　拖入厚板图素并设置属性

❸ 选择要加厚的表面，如图 3-63 所示。

❹ 在属性管理器"厚度"文本框中设置厚度为 5，方向选中"向上"单选按钮。

❺ 在属性管理器中单击"确定"按钮，结果如图 3-64 所示。

图 3-63　选择加厚表面

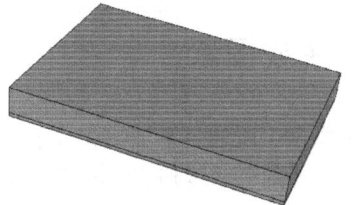

图 3-64　创建加厚特征

3.8　自定义孔

利用此工具，可以利用草图绘制多个点，然后一次生成多个不同位置的自定义孔，主要包括简单孔、沉头孔、锥形沉头孔、复合孔和管螺纹孔。下面通过在长方体表面上绘制沉头孔的操作讲解自定义孔特征的应用。

【例 3-9】自定义孔特征。

❶ 新建一个设计环境，从图素元素库中拖入"长方体"图素至设计环境中。

❷ 在"特征"面板中单击"自定义孔"按钮 ，打开"自定义孔"属性管理器，如图 3-65 所示，在"类型"选项中选择"沉头孔"，在"名称"选项中选择"六角头螺栓 GB/T 5782-2000"，在"尺寸"选项中选择"M10"，在"配合间隙"中选择"过渡配合"。

❸ 选择定位草图，在长方体上表面上选取一点 A，如图 3-66 所示，单击"确定"按钮 ，结果如图 3-67 所示。

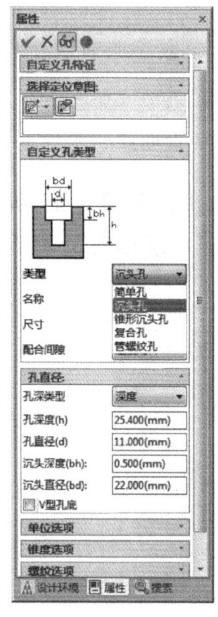

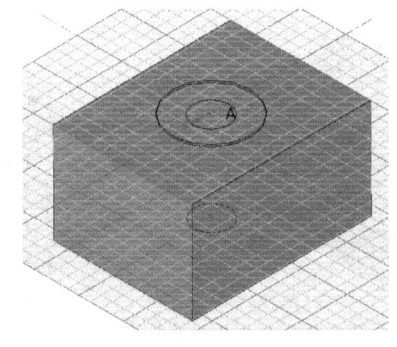

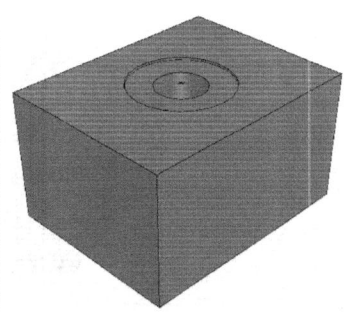

图 3-65　"自定义孔"属性管理器　　图 3-66　自定义孔预览　　图 3-67　自定义孔

在如图 3-65 所示自定义孔类型中可以选择简单孔、沉头孔、锥形沉头孔、复合孔、管螺纹孔。可以在名称选项中选取更多符合需求的螺栓类型，以及在孔深类型中选择深度、贯穿以及调整孔深度。

3.9 快速生成图素

快速生成图素可以通过拾取零件上特征点快速创建几何，支持长方体、圆柱体、圆台、圆锥、球体和旋转体等几何体，单击快速生成图素下方的小三角，打开下拉菜单可以选择要快速生成的几何体，如图 3-68 所示。

下面通过快速生成圆锥体的操作讲解快速生成图素特征的应用。

【例 3-10】在长方体中去除一个圆锥体。

❶ 新建一个设计环境，从图素元素库中拖入"长方体"图素至设计环境中。

❷ 在"特征"面板中单击快速生成图素中的"圆锥体"按钮 🖉，属性管理器如图 3-69 所示，选择"从设计环境中选择一个零件"选项，选择长方体，此时左侧显示如图 3-70 所示的"圆锥体特征"属性管理器。

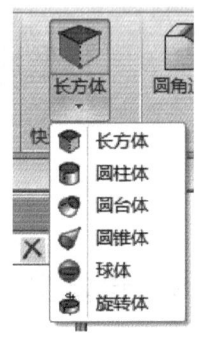

图 3-68 快速生成
几何体选项

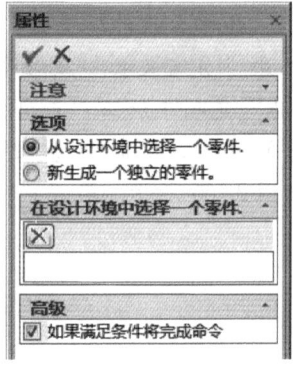

图 3-69 属性管理器

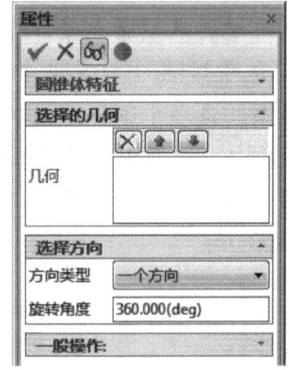

图 3-70 "圆锥体特征"属性管理器

❸ 在长方体上表面上依次选取点 A、B、C，以及下底面上的中心点 D，如图 3-71 所示，在左侧"圆锥体特征"属性管理器的"一般操作"选项组中选择"除料"，结果如图 3-72 所示。

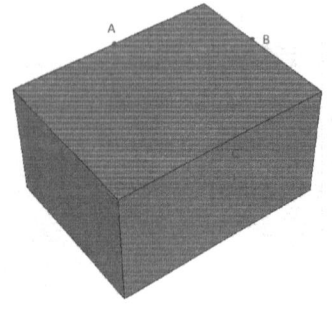

图 3-71 选择圆锥体的控制点

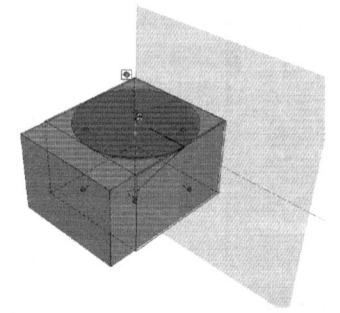

图 3-72 圆锥体特征预显

④ 单击"确定"按钮，结果如图 3-73 所示。

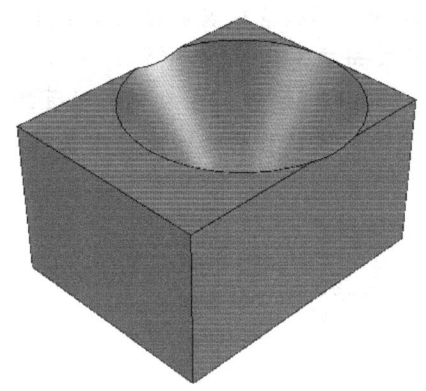

图 3-73　快速生成圆锥体

其他几何体的生成过程与此类似。

3.10　综合实例：零件造型

【例 3-11】设计一个零件，如图 3-74 所示。

设计步骤

❶ 从设计元素库中拖入"长方体"图素至设计环境中，编辑包围盒，调整长方体的尺寸为 $60 \times 32 \times 8$。

❷ 单击"草图"面板中的"二维草图"按钮，在左侧属性管理器中选择"平面/表面"选项，如图 3-75 所示，选择长方体后面的侧面，单击确定，绘制如图 3-76 所示的草图，单击"确定"按钮。

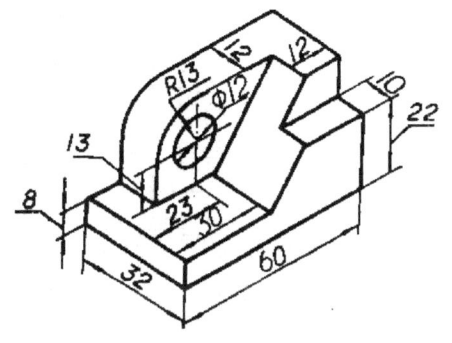

图 3-74　零件造型

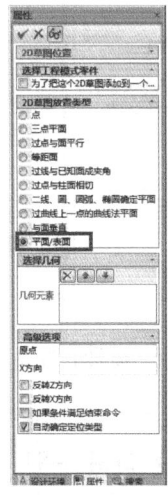

图 3-75　"2D 草图"属性对话框

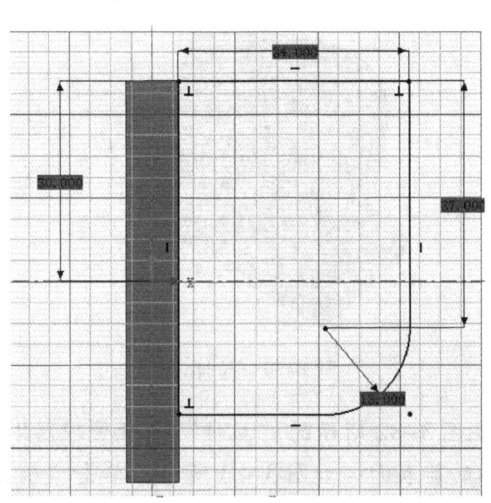

图 3-76　草图 1

❸ 单击"特征"面板中"拉伸"按钮，单击长方体上的任意一点，选择图 3-76 绘制的草图，在图 3-77 所示的"拉伸"属性管理器中输入高度值为 12，如图 3-78 所示。

❹ 单击"确定"按钮，结果如图 3-79 所示。

❺ 单击"特征"面板中"拉伸"按钮，在左侧属性管理器中选择"点"单选按钮，如图 3-80 所示，选择图 3-79 拉伸体前表面的一点，单击确定，绘制如图 3-81 所示的草图，单击"确定"按钮。

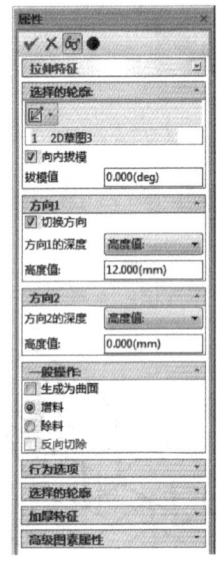

图 3-77 "拉伸"属性管理器

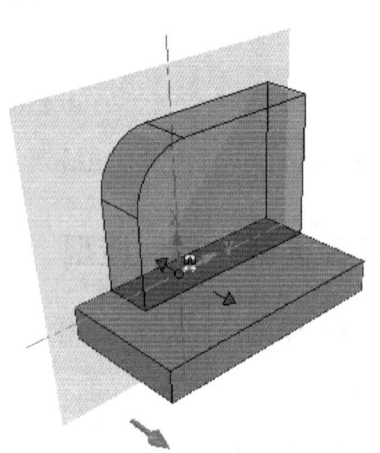

图 3-78 拉伸预显

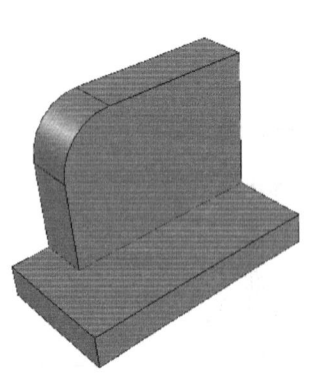

图 3-79 拉伸

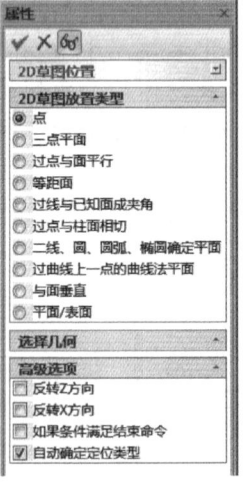

图 3-80 "2D 草图"属性管理器

❻ 在图 3-82 所示的"拉伸"属性管理器中"方向 1 的深度"选项中选择"到面"，选择长方体的前表面，如图 3-83 所示，单击"确定"按钮，结果如图 3-84 所示。

❼ 单击"草图"面板中的"二维草图"按钮，在左侧属性管理器中选择"平面/表面"选项，选择长方体前侧面，单击确定，绘制如图 3-85 所示的草图，单击"确定"按钮。

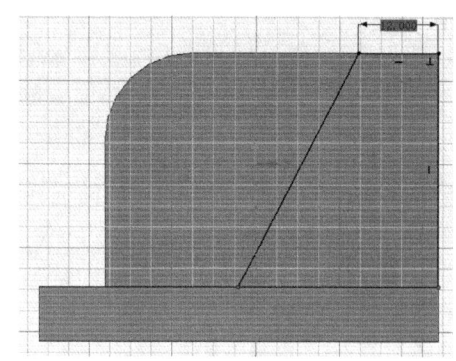

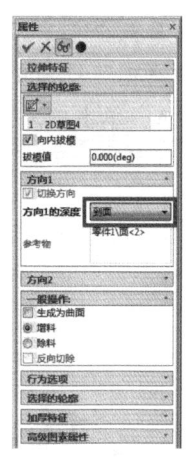

图 3-81　草图 2　　　　　　　　　　　图 3-82　"拉伸"属性管理器

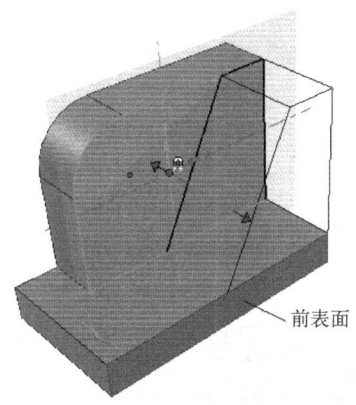

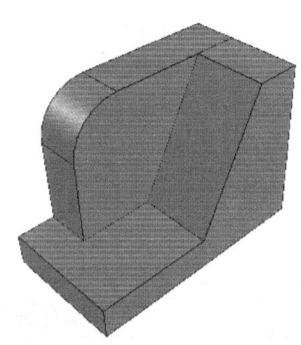

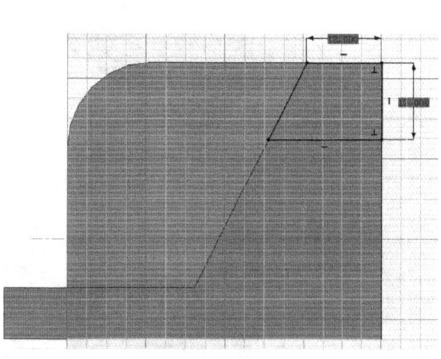

图 3-83　拉伸预显　　　　　　图 3-84　拉伸　　　　　　图 3-85　草图 3

❽单击"特征"面板中"拉伸"按钮，单击长方体上的任意一点，选择图 3-85 绘制的草图 3，在图 3-86 所示的"拉伸"属性管理器中输入高度值为 10，在"一般操作"选项组中选择"除料"选项，如图 3-87 所示。单击"确定"按钮，结果如图 3-88 所示。

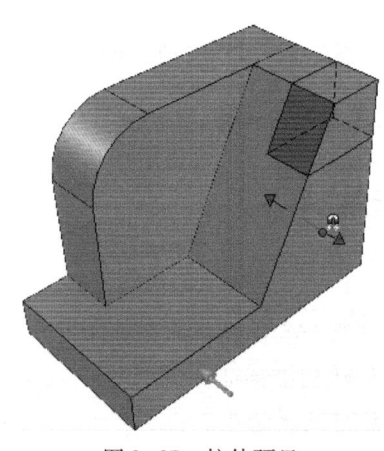

图 3-86　"拉伸"属性管理器　　　　　　图 3-87　拉伸预显

❾ 在"特征"面板中单击"自定义孔"按钮 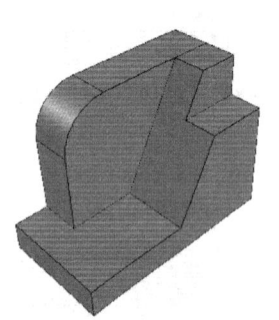，打开"自定义孔"属性管理器，如图 3-89 所示，在"类型"选项中选择"简单孔"，"孔深类型"为"贯穿"，孔直径为 12，选择图 3-90 所示的点 A，单击确定，结果如图 3-91 所示。

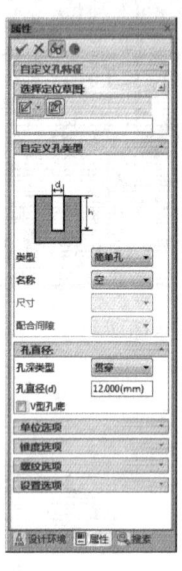

图 3-88　拉伸除料　　　　图 3-89　"自定义孔"属性管理器

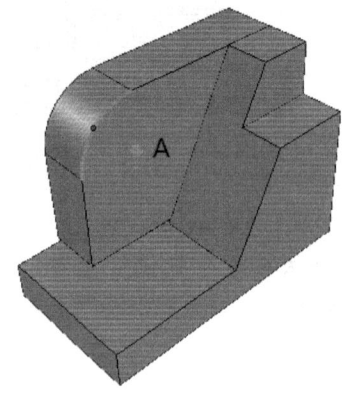

图 3-90　选择孔的定位点

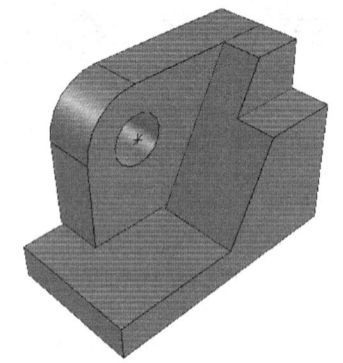

图 3-91　自定义孔特征

❿ 检查无误后保存文件。

3.11　课后练习

1. 思考题

（1）智能图素与实体特征有何区别？

（2）怎样创建扫描特征？

（3）怎样创建旋转造型？

（4）编辑放样特征需要注意什么？

（5）编辑拉伸特征有几种方法？

（6）"扫描"属性管理器中有几个需要注意的地方？

2. 上机题

（1）创建如图 3-92 所示轴承座造型。

（2）创建如图 3-93 所示的箱体造型。

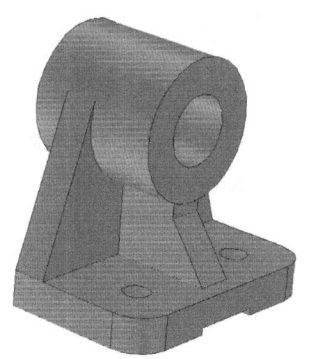 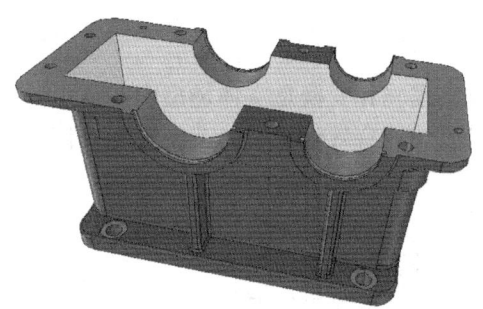

图 3-92　轴承座造型　　　　　　　图 3-93　箱体造型

第4章　特征修改、变换及编辑

内容与要求

特征修改、编辑和变换是实体造型中非常重要的一部分，利用特征的修改、变换、直接编辑等命令可以快速有效地对实体造型进行操作、更正和后期编辑，使操作者的实体设计更加快捷方便。

教学目标

- 掌握特征修改各种操作方法
- 掌握直接编辑各种操作方法
- 掌握特征变换各种操作方法

4.1　基础知识

在进行基本实体特征设计后，需要对其进行深化设计或精细设计。CAXA 实体设计提供了对零件的特征修改、直接编辑及变换工具。这些操作工具位于功能区的"特征"面板中，如图 4-1 所示。这些工具可对特征进行修改，包括圆角、倒角过渡、边倒角、面拔模、抽壳、分割零件、删除体、布尔运算、截面、直接编辑、特征变换等。

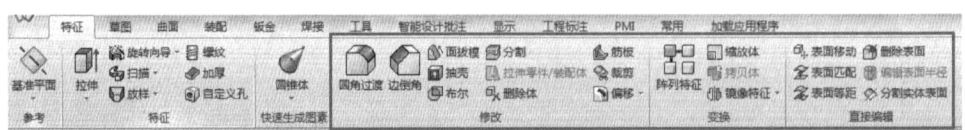

图 4-1　"特征"功能面板中"修改""变换"和"直接编辑"选项卡

4.2　特征修改

CAXA 实体设计提供了对零件的特征修改功能，可以对实体特征进行圆角过渡、倒角、面匹配、抽壳等操作。

4.2.1　圆角过渡

圆角特征在零件设计中起着重要作用，在零件上加入圆角特征，有助于在造型上产生平滑变化的效果。圆角特征可以为一个面的所有边线、所选的多组面、边线或者边线环生成圆角特征，如图 4-2 所示。

打开圆角过渡工具的方式主要有以下几种。

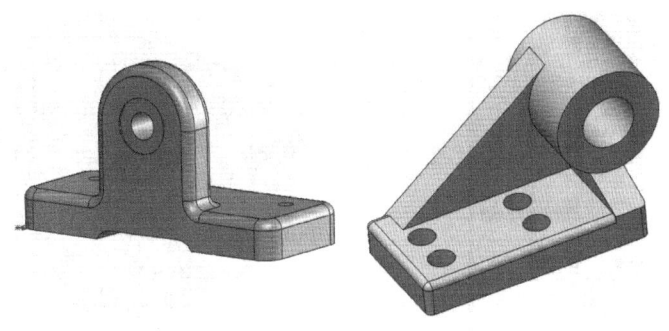

图 4-2　圆角的应用

- 在"特征"→"修改"面板中单击"圆角过渡"按钮。
- 选择菜单"修改"→"圆角过渡"命令。
- 在"特征生成"工具条中单击"圆角过渡"按钮。
- 右击需要圆角过渡的棱边，在弹出的快捷菜单中选择"圆角过渡"命令。

📖 提示：其他特征修改、变换和编辑工具的打开与此类似，后面不再赘述。

在圆角过渡类型中有"等半径""两个点""变半径""等半径面过渡""边线""三面过渡"6 种造型方式。

1. "等半径"圆角过渡

等半径过渡是常见的一种圆角过渡，它是指对所选边线以相同的圆角半径进行倒圆角的操作，下面结合一个长方体造型讲解如何创建圆角过渡。

【例 4-1】棱边等半径圆角过渡。

❶ 从图素元素库拖曳"长方体"图素至设计环境中，采用默认尺寸。

❷ 在"特征生成"工具条中单击"圆角过渡"按钮，在工作窗口左边弹出"过渡特征"属性管理器。

❸ 在"过渡特征"属性管理器中选择圆角过渡类型为"等半径"，在"半径"文本框中设置为 5，其他采用系统默认选项，如图 4-3 所示。

📖 提示：用户可根据需要为不同的选定边指定不同的半径值，方法是：选择要单独指定其圆角过渡的边，然后在"半径"文本框中输入半径值即可。

---

❹ 设置完成后，单击属性管理器上方的"确定"按钮，结果如图 4-4 所示。

2. "两个点"圆角过渡

两个点圆角过渡是变半径过渡中最简单的形式，过渡后圆角的半径值为所选择的过渡边的两个端点的半径值。

【例 4-2】棱边两个点圆角过渡。

❶ 从图素元素库拖曳"长方体"图素至设计环境中，采用默认尺寸。

❷ 在"特征生成"工具条中单击"圆角过渡"按钮，在工作窗口左边弹出"过渡特征"属性管理器，在"过渡类型"选项组选中"两个点"单选按钮。

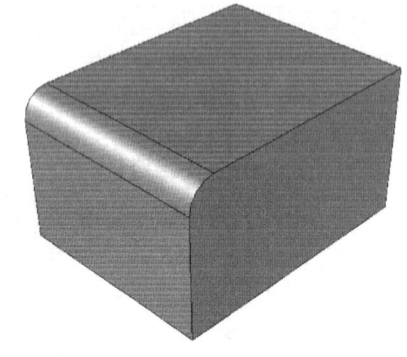

图 4-3 "过渡特征"属性管理器   图 4-4 棱边的圆角过渡

❸ 选择需要圆角过渡的棱边，如图 4-5 所示。

❹ 在"参数"选项组中，分别在"起始半径"和"终止半径"文本框中设置半径值。

❺ 单击属性管理器上方的"确定"按钮，结果如图 4-6 所示。

📖 提示：如果在"高级操作"选项组中选中"切换半径值"复选框，则指定边的半径值会互换。

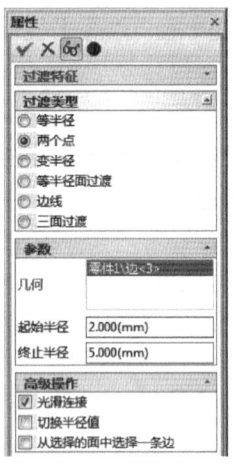
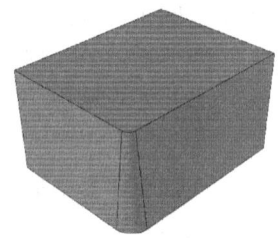

图 4-5 属性管理器   图 4-6 两个点圆角过渡

3. "变半径"圆角过渡

变半径圆角过渡通过对进行圆角处理的边线上的多个点设定不同的圆角半径来生成圆角，从而制造出另类的效果。

【例 4-3】棱边变半径圆角过渡。

❶ 从图素元素库拖曳"长方体"图素至设计环境中，采用默认尺寸。

❷ 在"特征生成"工具条中单击"圆角过渡"按钮🔲，在工作窗口左边弹出"过渡特征"属性管理器，在"过渡类型"选项组中单击"变半径"单选按钮，如图 4-7 所示。

❸ 激活"几何"筛选器，选择要增加变半径的边；单击"设置点的数量"，在"半径"文本框中设定该点处的圆角半径值，在"百分比"文本框中系统会自动生成该点至起始点的距离与棱边长度的比例。

❹ 使用同样方法，添加其他的变半径控制点，设置完成后，单击属性管理器上方的"确定"按钮，结果如图4-8所示。

图4-7　属性管理器

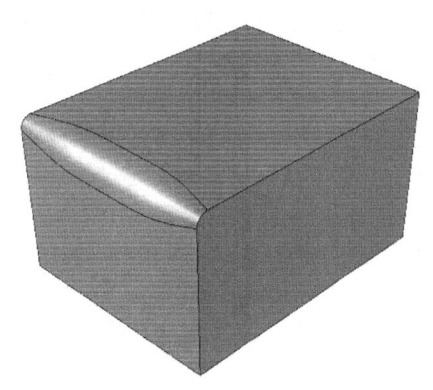

图4-8　变半径圆角过渡效果

4. "等半径面过渡"圆角过渡

【例4-4】厚板等半径面过渡。

❶ 通过"拉伸"特征，生成如图4-9所示的造型。

❷ 在"特征生成"工具条中单击"圆角过渡"按钮，在工作窗口左边弹出"过渡特征"属性管理器，在"过渡类型"选项组选中"等半径面过渡"单选按钮，如图4-10所示。

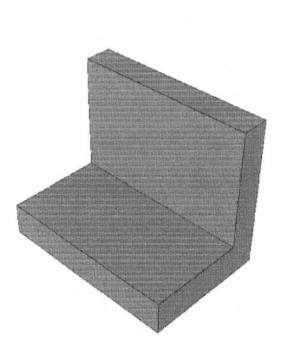

图4-9　拉伸造型

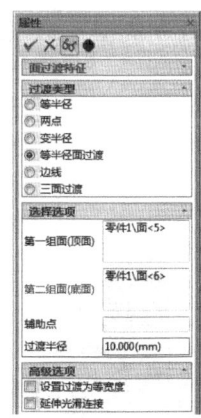

图4-10　"过渡特征"属性管理器

其中：

● 第一组面（顶面）：选择用来生成等半径面过渡的第一个面。

● 第二组面（底面）：选择用来生成等半径面过渡的第二个面。

● 辅助点：当两个面进行圆角过渡时，如果过渡位置比较模糊，可以使用辅助点来确定圆角过渡的附加条件，以便在辅助点附近生成一个过渡面。

● 过渡半径：输入过渡圆角半径。

- 设置过渡为等宽度：设置在两个面之间生成等宽度的过渡。
- 延伸光滑连接：此选项可对所选的棱边光滑连接的所有棱边都进行圆角过渡。

❸ 单击"第一组面"筛选器，使其处于激活状态，选择图4-11中的第一个面。

❹ 单击"第二组面"筛选器将其激活，选择图4-11中的第二个面。

❺ 在"过渡半径"文本框中设定值为10。

❻ 单击属性管理器上方的"确定"按钮，结果如图4-11所示。

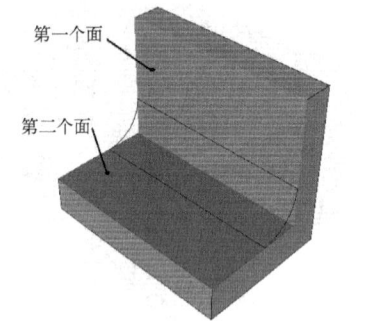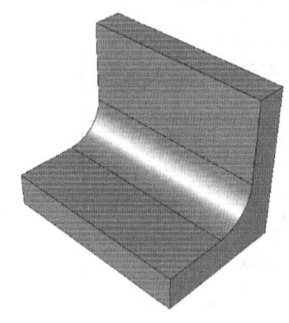

图4-11　创建等半径面过渡

5. "边线"圆角过渡

指定边线圆角过渡可以在边线内生成面过渡。

【例4-5】边线圆角过渡。

❶ 从图素元素库拖曳"长方体""圆柱体"和"多棱体"图素至设计环境中，创建如图4-12所示的造型（具体尺寸没有限制）。

❷ 在"特征生成"工具条中单击"圆角过渡"按钮，在工作窗口左边弹出"面过渡特征"属性管理器，在"过渡类型"选项组选中"边线"单选按钮，如图4-13所示。

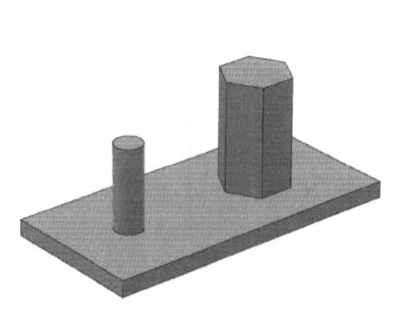

图4-12　三维造型　　　　图4-13　"面特征过渡"属性管理器

❸ 单击"第一组面"筛选器，使其处于激活状态，选择图4-14中的第一个面。

❹ 单击"第二组面"筛选器将其激活，选择图4-14中的第二个面。

❺ 单击"边线"筛选器将其激活，选择边线。

❻ 设置过渡半径为4，选中"设置过渡为曲率连续"复选框。

❼ 单击属性管理器上方的"确定"按钮，结果如图 4-14 所示。

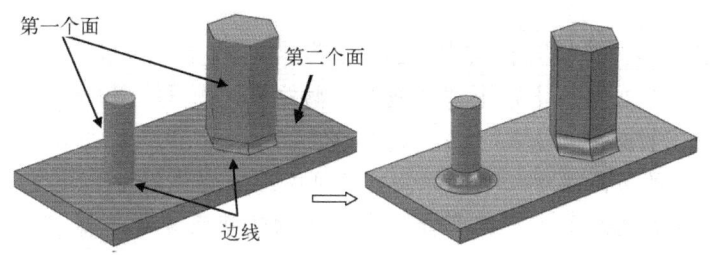

图 4-14　创建边线过渡

6. "三面过渡"圆角过渡

三面过渡功能将零件中某一个面，经由圆角过渡改变成一个圆曲面。

【例 4-6】三面过渡。

❶ 从图素元素库拖曳"长方体"图素至设计环境中，创建如图 4-15 所示的造型。

❷ 单击"特征生成"工具条中"圆角过渡"按钮 🔲，弹出"面过渡特征"属性管理器，在"过渡类型"选项组选中"三面过渡"单选按钮，如图 4-16 所示。

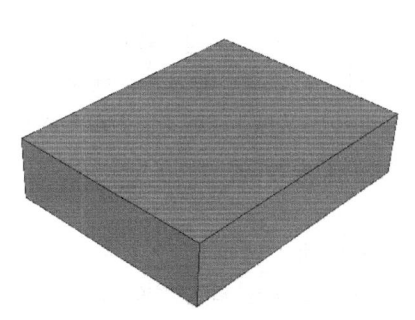

图 4-15　长方体图素　　　　图 4-16　"过渡特征"属性管理器

❸ 单击"第一组面"筛选器，使其处于激活状态，选择图 4-17 中的第一个面。

❹ 单击"第二组面"筛选器将其激活，选择图 4-17 中的第二个面。

❺ 单击"中央面组"筛选器将其激活，选择图 4-17 中的第三个面。

❻ 单击属性管理器上方的"确定"按钮，结果如图 4-17 所示。

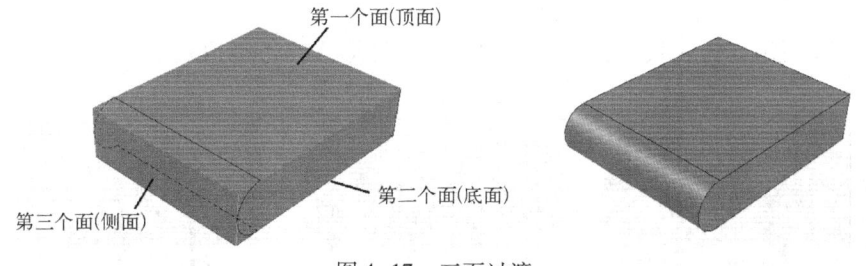

图 4-17　三面过渡

4.2.2　边倒角过渡

边倒角过渡即是在两个面之间沿公共边构造斜角平面。CAXA 实体设计提供"两边距离""距离"和"距离–角度"3种边倒角方式。CAXA实体设计中有以下几种激活边倒角命令的方式。

- 单击"特征"→"修改"面板中"边倒角"按钮 。
- 从"特征生成"工具条中单击"边倒角"按钮 。
- 从"修改"下拉菜单中选择"边倒角"命令。
- 右击要边倒角的边，然后从弹出的快捷菜单中选择"边倒角"命令。
- 右击在智能图素状态下的三维实体，在弹出的快捷菜单中选择"智能图素属性"命令，然后在弹出的"拉伸特征"对话框中选择"棱边编辑"选项卡，在其中选择过渡方式和需要边倒角的边线，如图4-18所示。

单击"边倒角"命令，设计环境中会出现如图4-19所示的属性管理器。

图4-18 "拉伸特征"对话框

图4-19 "边倒角"属性管理器

各选项含义如下。

- 距离：即倒角的值。
- 两边距离：即在两个方向上倒角的值不同，分别输入两个值。
- 距离–角度：输入倒角的距离，并设置另一个方向上倒角形成的角度。比如45°时两边倒角距离将相等。
- 几何：即可以选择要进行倒角的面或边。
- 距离：设置边倒角的值。两个方向上倒角的值不同时，分别输入两个值。
- 光滑连接：自动选择光滑连接的边。可以对与所选择的棱边光滑连接的所有棱边都进行圆角过渡。
- 切换值：利用此选项可交换倒角的两个值。

如图4-20所示，为一长方体图素棱边进行3种形式的边倒角效果。

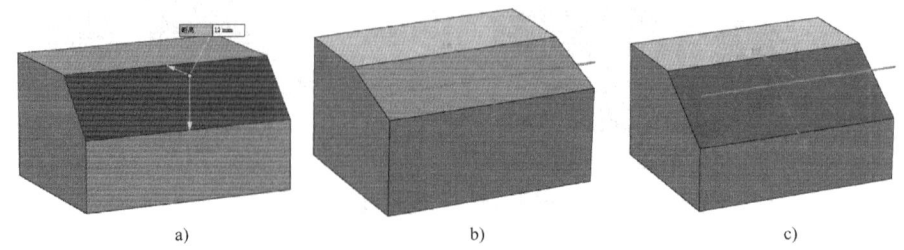

a)　　　　　　　　　　　　　b)　　　　　　　　　　　　　c)

图4-20 边倒角效果

a）距离边倒角　b）两边距离边倒角　c）距离–角度边倒角

4.2.3 面拔模

面拔模是指在零件指定的面上按照一定的方向倾斜一定角度,使零件更容易从模型腔中取出。在 CAXA 实体设计中有 3 种拔模形式:中性面拔模、分模线拔模、阶梯分模线拔模。激活面拔模命令可以有以下几种方法。

- 单击"特征"→"修改"功能面板中"面拔模"按钮🖌。
- 从"特征生成"工具条中单击"面拔模"按钮🖌。
- 选择菜单"修改"→"面拔模"命令。
- 右击智能图素状态下的三维实体,在弹出的快捷菜单中选择"智能图素属性"命令,在弹出的"拉伸特征"对话框中选择"棱边编辑"选项卡,然后选择"圆角过渡"并设置过渡哪些边。

中性面拔模应用最广,而且可以满足大部分用户的要求。下面我们主要介绍这种方法。

【例 4-7】长方体图素的面拔模。

❶ 在图素元素库中拖曳"长方体"图素至设计环境中。

❷ 单击"特征生成"工具条中的"面拔模"按钮🖌,在左侧显示"拔模特征"属性管理器,如图 4-21 所示。

❸ 在"拔模类型"选项组中单击"中性面"单选按钮。

❹ 激活"选择选项"选项组中的"中性面"筛选器,选择长方体上表面为中性面。

❺ 激活"选择选项"选项组中的"拔模面"筛选器,选择长方体一个侧面为拔模面。

❻ 在"拔模角度"文本框中设置角度为 35。

❼ 其他采用默认选项,单击"拔模特征"属性管理器上方"确定"按钮,结果如图 4-22 所示。

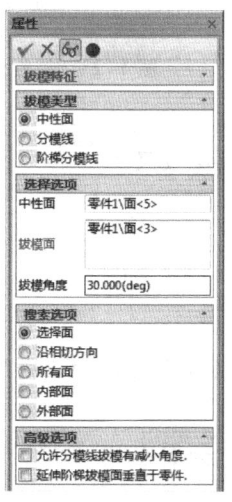

图 4-21　属性管理器

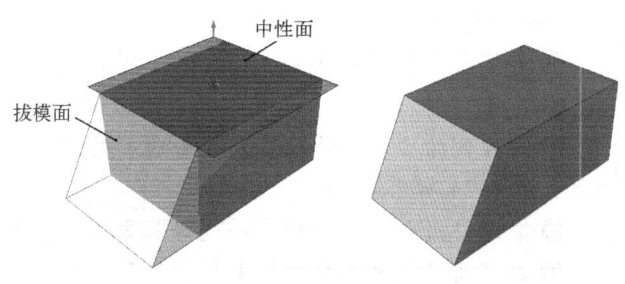

图 4-22　中性面拔模

4.2.4　抽壳

抽壳命令是从零件中去除多余材料而进行的实体构造，创建抽壳特征时，首先需要选取开放平面，系统允许选取多个开放平面，然后输入薄壳厚度，即可完成抽壳特征的创建。抽壳时通常指定各个表面厚度相等，也可对某些表面厚度单独进行指定，这样抽壳特征完成后，各个零件表面厚度不相等。CAXA 实体设计提供了向里、向外及两侧抽壳 3 种方式。

可以用以下方法激活抽壳命令。

- 从"特征"→"修改"面板中单击"抽壳"按钮 。
- 从"特征生成"工具条中单击"抽壳"按钮 。
- 从下拉菜单栏中选择"修改"→"抽壳"命令。
- 右击在实体智能图素状态下的三维实体，在弹出的快捷菜单中选择"智能图素属性"命令，在"抽壳"标签里选择"对该图素进行抽壳"并进行设置。

对选定零件进行抽壳操作步骤如下。

❶ 选择要抽壳的实体零件，在"特征生成"工具条中单击"抽壳"按钮，出现如图 4-23 所示的"抽壳特征"属性管理器。

各选项含义如下。

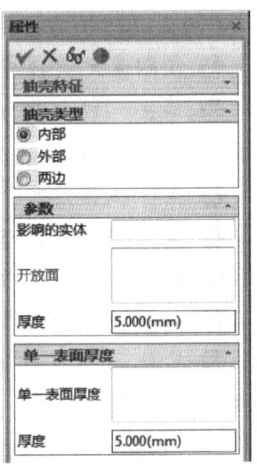

图 4-23　属性管理器

- 内部：即从表面到实体内部抽壳的厚度。
- 外部：即从表面向外抽壳的厚度。
- 两边：即以表面为中心分别向内向外抽壳的厚度。
- 开放面：即选择抽壳实体上开口的表面。
- 厚度：指定壳体的厚度。
- 单一表面厚度：这里可以选择不同的表面，设置不同的抽壳厚度。
- 厚度：指定壳体某一处的壁厚，实现变壁厚抽壳。

❷ 在属性管理器"抽壳类型"选项组中指定抽壳类型。

❸ 在零件上选择要开口的表面。

❹ 在"厚度"文本框中指定壳体的厚度。

❺ 在属性管理器中单击"预览"按钮，可以在模型中预览抽壳效果。

❻ 在属性管理器中单击"确定"按钮，生成抽壳特征。

【例 4-8】实体零件抽壳操作。

❶ 在图素元素库中拖曳"长方体"图素至设计环境中。

❷ 单击"特征"→"修改"功能面板中"抽壳"按钮 。

❸ 在左侧的"抽壳特征"属性管理器的"抽壳类型"选项组选中选择"内部"单选按钮，如图 4-24 所示。

❹ 激活"开放面"选项，并选择长方体上表面作为开放面，如图 4-25 所示。

❺ 在"厚度"文本框中设置厚度为 2。

❻ 激活"单一表面厚度"选项，选择前表面作为单一厚度表面，并输入厚度为 5，如图 4-25 所示。

❼ 其他采用默认选项，单击属性管理器上的"确定"按钮 ，生成如图 4-25 所示抽

壳效果。

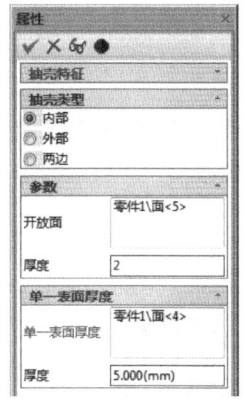

图 4-24 "抽壳"属性管理器

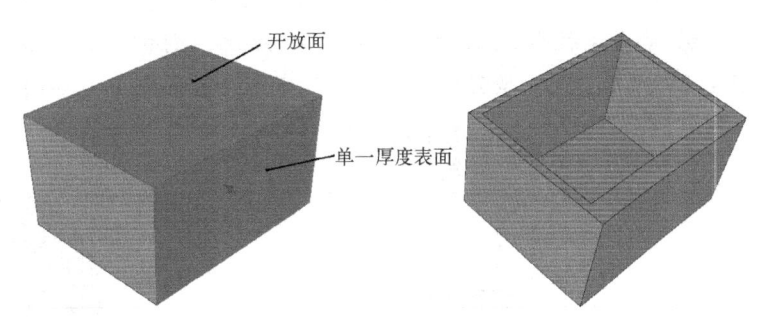

图 4-25 生成的抽壳特征

4.2.5 布尔运算

在创新设计中,在某些情况下,需要将独立的零件组合成一个零件或从其他零件中减掉一个零件。组合零件和从其他零件减掉一个零件的操作被称为"布尔运算"。布尔运算有布尔加运算、布尔减运算和布尔相交运算。

使用"布尔运算"命令有以下两种方法。

- 单击"特征"→"修改"面板中"布尔"按钮 ⬚。
- 从"特征生成"工具条中单击"布尔"按钮 ⬚。
- 选择菜单"修改"→"布尔"命令。

【例4-9】球体和六棱体图素的布尔减运算。

❶ 从图素元素库中拖曳"球体"图素和"多棱体"图素至设计环境中,适当调整两图素的尺寸大小和相互位置,如图 4-26 所示。

📖 提示:要想生成两个零件,球体和六棱体要作为独立的图素拖动,两者不能叠放在一起。

❷ 选择六棱体零件,右击,在弹出的快捷菜单中选择"在空间自由移动"命令,将其重新定位以便与球体相交,如图 4-27 所示。

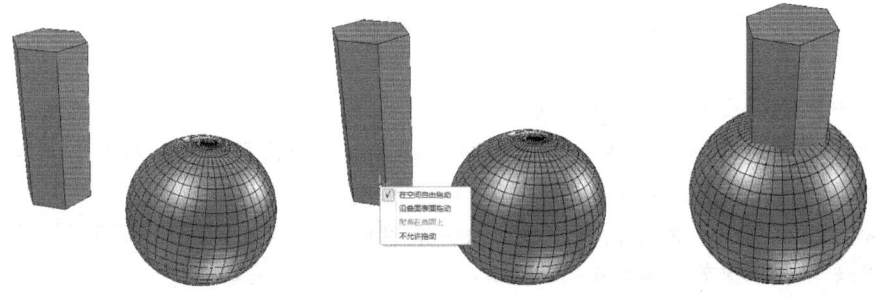

图 4-26 生成两个零件

图 4-27 两个零件相交

❸ 单击"修改"功能面板中"布尔"按钮，左侧出现"布尔特征"属性管理器，如图 4-28 所示。

❹ 在属性管理器"操作类型"选项组中单击"减"单选按钮。

❺ 选择"零件/体"为球体，选择"要布尔减的体"为六棱体。

❻ 单击属性管理器的"确定"按钮 ✓，则被选定的两个零件组合成一个零件，如图 4-29 所示，此时展开设计树可看到布尔运算的结果，如图 4-30 所示。

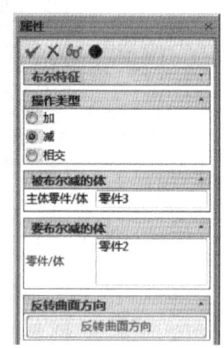
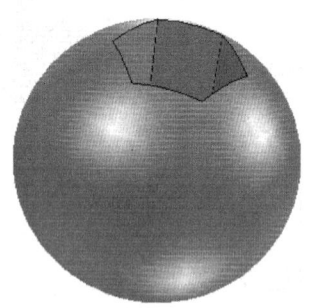

图 4-28   "布尔特征"属性管理器   图 4-29   生成的布尔减运算特征

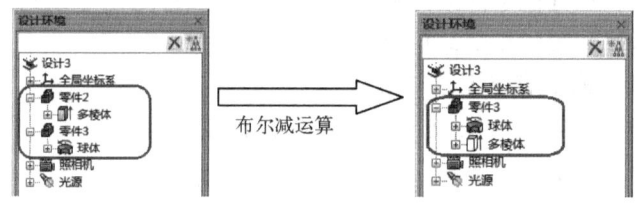

图 4-30   布尔减运算

4.2.6   分割零件

分割零件是把一个零件整体分割开，可以单独对分割出的零件进行编辑修改，分割零件适用于创新模式下的零件。CAXA 实体设计 2016 有两种分割零件的方法：使用默认图素分割零件和使用其他零件分割零件。

可以用以下方法激活分割命令。

● 从"特征"→"分割"面板中单击"分割"按钮 ▧。

● 从"特征生成"工具条中单击"分割"按钮 ▧。

● 选择菜单"修改"→"分割"命令。

【例 4-10】使用长方体分割圆锥体。

❶ 从图素元素库中拖曳"球体"图素和"多棱体"图素至设计环境中，适当调整两图素的尺寸大小和相互位置，如图 4-31 所示。

❷ 选择长方体零件，右击，在弹出的快捷菜单中选择"在空间自由移动"命令，将其重新定位以便与球体相交，如图 4-32 所示。

❸ 在"特征"→"修改"功能面板中单击"分割零件"按钮 ▧，左侧弹出如图 4-33 所示的"分割"属性管理器，选择"目标零件"为圆锥体，"工具零件"为长方体。

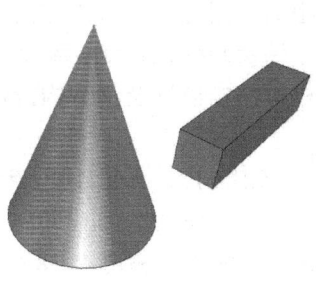

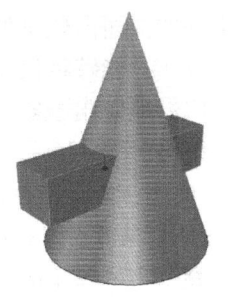

图 4-31　生成两个零件　　　　　图 4-32　两个零件相交

❹ 完成后单击"确定"按钮，即可生成如图 4-34 所示的实体。

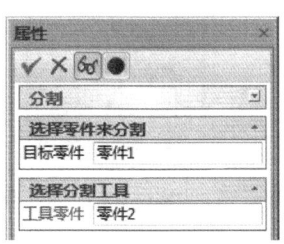

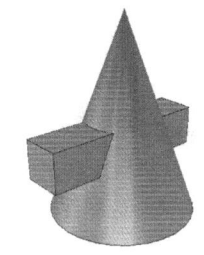

图 4-33　"分割"属性管理器　　　　　图 4-34　两个零件相交

❺ 在设计树中按住〈Shift〉键，分别选择长方体零件 2 和分割体零件 1，右击，在弹出的快捷菜单中选择"隐藏选择对象"命令，如图 4-35 所示，则被选定的分割出来的零件被隐藏，模型显示结果如图 4-36 所示。

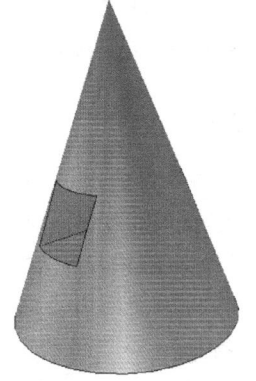

图 4-35　设计树　　　　　　　图 4-36　分割零件

4.2.7　拉伸零件/装配体

目前，此命令仅适用于创新模式下的零件。拉伸零件/装配体功能可将零件/装配的包围盒尺寸，以设定的一个基准平面向外延伸一定的距离。因此，也可以称之为"包围盒延伸"命令。这种智能延伸的方式，能够将设计完成的零件及装配在长度、宽度及高度的方向快速地延伸一定的距离。被广泛地应用于家具设计、机械结构设计及钢结构设计行业。

【例4-11】拉伸装配体。

❶ 利用长方体图素设计一简单框架结构（尺寸无限制），如图4-37所示。

❷ 在设计环境中选择框架零件，单击"特征"→"修改"功能面板中"拉伸零件/装配体"按钮，左侧出现"拉伸零件/装配体"属性管理器，如图4-38所示。

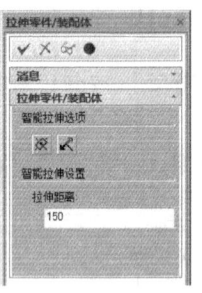

图4-37　框架结构零件　　　　　图4-38　"拉伸零件/装配体"属性管理器

❸ 在框架零件中单击前端表面，如图4-39所示，出现一个平面和箭头。

❹ 在属性管理器中的"拉伸距离"文本框中输入150。

❺ 单击属性管理器中的"确定"按钮，结果如图4-40所示。

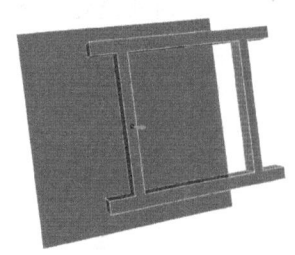

图4-39　定义拉伸位置及拉伸方向　　　　图4-40　拉伸零件

4.2.8　删除体

"删除体"命令目前仅适用于工程模式下的零件，用于删除工程模式零件中的体。如果选择的不是工程模式的零件，则单击"删除体"命令时将会出现如图4-41所示的错误提示。

该命令操作可以使用以下两种方法。

● 单击"特征"→"修改"面板中"删除体"按钮。

● 选择菜单"修改"→"删除体"命令。

【例4-12】删除体操作。

❶ 在设计环境右下角单击"创新模式零件"右边的黑色小三角，选择"工程模式零件"选项，将设计环境改为"工程模式"，如图4-42所示。

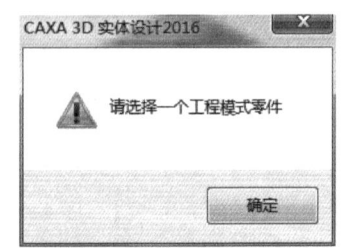

图4-41　错误提示

❷ 从图素元素库中拖曳"多棱体"图素和"圆柱体"图素至设计环境中。

❸ 单击"特征"→"修改"面板中"删除体"按钮，左侧出现"删除体"属性管理器。

❹ 在属性管理器"选择要删除的体"筛选器中选择多棱体零件，选中的多棱体零件亮显，而未被选中的圆柱体零件变暗，如图 4-43 所示。

❺ 完成后单击"确定"按钮，设计环境中多棱体零件被删除。

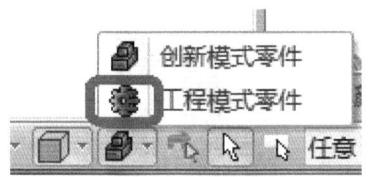

图 4-42　工程模式零件

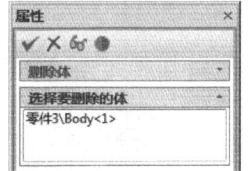

图 4-43　选择删除体

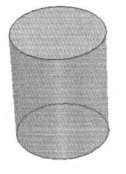

4.2.9　筋板

"筋板"（也称肋板，如图 4-44 所示）的作用是对制造的零件起到加强和增加刚性。创建筋时，需要指定筋的厚度、位置、筋的方向和拔模角度。单击"特征"→"修改"面板中"筋板"按钮，便可开启筋板工具。

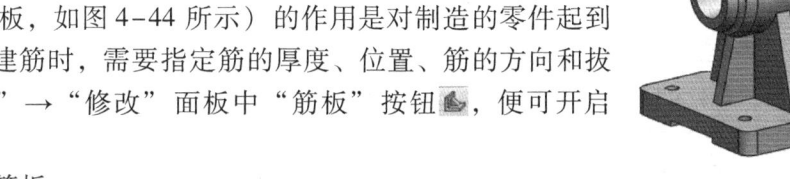

图 4-44　筋特征

【例 4-13】添加筋板。

❶ 在创新模式下，生成如图 4-45 所示的实体造型。

❷ 单击"二维草图"按钮，在 Y-Z 平面内绘制一条二维直线作为筋板的草图，如图 4-46 所示。

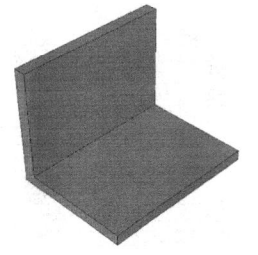

图 4-45　实体造型

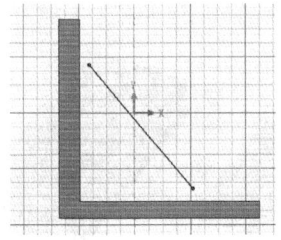

图 4-46　绘制二维直线

❸ 单击"特征"→"修改"面板中"筋板"按钮，然后选择设计环境中的实体造型，左侧出现"筋特征"属性管理器，如图 4-47 所示。

各选项含义如下。

● 拾取草图：选择用于生成筋板的草图。

● 厚度：可以定义筋板的厚度。

● 反转方向：选中该复选框可以改变筋板拉伸方向。

● 加厚类型：可以选择向左侧、双侧、右侧加厚生成筋板。

● 成形方向：可以选择平行于草图、垂直于草图。不过筋板成形的方向，一般和加厚方向垂直。此项选择如果不正确，则不会出现预显，此时可以更改另一个选项。

● 拔模：选中此项后，可以输入一个拔模角度使筋板有一个斜度。

❹ 在属性管理器"拾取草图"筛选器中选择二维直线，在"厚度"文本框中设置为5，"加厚类型"中选择"双侧"，在"成形方向"中选择"平行于草图"。

❺ 完成后单击"确定"按钮，结果如图4-48所示。

图4-47 "筋特征"属性管理器

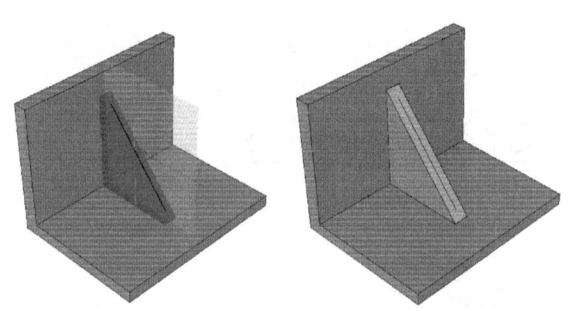

图4-48 筋板操作

📖 说明：拉伸方向必须能与零件模型相交。筋的草图轮廓会自动延伸到模型轮廓上。

筋的草图可以简单，也可以很复杂。既可以简单到只有一条直线来形成筋的中心，也可以复杂到详细描述筋的外形轮廓。根据所绘制的草图的不同，所创建的筋特征既可以垂直于草图平面，也可以平行于草图平面进行拉伸。简单的筋草图既可以垂直于草图平面拉伸（如图4-49所示），也可以平行于草图平面拉伸（如图4-50所示）；而复杂的筋草图只能垂直于草图平面拉伸（如图4-51所示）。

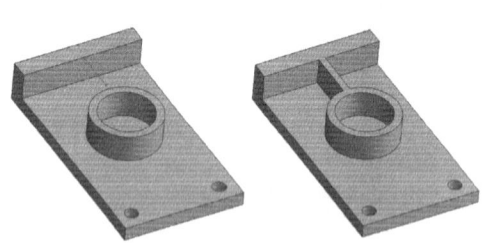

图4-49 拉伸方向与草图平面垂直

图4-50 拉伸方向与草图平面平行

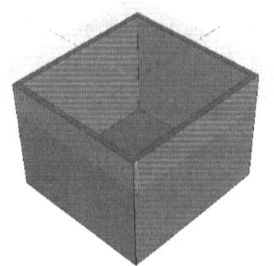

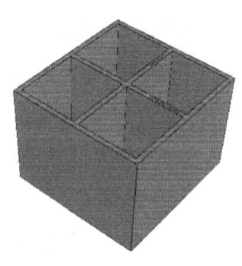

图4-51 复杂草图

4.2.10 裁剪

此命令可用于体裁剪，可以用一个零件或元素去裁剪另外一个零件。

单击"特征"→"修改"面板中"裁剪"按钮![icon]，便可开启裁剪工具。

【例4-14】裁剪操作。

❶ 在设计环境中生成一个圆柱体，并拖曳"键"图素，如图4-52所示。

❷ 选择键，移动并将其重新定位以便于圆柱体相交，如图4-53所示。

❸ 单击"特征"→"修改"面板中"裁剪"按钮，左侧出现"裁剪"属性管理器，如图4-54所示。

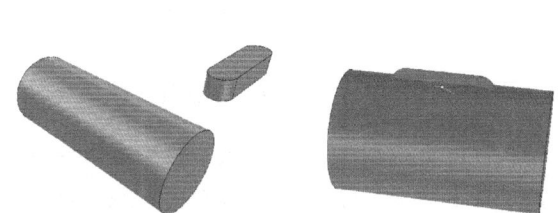

图4-52 实体造型　　图4-53 两零件相交　　图4-54 "裁剪"属性管理器

❹ 按照如图4-54所示设置选项和参数。

❺ 完成后单击"确定"按钮，并在设计树中令键零件隐藏，结果如图4-55所示。

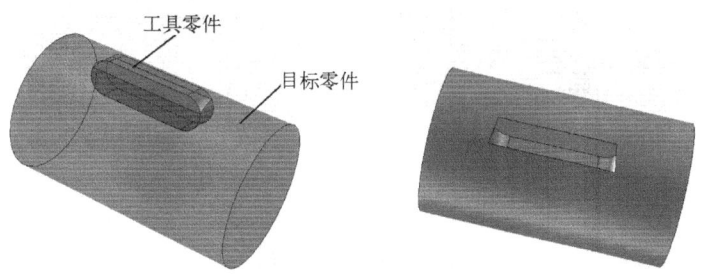

图4-55 裁剪操作

4.2.11 偏移

使用此命令，可以在实体或曲面上增加一个突起，类似冲压件。

在工程模式下，建立的草图要属于将生成偏移的零件和曲面才可以生成偏移。

单击"特征"→"修改"面板中"偏移"按钮![icon]，便可开启偏移工具。

【例4-15】偏移操作。

❶ 从图素元素库中拖曳"长方体"图素至设计环境中。

❷ 单击"二维草图"按钮🖉，单击长方体上表面，利用 B 样条绘制一封闭二维草图，然后单击"确定"按钮退出二维草图状态，如图 4-56 所示。

❸ 单击"特征"→"修改"面板中"偏移"按钮🖘，左侧出现"偏移"属性管理器，如图 4-57 所示。

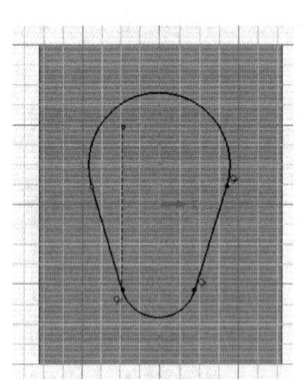

图 4-56　在上表面绘制二维草图　　　　图 4-57　"偏移"属性管理器

❹ 激活"面"筛选器，然后选择长方体上表面；在"距离"文本框中输入 -10，选中"反向"复选框；激活"曲线组"筛选器，选择长方体上表面的二维封闭曲线，其他采用默认选项。

❺ 完成后单击"确定"按钮，结果如图 4-58 所示。

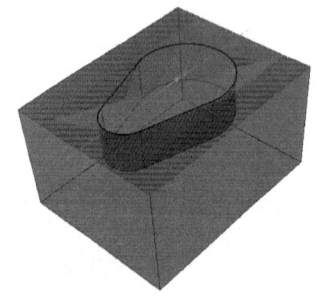
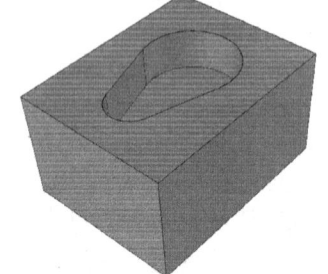

图 4-58　偏移操作

在"偏移"属性管理器中各选项含义如下。

● 面：选择要生成偏移的面（允许多选）。

● 反向：默认是沿面的法向正方向偏移。选择反向可以使之向负方向偏移。

● 距离：生成偏移的参数。输入正值则沿着面的法向凸起；输入负值则向着面的法向凹下。

● 草图：选择用于确定偏移形状的草图，也可以选择三维曲线。

● 反向拔模：用于拔模命令中反向，不拔模时此命令无效。

- 锥度：拔模角度。
- 方向：除了面的法向，可以在这里确定其他方向，如选择某条边作为偏移的方向。但拔模方向不能与曲面法向成90°。
- 混合侧面、添加侧面：侧面生成的方式。

4.2.12 包裹偏移

在创新模式下，首先建立一个草图，或三维曲线，此曲线确定偏移的形状。包裹偏移可以将草图或曲线包裹到圆柱面上生成凸起或凹陷的形状。单击"特征"→"修改"面板中"包裹偏移"按钮 ，便可开启包裹偏移工具。

【例4-16】包裹偏移操作。

❶ 从图素元素库中拖曳"圆柱体"图素至设计环境中。

❷ 单击"草图"→"在Z-X基准面"按钮 ，单击"草图"→"文字"按钮**A**，利用如图4-59所示"文字"属性管理器书写文字"实体设计"，在圆柱体表面上单击确定位置和角度，如图4-60所示，然后单击"确定"按钮退出二维草图状态。

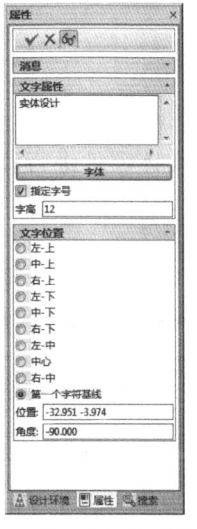

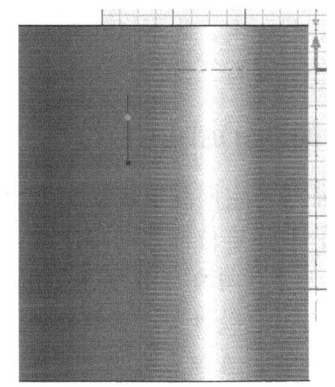

图4-59 "文字"属性管理器　　　　图4-60 确定文字位置和角度

❸ 单击"特征"→"修改"面板中"包裹偏移"按钮 ，左侧出现"包裹偏移"属性管理器，如图4-61所示。

❹ 激活"面"筛选器，然后选择圆柱体侧面；在"偏置"文本框中输入1；激活"特征"筛选器，选择刚才输入的文本草图，其他采用默认选项。

❺ 完成后单击"确定"按钮，结果如图4-62所示。

在"包裹偏移"属性管理器中各选项的含义如下。

- 包裹曲线类型：支持草图和3D曲线。
- 面：包裹上去的面，只支持圆柱面。
- 定位类型：支持投影和参考点两种方式。
- 包裹类型：支持凸起、凹陷、分割3种方式。
- 偏置：凸起和凹陷的高度。

● 切换区域：切换包裹的区域。

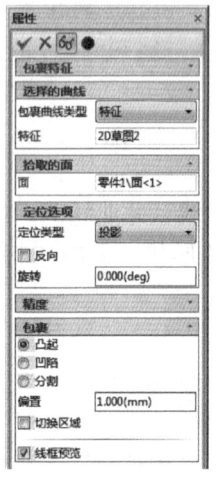

图 4-61 "包裹偏移"属性管理器　　　　图 4-62 包裹偏移实例

4.3 特征变换

在实体构建过程中，为了操作的简便，有时候需要对实体零件进行移动、复制、镜像、旋转缩放等操作，即特征变换。

4.3.1 对特征进行定向定位编辑

对实体特征进行定向编辑包括实体特征移动、旋转和对称处理等。

【例 4-17】利用定位锚移动圆柱体。

❶ 从图素元素库拖曳"长方体"图素至设计环境中。

❷ 单击实体零件使其处于编辑状态。

❸ 右击定位锚，在弹出的快捷菜单中选择"在空间自由拖动"命令，如图 4-63 所示。

❹ 按住鼠标左键，即可直接将长方体实体拖动到指定位置。

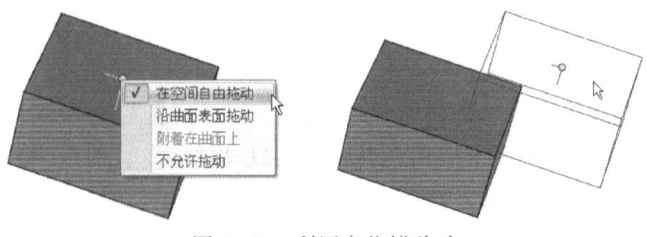

图 4-63 利用定位锚移动

【例 4-18】利用三维球移动长方体。

❶ 新建设计环境，从图素元素库拖曳"长方体"图素至设计环境中。

❷ 在零件编辑状态选定该零件，然后激活三维球工具，单击屏幕最上方三维球工具按钮。

❸ 选择移动方向上三维球外手柄，按住鼠标右键拖动一段距离释放鼠标，在弹出的快捷菜单中选择"平移"命令。

❹ 在弹出的"编辑距离"对话框中输入准确值，如图4-64所示。

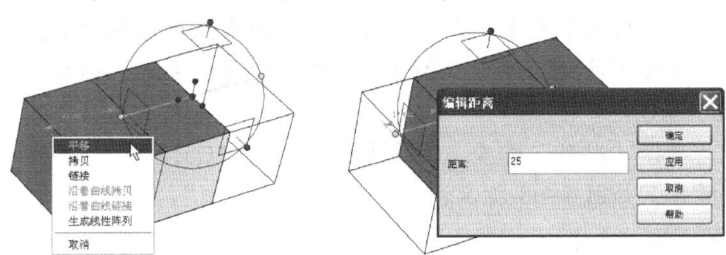

图4-64　三维球平移操作

❺ 同样可将鼠标放在三维球二维平面上，待鼠标变成十字箭头，按下鼠标右键拖动长方体在相应的二维平面内任意移动，释放鼠标，在弹出的快捷菜单中选择"平移"命令。

❻ 在弹出的"重复拷贝/链接"对话框中输入两距离值，如图4-65所示。

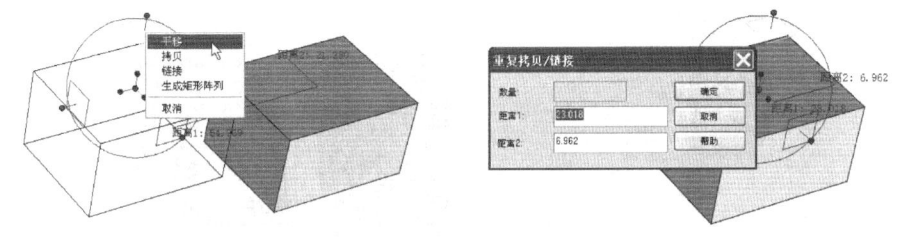

图4-65　三维球二维平面移动

❼ 单击"确定"按钮，完成移动操作，关闭三维球。

【例4-19】利用三维球旋转长方体。

❶ 新建设计环境，从图素元素库拖曳"长方体"图素至设计环境中。

❷ 在零件编辑状态选定该零件，然后单击"三维球"按钮。

❸ 选择移动方向上三维球外手柄，以确定旋转轴。

❹ 将鼠标移至三维球内部，并使用鼠标右键拖动三维球旋转一定角度，释放鼠标，在弹出快捷菜单中选择"旋转"命令。

❺ 弹出"编辑旋转"对话框，在"角度"文本框中输入角度值，如图4-66所示。

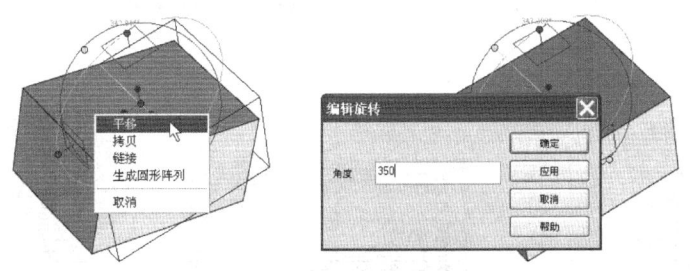

图4-66　三维球旋转操作

❻ 单击"确定"按钮，关闭三维球，完成旋转操作。

4.3.2　特征拷贝

特征的拷贝与链接都是复制特征，其不同之处在于利用"链接"完成的特征，特征之间存在内在的联系,在修改其中一个时,其他的也随之修改,而拷贝的则不存在这种联系。常用的特征拷贝有两种方式:Windows 方式和三维球方式。

【例 4-20】 使用 Windows 方式拷贝操作。

❶ 新建设计环境,从图素元素库拖曳"圆柱体"图素至设计环境中。

❷ 在圆柱体表面右击鼠标,弹出如图 4-67 所示的快捷菜单,选择"拷贝"命令,或者在键盘上按〈Ctrl + C〉。

❸ 右击鼠标,选择"粘贴"命令,或者在键盘上按〈Ctrl + V〉。

❹ 完成拷贝操作,如图 4-68 所示。

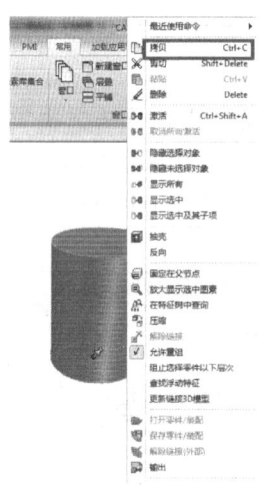

图 4-67 快捷菜单   图 4-68 拷贝操作结果

【例 4-21】 三维球拷贝操作。

❶ 新建设计环境,从图素元素库拖曳"长方体"图素至设计环境中。

❷ 在零件编辑状态选定该零件,然后激活三维球工具。

❸ 右击三维球外控制柄,并拖动三维球沿外控制柄移动一定距离后释放鼠标。

❹ 在弹出快捷菜单中选择"创建多份"→"拷贝"命令,如图 4-69 所示,然后在键盘上按〈P〉,再按〈Enter〉键,此时左侧的设计树如图 4-70 所示。

❺ 通过三维球命令移动其中的一个长方体,如图 4-71 所示。单击"确定"按钮,取消三维球。

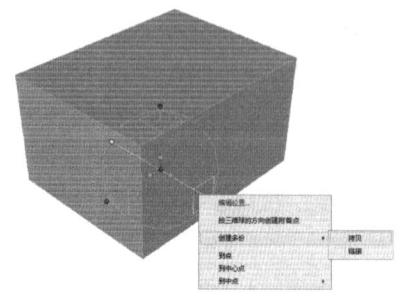

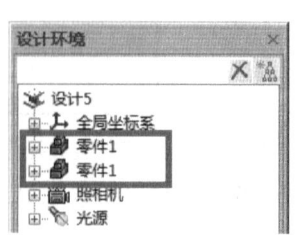

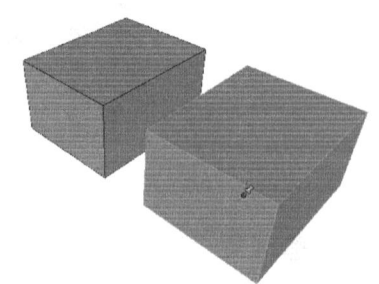

图 4-69 三维球拷贝   图 4-70 设计树   图 4-71 拷贝结果

📖 提示：在通过三维球拷贝对象的时候，按多次〈P〉，可进行多次拷贝操作。

4.3.3 阵列特征

对于具有排列规律的特征，可采用阵列的方式来快速地生成。阵列特征是按照"线性""圆周""矩形"的方式来重复特征。

【例4-22】线型阵列操作。

❶ 新建设计环境，从图素元素库拖曳"长方体"图素至设计环境中。

❷ 单击"特征"→"变换"功能面板中"阵列特征"按钮 🔡。

❸ 系统弹出"阵列特征"属性管理器，如图4-72所示，选择"特征"为长方体，方向为长方体的一条边，并输入距离为50。

各选项含义如下。

- "阵列类型"选项包括以下几项。

  线型阵列：即沿直线单方向阵列。

  双向线型阵列：即沿直线双方向阵列。

  圆型阵列：即沿圆形方向进行阵列。

  边阵列：沿着某条边的方向进行阵列。

  草图阵列：可以在草图上绘制几个点，然后主控图素按照几个点位置进行阵列。

- 选择特征：单击此项，然后在设计环境中单击选择要阵列的特征。

- 阵列方向：选择阵列的特征和阵列的方向，输入距离值、阵列数量等参数。"反转方向"可以将阵列方向反向。

- "忽略节点"包括以下几项。

  阵列节点：阵列预显中，可以看到每个阵列节点都有一

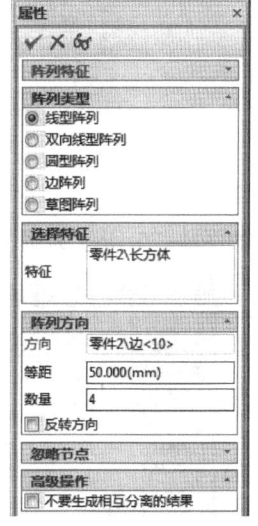

图4-72 "阵列特征"
属性管理器

个黄色圆点显示。当"阵列节点"处于激活状态时，

  单击一个节点，就可以将这个节点列为被忽略的节点。也可以选中被忽略节点的列表，右击取消忽略。

- 高级操作：

  不要生成相互分离的结果：选中此选项后，只能生成底部相连的阵列体。如果想生成不相连的，则取消选中此项即可。

❹ 选择完毕，单击"确定"按钮，生成预览中的实体，如图4-73所示。

其他几种阵列方式操作过程和线型阵列操作过程类同，如图4-74所示为双向线型阵列操作选项及效果。

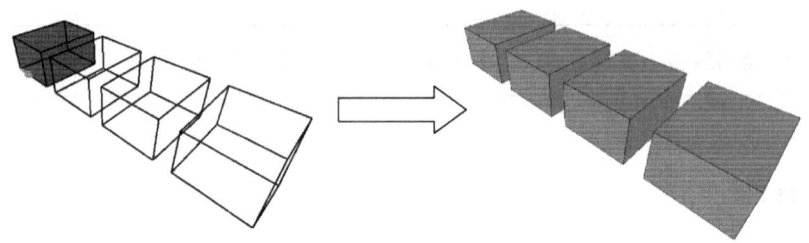

图 4-73　线型阵列操作结果

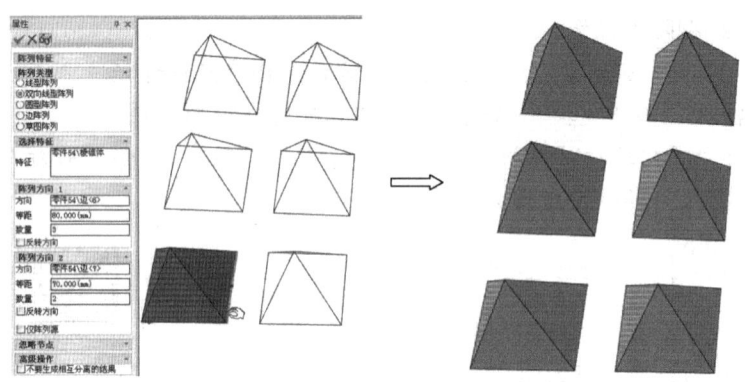

图 4-74　双向线型阵列

如图 4-75 所示为圆型阵列操作选项及效果。

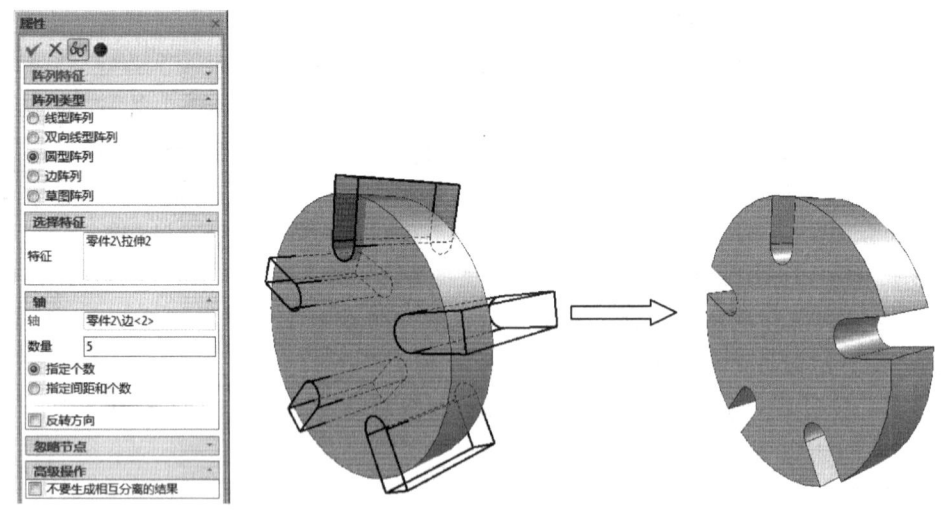

图 4-75　圆型阵列

如图 4-76 所示为边阵列操作选项及效果。

如图 4-77 所示为草图阵列操作选项及效果（需首先建立一个草图，并在上面绘制几个点）。

另外，特征阵列操作也可以利用三维球工具很方便地实现，在这里就不详细介绍了，具体的操作和步骤与特征拷贝的操作类同。

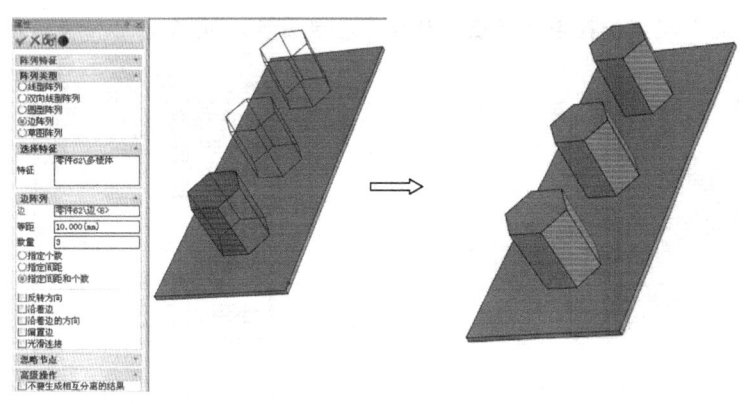

图 4-76 边阵列

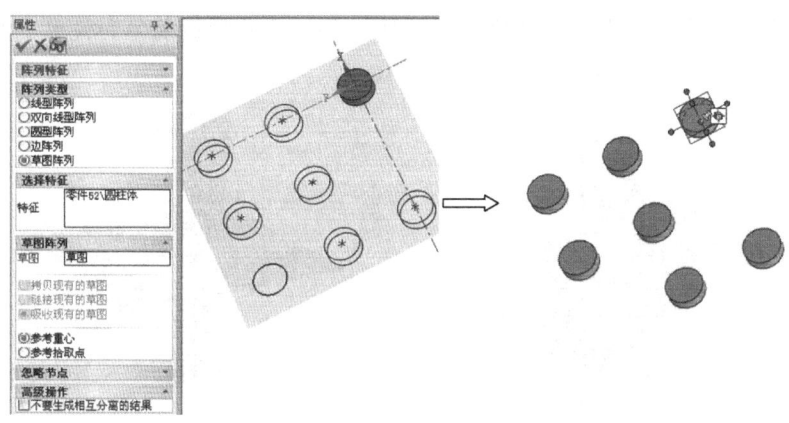

图 4-77 草图阵列

4.3.4 镜像特征

镜像特征是以基准面为参考生成镜像复制命令，如图 4-78 所示。

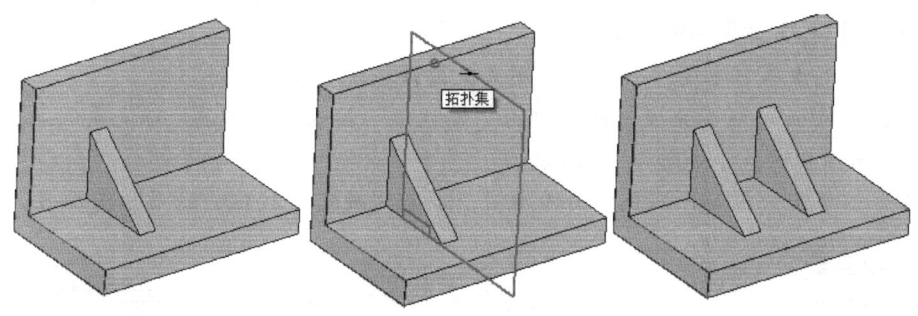

图 4-78 镜像复制特征

复制后的特征与原始特征相关联，如果原始特征被更改或者删除，则镜像复制也会相应更新。

【例 4-23】镜像特征操作。

❶ 新建设计环境，利用厚板图素和圆柱体图素生成造型，如图 4-79 所示。

❷ 单击"变换"功能面板中"镜像"按钮，出现如图4-80所示"镜像特征"属性管理器。

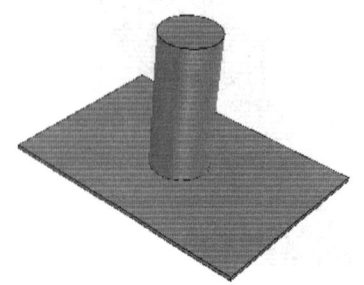

图4-79　零件造型　　　　　　　　图4-80　"镜像特征"属性管理器

❸ 选择要镜像的特征为圆柱体，再选择镜像平面为厚板的上平面。镜像平面需要与要镜像的特征属于同一零件，或者是基准面。选择了要镜像的特征或体和镜像平面以后，会出现镜像的预显，如图4-81所示。

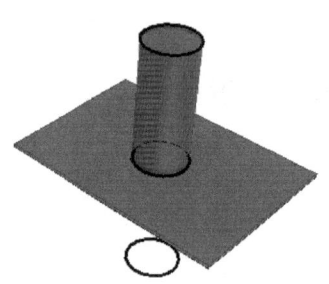
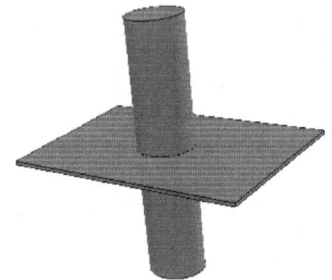

图4-81　镜像操作

❹ 单击"确定"按钮，出现镜像结果，如图4-81所示。

4.3.5　缩放体

"缩放体"可使实体在参考点的 X 、Y 、Z 方向上按照一定比例放大或者缩小。

【例4-24】长方体的缩放体造型。

❶ 从图素元素库中拖曳"长方体"图素至设计环境中。

❷ 单击"特征"→"变换"面板中的"缩放体"按钮，在设计环境左侧弹出"比例缩放特征"属性管理器，如图4-82所示。

❸ 选择参考点和 X Y Z 三个方向的比例，单击"确定"按钮，结果如图4-83所示。

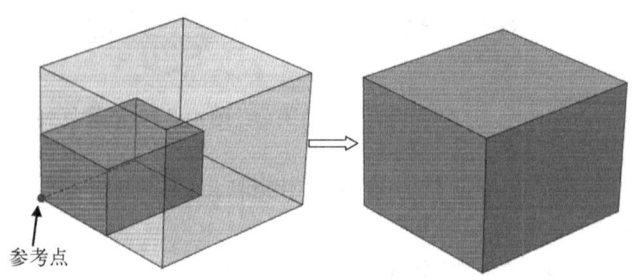

图4-82　"缩放体"属性管理器　　　　　图4-83　缩放体操作

4.3.6　拷贝体

"拷贝体"功能可以拷贝激活零件下的实体,拷贝以后的造型与原始造型位置重合,可以通过设计树或者使用三维球进行位置移动,即可看到拷贝结果,如图4-84所示。

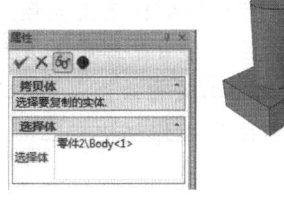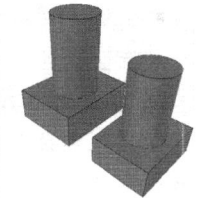

图4-84　拷贝体操作

4.4　直接编辑

直接编辑包括表面移动、表面匹配、表面等距、删除表面、编辑表面半径和分割实体表面操作,如图4-85所示。

图4-85　直接编辑

4.4.1　表面移动

使用"表面移动"命令可以让单个零件的面独立于智能图素结构而移动或旋转。激活"表面移动"命令的方式主要有以下几种。

- 从"特征"功能面板的"直接编辑"中单击"表面移动"按钮 。
- 从"特征生成"工具条中单击"表面移动"按钮 。
- 从下拉菜单栏中选择"修改"→"面操作"→"表面移动"命令。
- 右击想移动的面,然后从右键快捷菜单中选择"平移"命令,如图4-86所示。

有如下几种移动种类和移动方法。

- 自由移动:选择移动表面以后,可以自由移动,不受任何约束。此时可借助三维球工具来确定表面的移动量。
- 沿线移动:选择移动表面,并选择一个边,输入移动距离,表面会沿这条线移动相应的距离。注意:当线移动时,表面移动也随之更改。

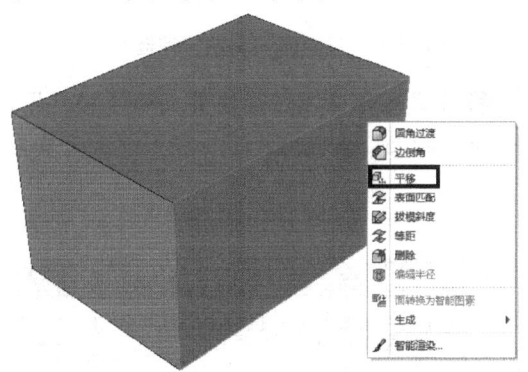

图4-86　平移快捷方式

- 旋转:选择移动表面,并选择一个边,输入旋转角度,表面会以这条线为轴旋转相应的角度。注意:当线移动时,表面的旋转也随之更改。

【例4-25】长方体图素的表面移动。

❶ 在图素元素库中拖曳"长方体"图素至设计环境中。

❷ 单击长方体上表面,使其处于表面编辑状态。

❸ 右击,在弹出的快捷菜单中选择"平移"命令,此时设计环境中出现"移动面"属性管理器,如图4-87所示。

各选项含义如下。

- 重建正交:利用此选项可通过从零件表面延展新垂直面重新生成以移动面为基准的零件。

109

- 无延伸移动特征：利用此选项可移动特征面而不延伸到相交面。
- 特征拷贝：利用此选项可复制特征的选定面。

❹ 在面的中心处出现激活的三维球，可以利用三维球对面进行"移动""旋转"等操作（单击三维球的操作柄控制三维球旋转方向，编辑包围盒，输入相应尺寸等），如图4-88所示。

图4-87　"移动面"属性管理器

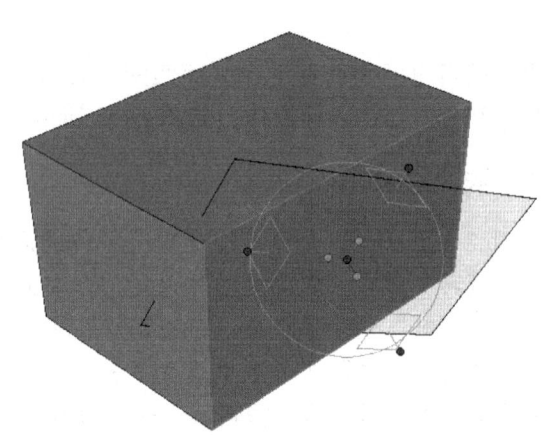

图4-88　利用三维球旋转选定面

❺ 完成后单击属性管理器上的"确定"按钮 ✔，即会弹出"面编辑通知"对话框，单击"是"按钮，则生成如图4-89所示的造型。

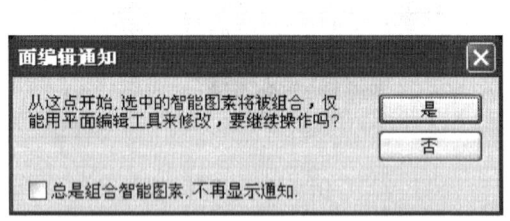

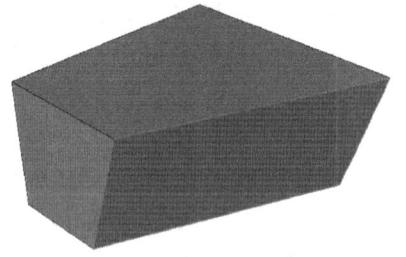

图4-89　"面编辑通知"对话框和生成的造型

📖 提示：激活"移动面"命令后三维球将出现在第一个选定面的锚状图标上，而且三维球允许在一种操作中转换或旋转面。

4.4.2　表面匹配

"表面匹配"命令应用于创新零件中，利用表面匹配功能可以实现两个面的共面、平行、垂直等几何转变。

激活"表面匹配"命令有如下几种基本方法：

- 单击"特征"→"直接编辑"面板中的"表面匹配"按钮 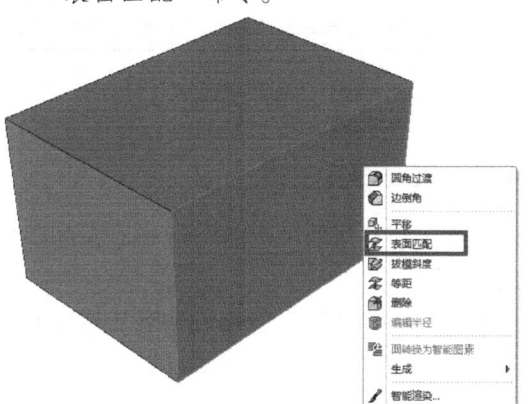。
- 从"特征生成"工具条中单击"表面匹配"按钮 。
- 在菜单栏中选择"修改"→"面操作"→"表面匹配"命令。
- 选择要匹配的面后右击，在弹出的快捷菜单中选择"表面匹配"命令，如图4-90所示。

【例4-26】表面匹配实例操作。

❶ 在设计环境中生成如图4-91所示的造型。

❷ 单击"特征"→"直接编辑"面板中的"表面匹配"按钮 。

❸ 此时设计环境左侧出现"匹配面"属性管理器，如图4-92所示。

各选项含义如下。

- 匹配面选项：即指定一个将与选定面匹配的面。

图4-90 "表面匹配"快捷方式

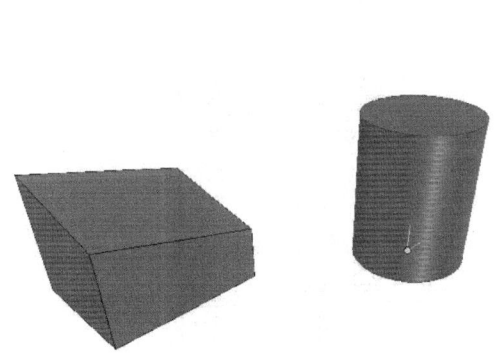

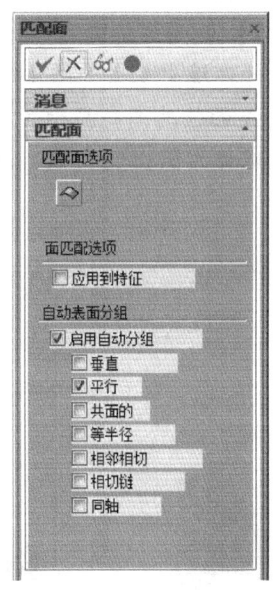

图4-91 实体造型　　　　　　　图4-92 "匹配面"属性管理器

- 自动表面分组："启用自动分组"复选框，即与选定表面有垂直、平行、共面等几何关系的面，将被自动选中。

❹ 单击"匹配面选项"下的"选择面"按钮 ，然后依次选定圆柱体的上表面和斜面。

❺ 单击"确定"按钮 ，弹出"面编辑通知"对话框，如图4-93所示。

❻ 单击对话框中的"是"按钮，即可生成如图4-94所示的表面匹配造型。

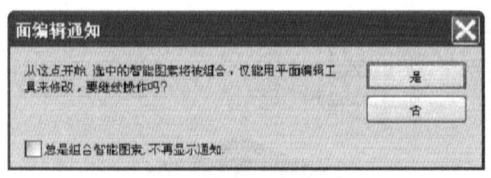

图 4-93　"面编辑通知"对话框

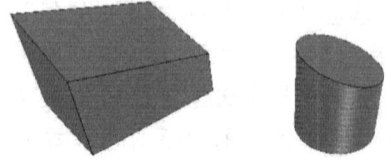

图 4-94　表面匹配生成的造型

4.4.3　表面等距

表面等距是指使一个面相对于原来的位置，精确地偏移一定距离来实现对实体特征的修改。

激活"表面等距"命令有如下几种基本方法。

- 单击"特征"→"直接编辑"面板中的"表面等距"按钮 。

- 从"特征生成"工具条中单击"表面等距"按钮 。

- 在菜单栏中选择"修改"→"面操作"→"表面等距"命令。

- 选择要匹配的面后右击，在弹出的快捷菜中选择"表面等距"命令。

【例 4-27】表面等距实例操作。

❶ 在设计环境中生成如图 4-95 所示的造型。

❷ 单击 A 面使其高亮显示，单击"特征"→"直接编辑"面板中"表面等距"按钮。

❸ 设计环境左侧出现"偏移面"属性管理器，如图 4-96 所示。

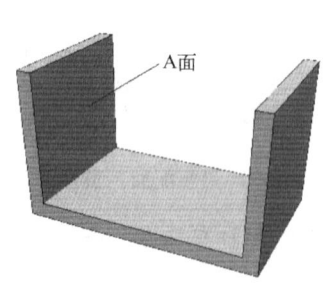

图 4-95　实体造型

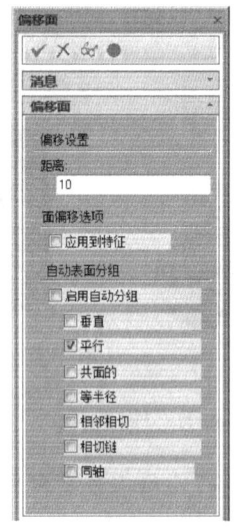

图 4-96　"偏移面"属性管理器

❹ 单击属性管理器上的"确定"按钮 ，在弹出的"面编辑通知"对话框中单击"是"按钮，即可生成如图 4-97 所示的造型。

📖 提示：距离选择时，正数为放大或拉伸，负数为缩小或压缩。

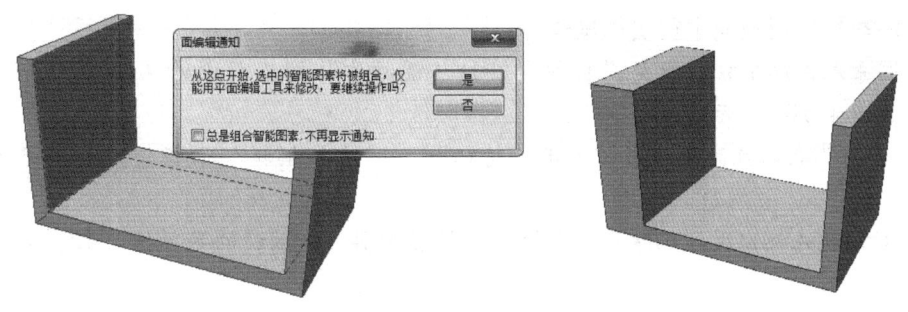

图 4-97 "表面等距"操作

4.4.4 删除表面

在某些模型中，可将选定表面删除，而其相邻面将延伸，以弥合形成的缺口。当不能生成有效的实体时，就会出现提示，不能完成操作，如图 4-98 所示。

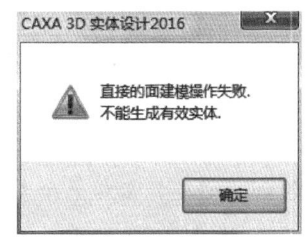

"删除表面"命令的开启方法与前面相同。

【例 4-28】删除表面实例操作。

❶ 在设计环境中生成如图 4-99 所示的造型。

❷ 单击表面 A 至高亮状态，如图 4-99 所示。

图 4-98 错误提示

❸ 单击"特征"→"直接编辑"面板中"删除表面"按钮，在弹出的"面编辑通知"对话中单击"是"按钮，则实体生成如图 4-100 所示的造型。

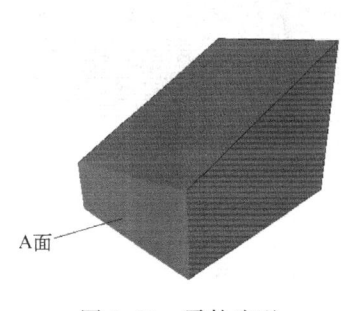

图 4-99 零件造型

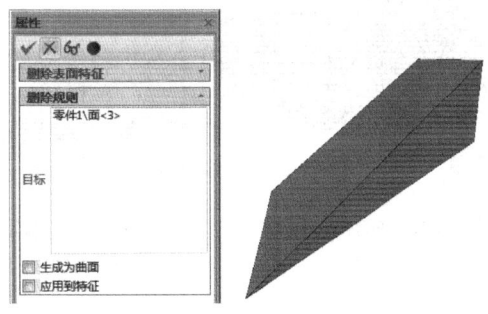

图 4-100 删除表面操作

4.4.5 编辑表面半径

编辑表面半径是指编辑圆柱面的半径或椭圆面得长轴半径/短轴半径，以实现对实体特征的编辑操作。

激活"编辑表面半径"命令的方法如下。

● 单击"特征"→"直接编辑"面板中的"编辑表面半径"按钮。

● 从"特征生成"工具条中单击"编辑表面半径"按钮。

● 从菜单栏中选择"修改"→"面操作"→"编辑表面半径"命令。

● 右击，从弹出的快捷菜单中选择"编辑半径"命令。

【例4-29】 编辑表面半径实例操作。

❶ 在图素元素库中分别拖曳"长方体"和"圆柱体"图素至设计环境中，并运用布尔运算完成如图4-101所示的造型。

❷ 单击圆孔表面至高亮状态，单击"特征"→"直接编辑"面板中"编辑表面半径"按钮。

❸ 设计环境左侧出现"编辑表面半径"属性管理器，输入新的半径值为12，如图4-102所示。

❹ 单击属性管理器上的"确定"按钮 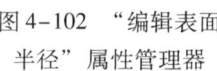，在弹出的"面编辑通知"对话框中单击"是"按钮，即可生成如图4-103所示的造型。

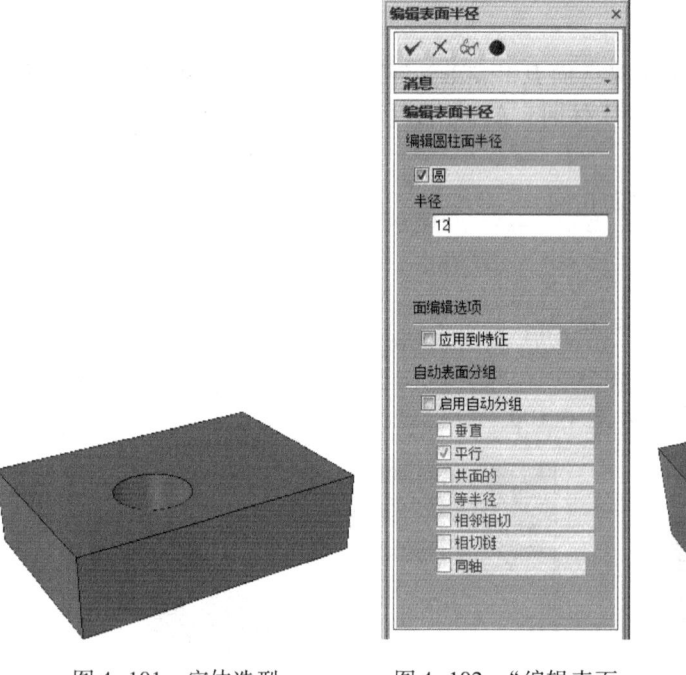

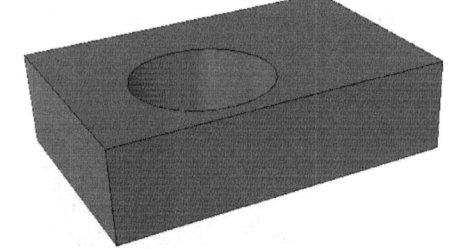

图4-101 实体造型　　　　图4-102 "编辑表面　　　图4-103 编辑表面半径操作
　　　　　　　　　　　　　半径"属性管理器

4.4.6 分割实体表面

分割实体表面命令，可将适合的图形（二维草图、已存在的边或3D曲线）投影到表面上，将指定面分割成多个可以单独选择的小面。

激活"分割实体表面"命令的方法如下。

● 单击"特征"→"直接编辑"面板中的"分割实体表面"按钮。

● 从菜单栏中选择"修改"→"面操作"→"编辑表面半径"命令。

【例4-30】 分割实体表面实例操作。

❶ 从图素元素库中拖曳"长方体"图素至设计环境中，在长方体的一个面上绘制样条曲线草图，如图4-104所示。

❷ 单击"特征"→"直接编辑"功能面板中"分割实体表面"按钮。

❸ 弹出"分隔实体表面"属性管理器，在"分割类型"选项组中选择"投影"选项，如图 4-105 所示。

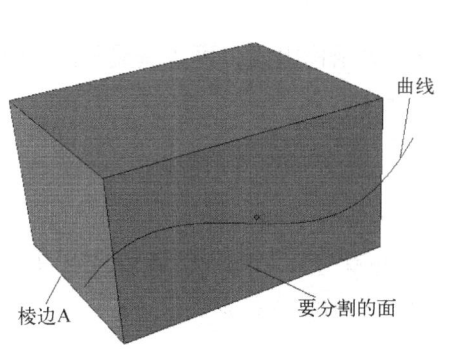

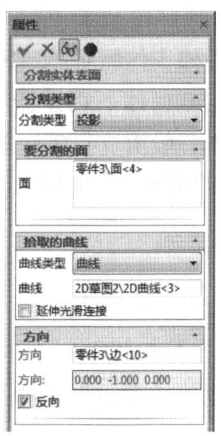

图 4-104　长方体和草图　　　　　图 4-105　"分隔实体表面"属性管理器

各选项含义如下。

● 投影：将线投影到表面/面上，然后沿投影线将此表面分割成多个部分。

● 轮廓：可以将实体的轮廓投影到表面上来分割表面。

● 用体（零件）分割：类似于分割零件，选择两个零件，然后选择"分割实体表面"命令，第二个零件将作为分离第一个零件的分割线。在工程模式中用于不同的体之间进行分割。

● 曲线在面上：用曲线分割表面。此曲线可以是封闭的曲线，也可以是一段曲线。

❹ 激活"面"筛选器，选择长方体前侧表面。

❺ 在"拾取的曲线"选项组中，"曲线类型"选择"曲线"。

❻ 激活"曲线"筛选器，选择样条曲线。

❼ 激活"方向"筛选器，选择长方体棱边 A，如图 4-104 所示，并选中"反向"复选框。

❽ 单击属性管理器上的"确定"按钮✔，即可生成如图 4-106 所示的造型。

❾ 激活样条曲线上侧的平面，右击，可对分割表面后的平面图素进行渲染，如图 4-107所示，可明显看出长方体前表面的分割效果。

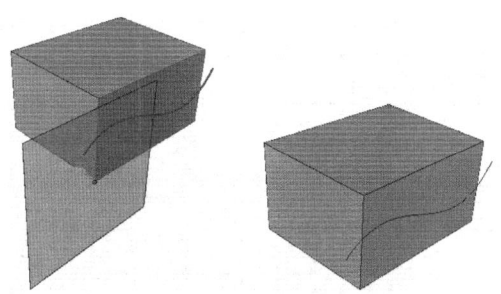

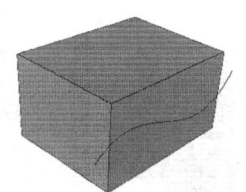

图 4-106　生成的造型　　　　　图 4-107　分割表面渲染效果

4.5　综合实例：减速器下箱体

下面利用各种实体特征构建和编辑功能设计减速器的下箱体。

【例 4-31】 减速体下箱体造型。

减速器箱体一般由支撑墙、轴承座、凸台、法兰及筋等结构组成，可铸造或压铸，也可以焊接而成，详细的操作步骤如下。

设计步骤

步骤1 构建下箱体基本造型。

❶ 从设计元素库中拖曳"厚板"标准智能图素至设计环境中，右击，在弹出的快捷菜单中选择"智能图素属性"命令，编辑其包围盒，按如图 4-108 所示定义尺寸。

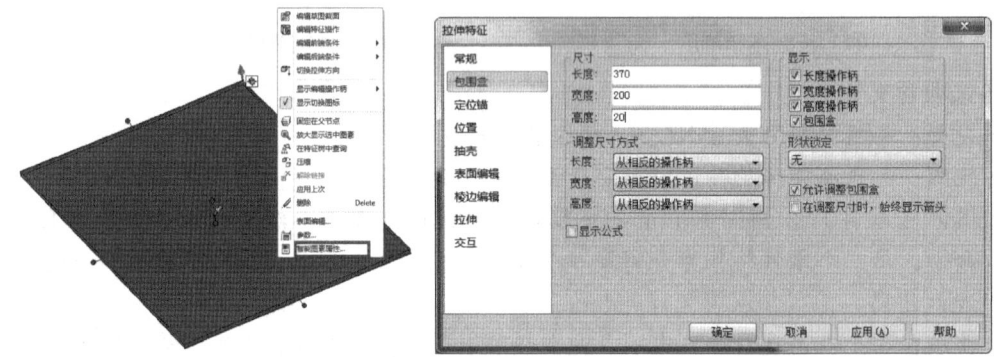

图 4-108　生成箱体底板

❷ 从设计元素库中拖曳"长方体"标准智能图素至底板的上表面中心位置，至出现浅绿色反馈后释放鼠标，右击，在弹出的快捷菜单中选择"智能图素属性"命令，编辑其包围盒，按如图 4-109 所示定义膛体尺寸。

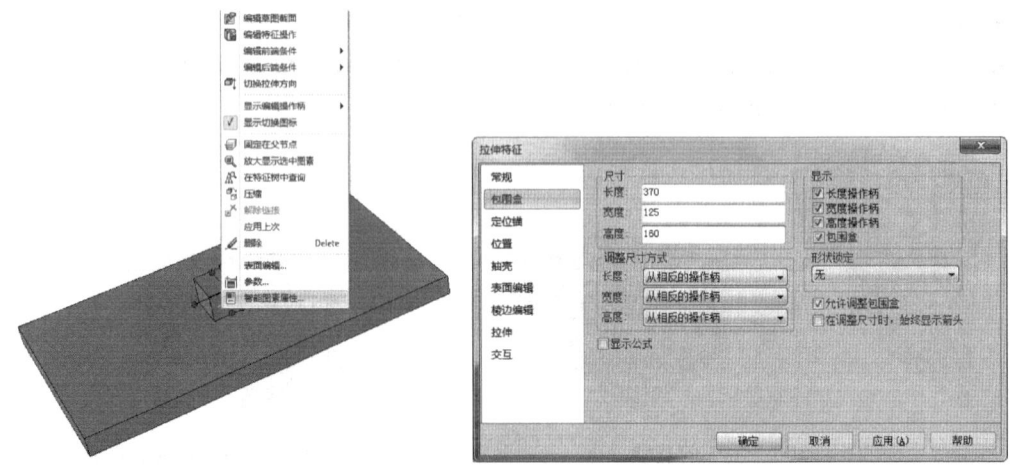

图 4-109　绘制减速器箱体膛体

❸ 从设计元素库中拖曳"厚板"图素至腔体顶面中心位置，至出现浅绿色反馈后释放左键，右击，在弹出的快捷菜单中选择"智能图素属性"命令，编辑其包围盒，按如图4-110所示定义箱体顶板尺寸。

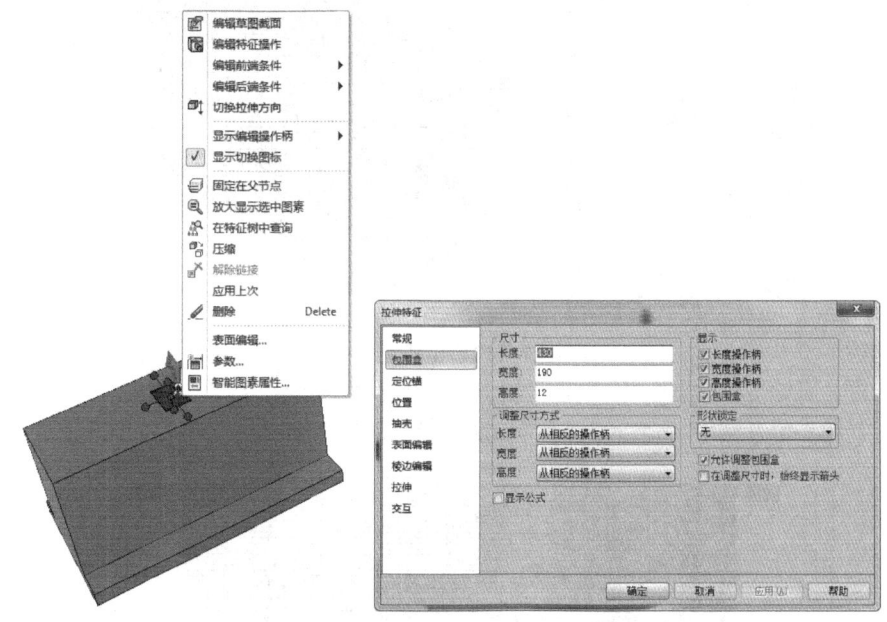

图4-110　绘制减速器箱体顶板

❹ 单击"特征"→"圆角过渡"按钮，左侧弹出"圆角过渡"属性管理器，输入半径值30，单击"确定"按钮，依次选择各条棱边，结果如图4-111所示。

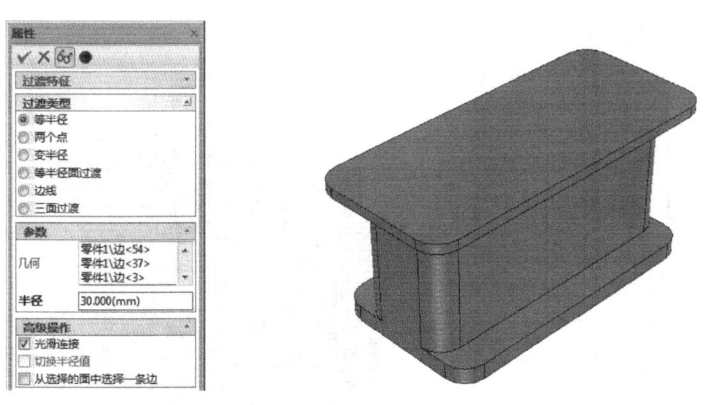

图4-111　圆角过渡

❺ 生成腔体。单击"特征"→"抽壳"按钮。选择箱体顶面为"移除面"，设置抽壳厚度为20，完成特征创建，如图4-112所示。

步骤2 构建下箱体轴承座。

❶ 选择箱体内侧面作为绘图平面，绘制草图如图4-113所示，单击"完成"按钮退出草图。单击"特征"→"拉伸"按钮，设定拉伸深度为60，单击"确定"按钮，完成轴

承孔凸台如图 4-114。

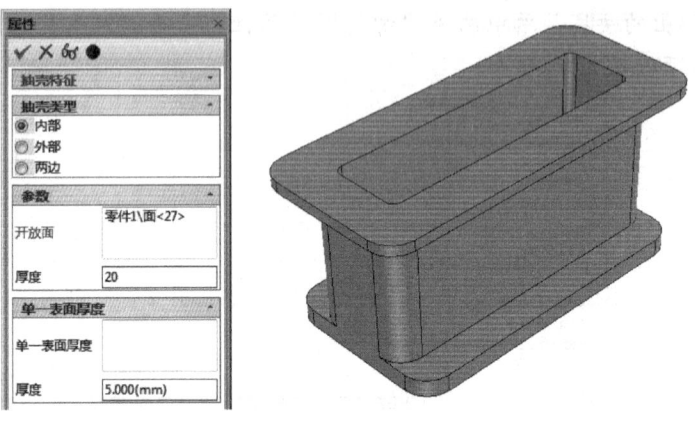

图 4-112　生成腔体

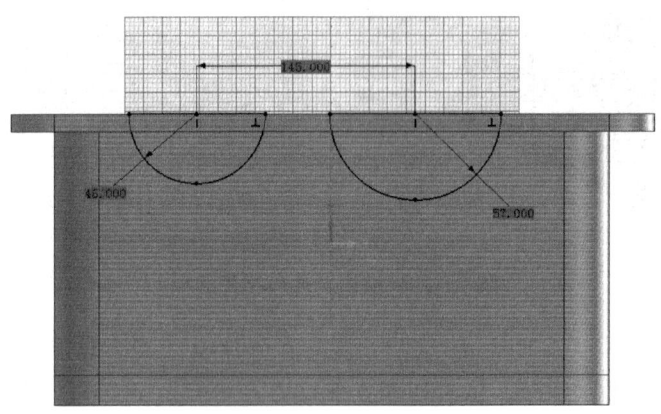

图 4-113　轴承孔凸台草图

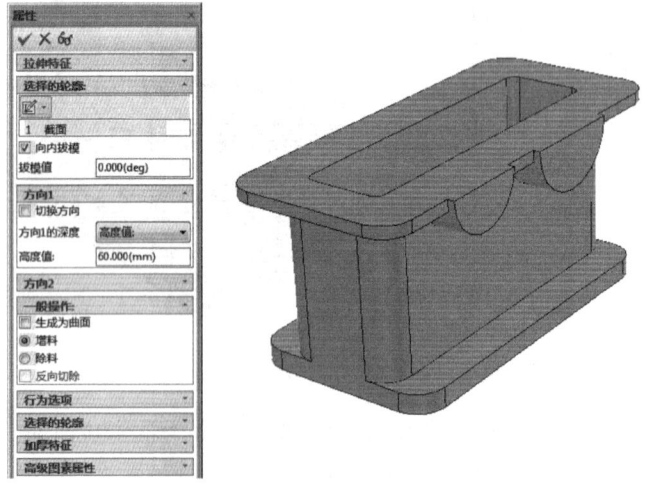

图 4-114　轴承孔凸台

❷ 选择轴承孔凸台特征，激活三维球，如图 4-115 所示，右击，在弹出的快捷菜单中选择"生成线性阵列"命令，在阵列选项里面输入如图 4-115 所示参数，单击"确定"按

钮，生成另一侧轴承孔凸台，结果如图 4-116 所示。

图 4-115　激活轴承孔凸台三维球　　　　　图 4-116　生成另一侧轴承孔凸台

❸ 切除轴承孔。选择轴承孔凸台侧面作为绘图平面，绘制草图如图 4-117 所示，单击"完成"按钮退出草图。单击"特征"→"拉伸"按钮，在"拉伸特征"属性管理器中设置如图 4-118 所示参数，单击"确定"按钮，如图 4-118 所示。

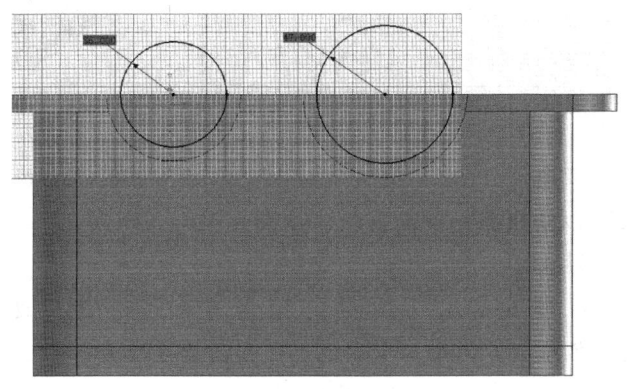

图 4-117　切除轴承孔草图

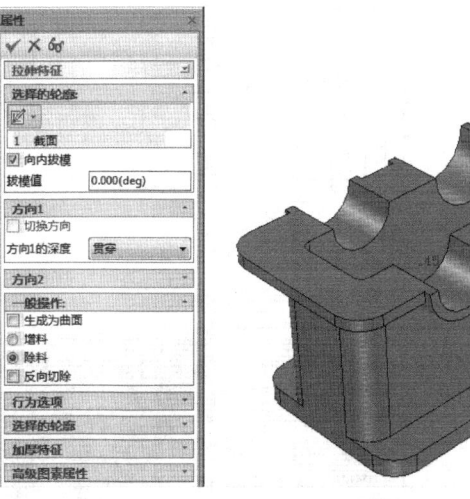

图 4-118　切除轴承孔

步骤3 构建下箱体筋板。

❶ 选择与下箱体地板前表面距离为5，并与之平行的平面绘制草图，如图 4-119 所示，单击"完成"按钮。

❷ 单击"特征"→"筋板"按钮 ，在"筋特征"属性管理器中输入如图 4-120 所示参数，单击"确定"按钮，如图 4-120 所示。

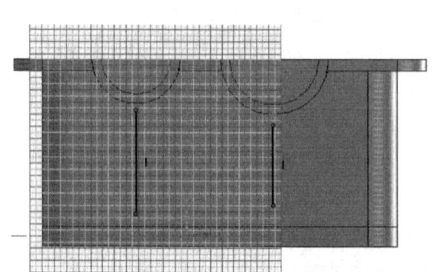

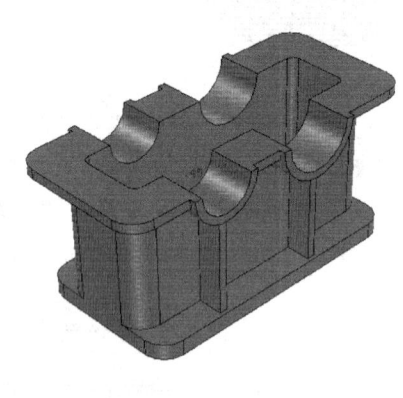

图 4-119　筋板草图　　　　　　　　　　　图 4-120　筋板特征

❸ 用同样的方法可以绘出另一侧的筋板，结果如图 4-121 所示。

步骤4 构建下箱体螺栓孔。

❶ 单击"特征"→"自定义孔"按钮 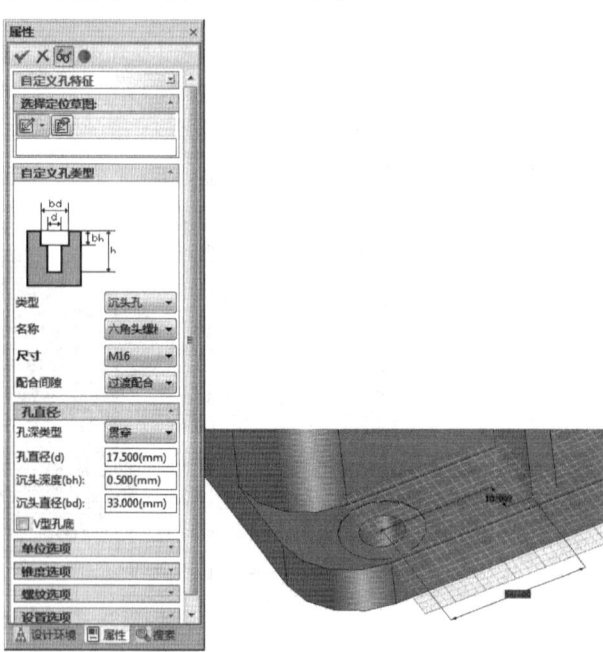，在左侧弹出的"自定义孔"属性管理器中，按照图 4-122 所示设置各参数，约束其中心位置，如图 4-122 所示。

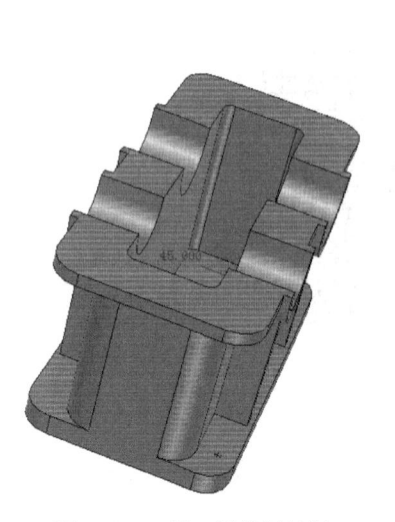

图 4-121　另一侧筋板特征　　　　　　　　图 4-122　绘制沉孔

❷ 单击"特征"→"阵列特征"按钮，在弹出的"阵列特征"属性管理器中按照图 4-123 所示设置各参数，选择"双向线型阵列"，阵列上一步骤的沉头孔特征，单击"确定"按钮，则结果如图 4-123 所示。

❸ 建立装配凸缘孔。选择下箱体最上面的平面作为绘图平面，绘制如图 4-124 所示草图，约束 5 个圆"相等"。上边两个圆的圆心水平，下边 3 个圆的圆心水平，再通过"镜像"命令，将 5 个圆相对于中心线镜像，单击"确定"按钮，退出草图。单击"特征"工具栏中的"拉伸"按钮，设置如图 4-125"拉伸特征"属性管理器选项，单击"确定"按钮，如图 4-125 所示。

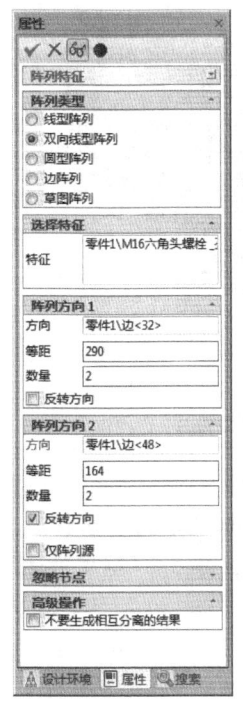
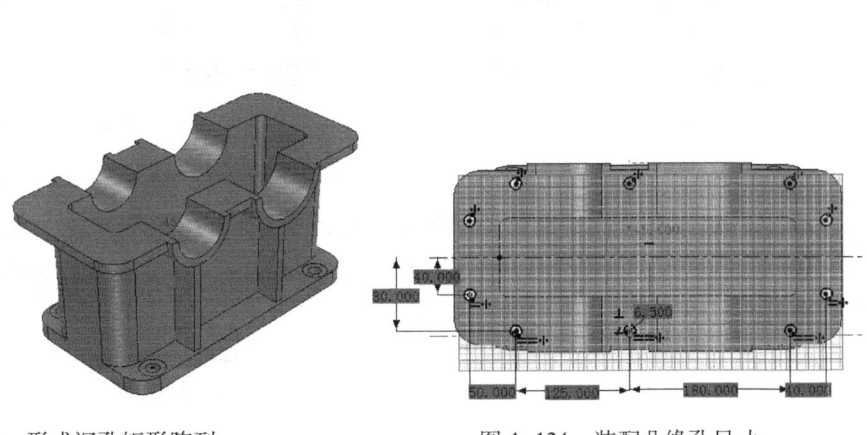

图 4-123　形成沉孔矩形阵列　　　　　　图 4-124　装配凸缘孔尺寸

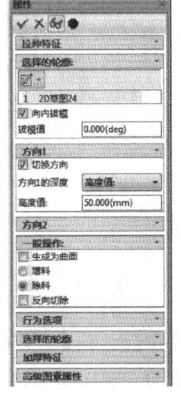
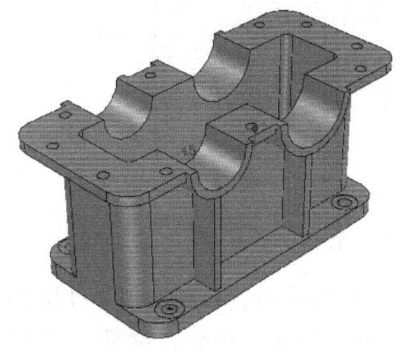

图 4-125　装配凸缘孔

❹ 建立轴承端盖螺纹孔。选择轴承孔凸台前端面作为绘图平面，用构造线  绘制如图4-126所示草图，定义螺纹孔定位点，单击"完成"按钮，退出草图。单击"特征"→"自定义孔"按钮，在孔"类型"中选择"简单孔"，在弹出的对话框中设置如图4-127所示的参数，分别选中4个螺纹孔定位点，单击"确定"按钮，并隐藏螺纹孔定位草图，如图4-127所示。

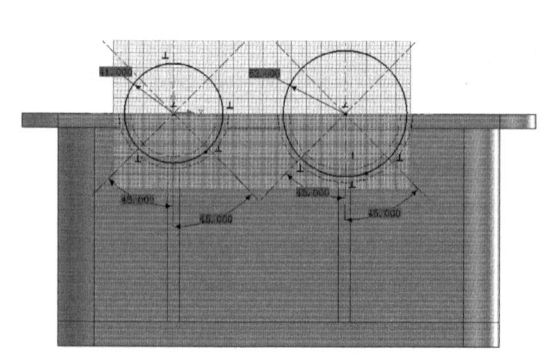

图4-126 轴承端盖螺纹孔定位

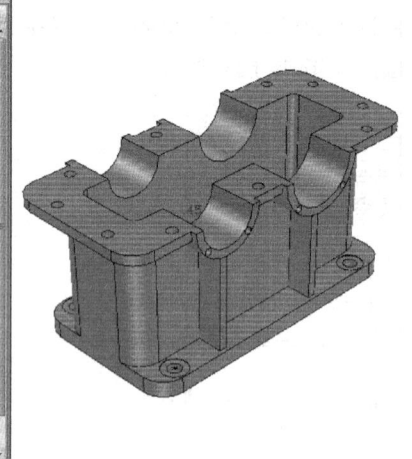

图4-127 螺纹孔

步骤5 建立底座槽和泄油孔插孔。

❶ 选择箱体侧面作为草图绘制平面，绘制如图4-128所示草图，单击"完成"按钮。

❷ 单击"特征"→"拉伸"按钮，设置如图4-129所示参数选项，单击"确定"按钮，如图4-129所示。

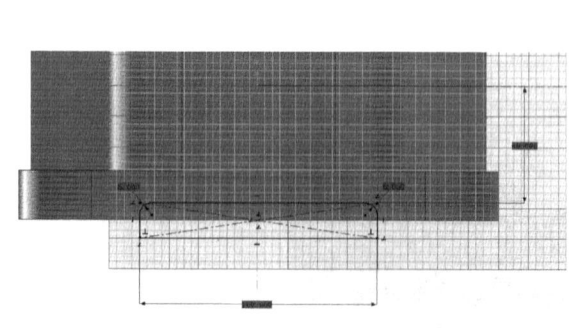

图4-128 底座槽草图

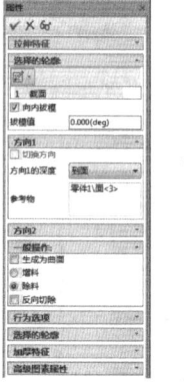

图4-129 底座槽特征

❸ 选择箱体侧面为绘图平面，绘制如图4-130所示草图，单击"完成"按钮。

❹ 单击"特征"→"拉伸"按钮，设置如图4-131所示参数选项，单击"确定"按钮，如图4-131所示。

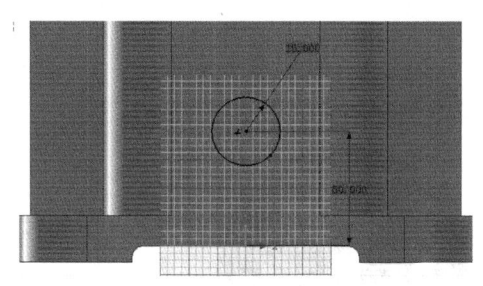
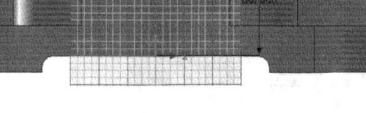

图 4-130　泄油孔凸台草图

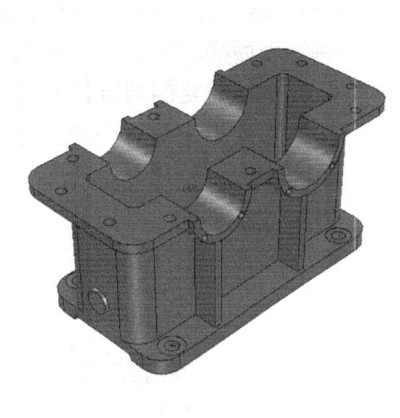

图 4-131　泄油孔凸台

❺ 单击"特征"→"自定义孔"按钮,在孔"类型"中选择"简单孔",在弹出的对话框中设置如图 4-132 所示的参数,选中泄油孔凸台圆心点,单击"确定"按钮,如图 4-132 所示。

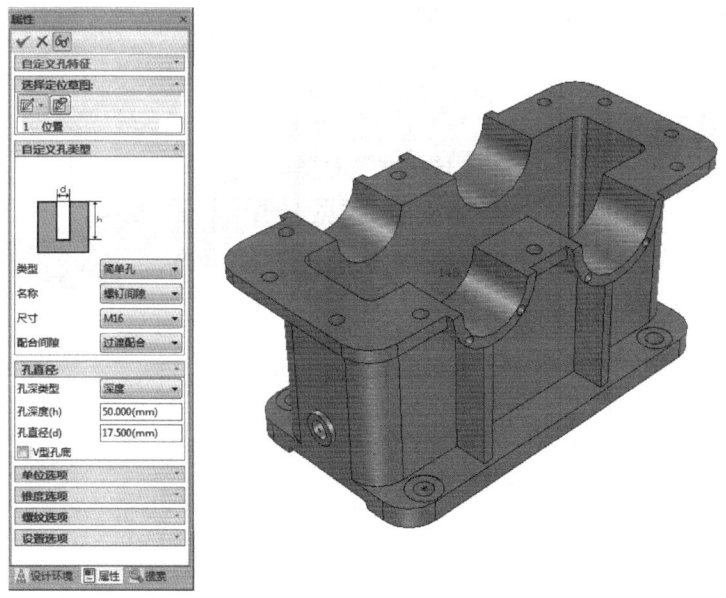

图 4-132　泄油孔

❻ 检查无误后,保存文件。

4.6　课后练习

1. 思考题

(1) 怎样进行边倒角过渡?

(2) 阶梯分模线拔模需要注意哪些问题?

（3）布尔运算都有哪几种？怎样进行布尔交运算？

（4）表面移动和表面等距操作的区别是什么？

（5）特征的复制与链接有什么区别？

（6）阵列操作都有哪些？怎样进行阵列操作？

2. 上机题

（1）生成如图4-133所示的圆型阵列造型。

（2）生成如图4-134所示的减速器齿轮造型。

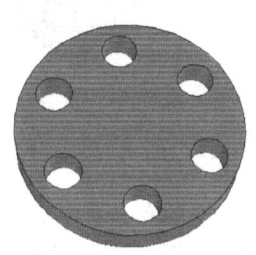 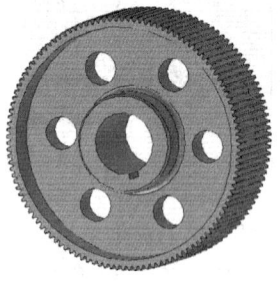

图4-133　圆型阵列造型　　　　　　　图4-134　减速器齿轮造型

（3）生成如图4-135所示的曲轴造型。

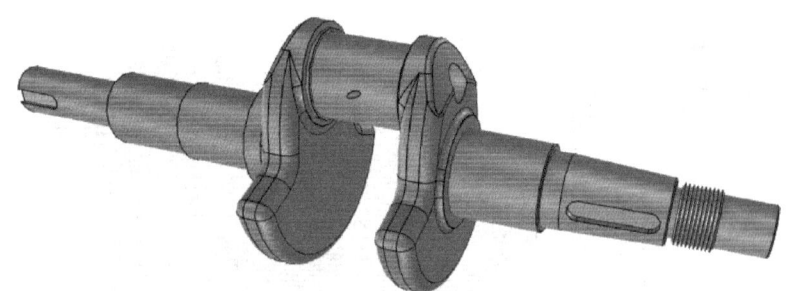

图4-135　曲轴造型

第5章 装配设计

内容与要求

一个产品是通过若干个零件按照一定关系的组合而形成的。为此，CAXA 实体设计系统提供了强大的装配设计模块，通过将零件造型和钣金设计环境中生成的零件按照一定的装配关系进行装配，从而完成装配体设计。利用 CAXA 实体设计，可以生成装配件、在装配件中添加或删除图素或零件，或同时对装配件中的全部构件进行尺寸重设或移动。

教学目标
- 掌握 CAXA 装配设计方法
- 掌握 CAXA 装配定位方法
- 掌握装配中干涉检查方法
- 掌握装配中常用的机构仿真方法
- 掌握装配剖视方法

5.1 基础知识

机器或部件都是由零件按照一定的装配关系和技术要求装配而成的。例如，图 5-1 所示的圆柱齿轮减速器，图 5-2 所示的万向节。本章的任务就是介绍用来完成这些工作的装配模块的操作方法。

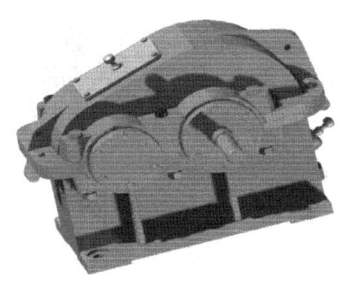

图 5-1　一级圆柱齿轮减速器　　　　　　图 5-2　万向节

生成装配体，首先选定装配需要的多个图素/零件，然后从"装配"功能面板或者菜单中选择"装配"命令，或者在"装配"工具条中，选择"装配"工具，就可以将零件组合成一个装配件。"装配"菜单和工具条中还包括其他的选项：解除装配、创建零件、打开零件/装配、存为装配件/装配以及访问"装配树输出"，如图 5-3 所示。

另外，单击"设计树"按钮，在设计环境的左边将出现"设计树"窗口。打开属性管理器，也可以找到"装配"的各种工具按钮，如图 5-4 所示。

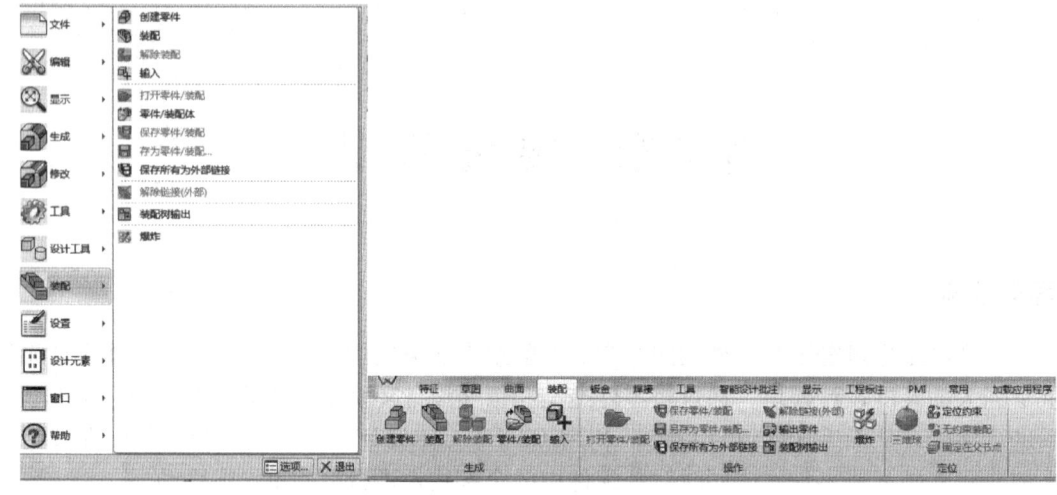

图 5-3 "装配"菜单和功能面板

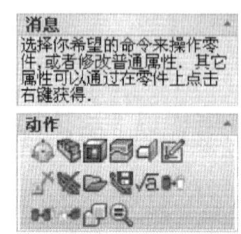

图 5-4 属性管理器里的装配工具按钮

5.2 装配实例：台虎钳

本节以一个比较完整的台虎钳的装配为例，来说明整个的装配过程。台虎钳（如图 5-5 所示）是机床工作台上用于加紧工件，进行切削加工的一种通用工具。一台台虎钳由 10 余种零件组成，其中螺钉、圆柱销为标准件。本装配设计采用自底向上的设计方法，先单独设计各零件，然后插入装配设计环境中，主要利用三维球装配功能进行装配，其中涉及板类、轴类和孔类零件的装配设计。

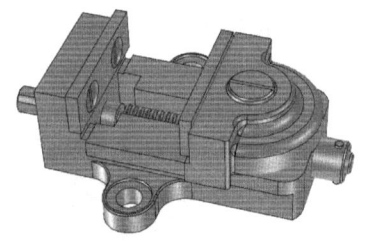

图 5-5 台虎钳

✖ 设计步骤

步骤1 装配固定钳座和螺母。

❶ 打开新的设计环境，选择"装配"→"零件/装配体"命令或单击"插入零件"按钮🔧，弹出如图 5-6 所示"插入零件"对话框。

❷ 选取"固定钳座"和"螺母"零件，单击"打开"按钮，如图 5-7 所示。

❸ 单击设计树中的零件"固定钳座"，然后单击"装配"工具条上的"装配"按钮🔧，在设计树中出现一个🔧装配件，将其修改为"台虎钳装配"；利用拖动功能，将"螺母"零件拖入"台虎钳装配"件中，如图 5-8 所示。后期调入的其他零件也采取同样操作，就

不再重复说明了。

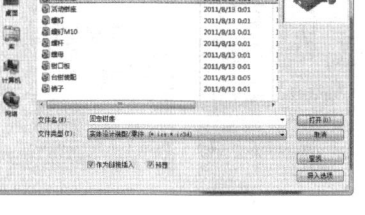

图 5-6 "插入零件"对话框　　　　图 5-7 插入固定钳座和螺母　　　图 5-8 形成装配件

📖 **注意：** 装配结束后，所有属于"台虎钳装配件"中的零件对外可作为一个整体来操作，同时在装配件内部，各零件仍保持原有的属性不变。

---

❹ 在设计工作区拾取"螺母"零件，单击按钮🔘激活三维球；在三维球上拾取与孔轴线平行的控制柄作为定向轴。右击，在弹出快捷菜单中选择"与轴平行"命令；单击"固定钳座"零件圆柱孔外圆面，待出现浅绿色反馈后释放鼠标，使"螺母"孔轴线与"固定钳座"孔轴线互相平行，如图 5-9 所示。

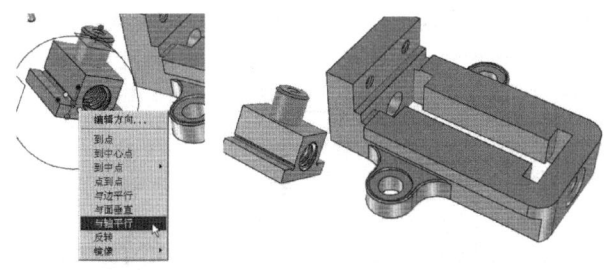

图 5-9 "螺母"与"固定钳座"孔轴线相互平行

❺ 选取"螺母"三维球上下控制柄，右击，在弹出的快捷菜单中选择"与面垂直"命令，拾取"固定钳座"上表面，如图 5-10 所示。

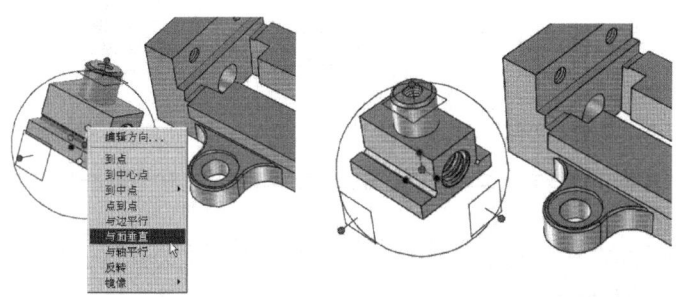

图 5-10 与"固定钳座"上表面垂直

❻ 重定位"螺母"三维球。按空格键，"螺母"零件上的三维球将呈白色显示，表明零件和三维球处于分离状态。右击三维球中心，在弹出的快捷菜单中选择"到中心点"命令，将其定位于"螺母"右端面圆孔中心上，如图 5-11 所示。

❼ 按〈Space〉键，三维球呈现灰色，使其与零件关联。右击三维球中心，在弹出的快捷菜单中选择"到中心点"命令，然后拾取"固定钳座"内侧中心孔圆心，完成"螺母"零件定位，如图 5-12 所示。

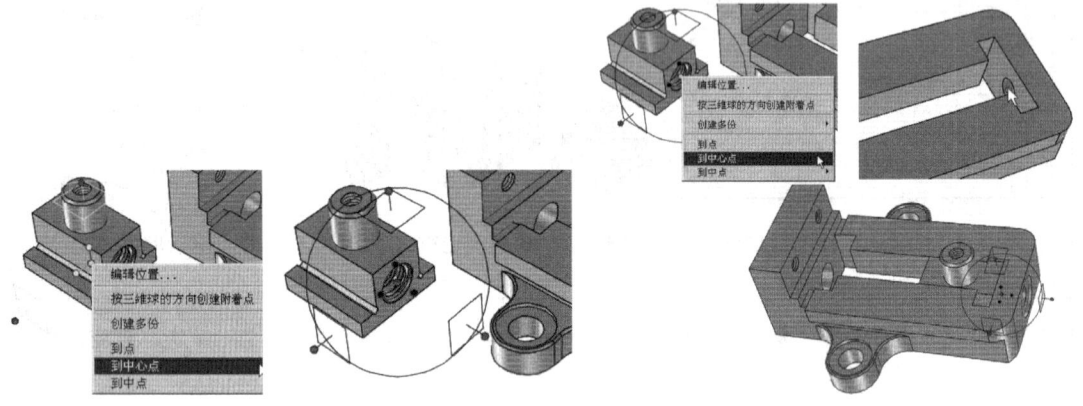

图 5-11　重定位三维球　　　　　　　　　　图 5-12　定位"螺母"

步骤 2　安装螺杆

❶ 选择"装配"→"输入"命令或单击"输入文件"按钮 ⬜➕，弹出如图 5-13 所示"输入文件"对话框。选择"螺杆"零件，单击"打开"按钮。

❷ 采取同样的拖动功能，将"螺杆"零件拖入"台虎钳装配"件中，如图 5-14 所示。

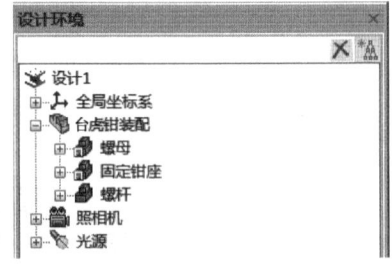

图 5-13　"输入文件"对话框　　　　　　　图 5-14　设计树

❸ 在设计树中选择"螺杆"零件，激活三维球。首先将"螺杆"三维球重定位于右端轴肩轴线处，如图 5-15 所示。

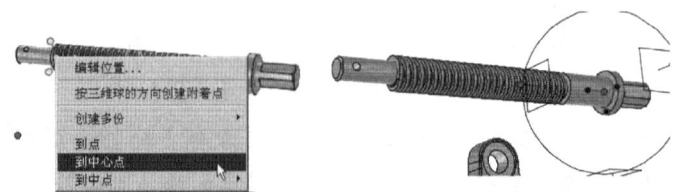

图 5-15　重定位"螺杆"三维球

❹ 右击三维球轴向控制柄，在弹出的快捷菜单中选择"反转"命令。将"螺杆"反转，与"固定钳座"方向一致，如图5-16所示。

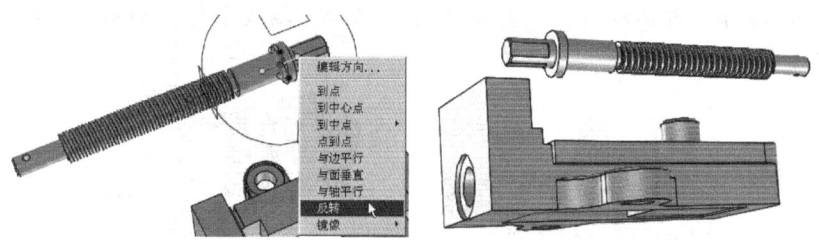

图5-16　反转"螺杆"

❺ 右击"螺杆"三维球中心控制柄，在弹出的快捷菜单中选择"与轴平行"命令，然后选择"固定钳座"与"螺杆"配合孔内圆柱面，使其轴线与"螺杆"轴线平行，如图5-17所示。

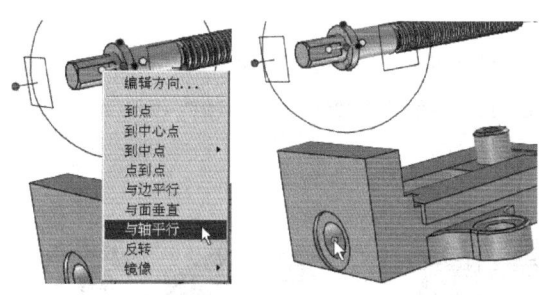

图5-17　定位"螺杆"与轴平行

❻ 右击"螺杆"三维球中心控制柄，在弹出的快捷菜单中选择"到中心点"命令，适当旋转和缩放视图，拾取"固定钳座"左端外侧面孔中心，将轴定位于钳座上，结果如图5-18所示。

步骤3 安装活动钳座

❶ 选择"装配"→"输入"命令或单击"输入文件"按钮，选择"活动钳座"零件，单击"打开"按钮，如图5-19所示，采取同样的拖动功能，将"螺杆"零件拖入"台虎钳装配"文件中。

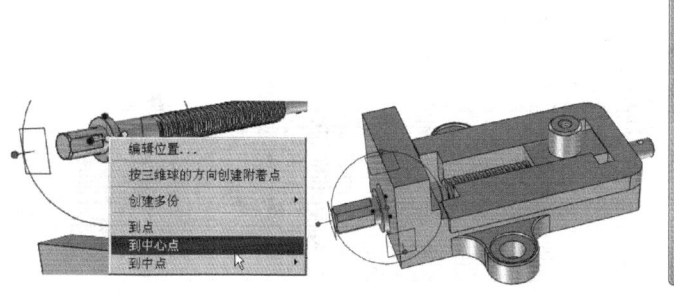

图5-18　定位"螺杆"

图5-19　输入"活动钳座"

❷ 在设计树种点选"活动钳座"零件，激活三维球。

❸ 右击"活动钳座"三维球中心控制柄，在弹出的快捷菜单中选择"与轴平行"命令，然后选择"螺母"外圆柱面，使其轴线与"螺母"轴线平行，如图5-20所示。

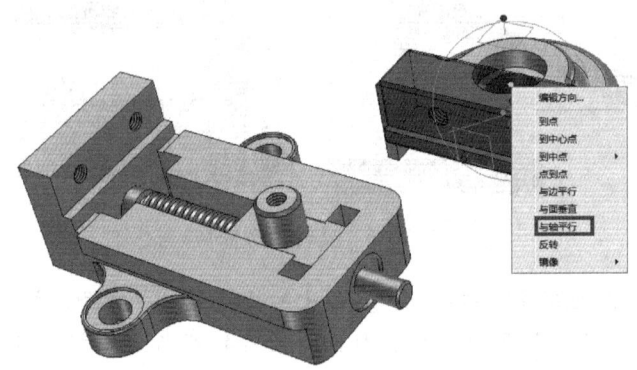

图5-20　定位"活动钳座"与轴平行

❹ 右击"活动钳座"三维球中心控制柄，在弹出的快捷菜单中选择"与边平行"命令，然后选择"固定钳座"上一条边a，使"活动钳座"孔轴线与边A平行，如图5-21所示。

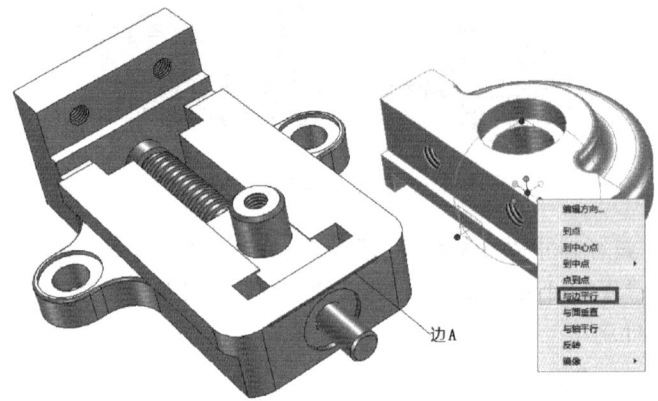

图5-21　定位"活动钳座"与边平行

❺ 右击"活动钳座"三维球中心控制柄，在弹出的快捷菜单中选择"到中心点"命令，然后选择"螺母"上的轴中心点，将活动钳座定位于螺母上，如图5-22所示。

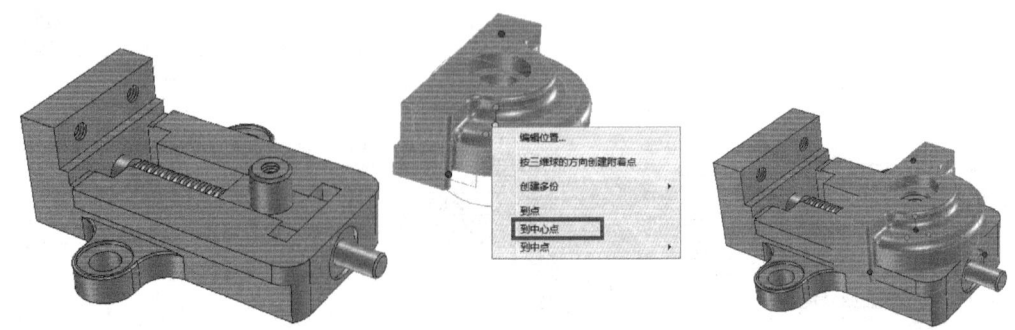

图5-22　定位"活动钳座"到中心点

步骤4 安装钳口板。

❶ 调入"钳口板"零件,在设计树中单击"钳口板"零件,激活三维球,右击三维球前后控制柄,在弹出的快捷菜单中选择"与面垂直"命令,然后选择"固定钳座"前表面,如图5-23所示。

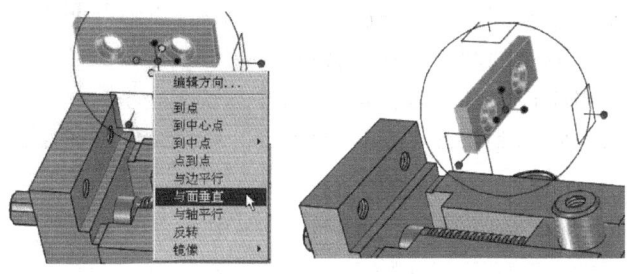

图5-23 定位"钳口板"与面垂直

❷ 同理,使"钳口板"三维球上下控制柄与"固定钳座"上表面垂直。

❸ 按〈Space〉键,使三维球和"钳口板"脱离关联,将三维球定位于"钳口板"后表面螺钉孔中心,按〈Space〉键,恢复关联,如图5-24所示。

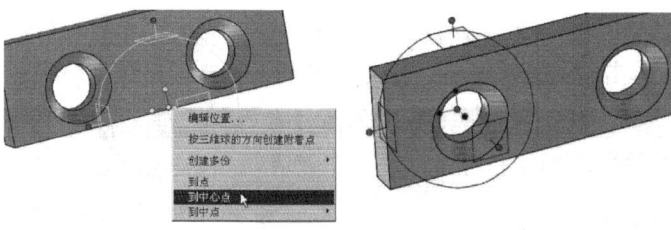

图5-24 定位"钳口板"三维球

❹ 右击"钳口板"三维球中心控制柄,在弹出的快捷菜单中选择"到中心点"命令,选择"固定钳座"右侧前表面孔中心,将"钳口板"定位于"固定钳座",如图5-25所示。

❺ 利用上述步骤讲述的轴类零件、孔类零件和板类零件定向与定位操作,完成其余零件的装配操作,最终结果如图5-26所示。

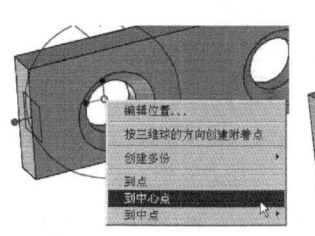
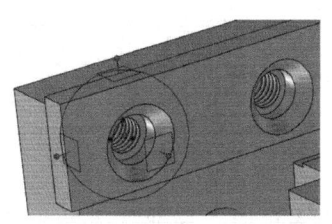

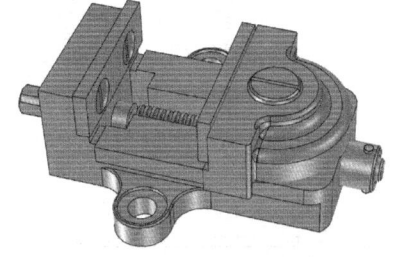

图5-25 定位"钳口板"于"固定钳座"　　　图5-26 台虎钳总装配图

5.3 零部件

在CAXA实体设计的装配环境中,调入零部件的方式有很多种,可以通过插入零部件或拷贝插入零部件等命令完成,也可以创建新的零部件来完成装配。并且在装配环境中也可以查看零部件的属性。

5.3.1 创建零部件

CAXA 实体设计在装配过程中如果没有需要的零部件，这就需要新创建零部件。创建的方法很多，可以拖放设计元素库中的图素，利用各种编辑方法进行修改。或者生成二维草图，再通过拉伸等特征生成方法生成三维图素。单击"装配"功能面板中的"创建零件"按钮 🖨 ，会出现如图 5-27 所示"创建零件激活状态"对话框。

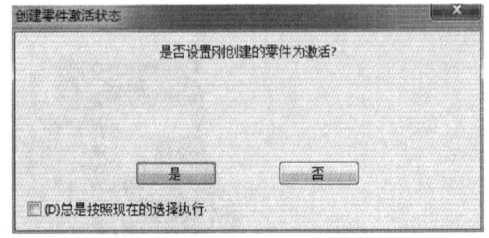

图 5-27 "创建零件激活状态"对话框

单击"是"按钮，则新建的零件默认为激活状态。此时添加的图素都会属于该零件。如果单击"否"按钮，则新建的零件默认为非激活状态，此时添加的图素是另外一个零件。

5.3.2 插入零部件

在 CAXA 实体设计，可以利用已有的零部件生成装配件。

单击"装配"功能面板中的"零件/装配"按钮 🖼 ，在弹出的"插入零件"对话框中选择所需文件名，然后单击"打开"按钮，则零部件插入到当前设计环境中，如图 5-28 所示。

图 5-28 "插入零件"对话框

在"插入零件"对话框的文件类型里可以选择要插入的文件类型，在"插入零件"对话框的下部有"作为链接插入"和"预显"两个复选框，选中"预显"复选框就可以在右上方预览到将要插入的零件，如图 5-28 所示。

选中"作为链接插入"复选框，插入的零件只记录零件的地址。这样做的优点是整个装配体文件较小，而且原文件修改后装配体中的零件也会随之修改，这样可以非常方便地组织协同设计。但如果原文件的存储地址更改后，则会出现找不到零件的情况。

如果不选中"作为链接插入"复选框，则整个零件的信息读入装配图中，与原地址文件脱离关系。装配体文件较大，原文件修改后装配体中的零件不会随之修改，不再受原文件的影响。

5.3.3 拷贝插入零部件

除了使用读入零件文件名插入零件的方法外，还可以直观地从设计环境中拷贝插入零部件。

在设计环境中选择要组成装配的零部件，右击，在弹出的快捷菜单中选择"拷贝"命令，然后到要插入此零部件的设计环境中，从"编辑"菜单下选择"粘贴"命令；也可以选择某零件后，右击，从弹出的快捷菜单中选择"粘贴"命令；也可以直接按住〈Ctrl + V〉粘贴零件，所需的零/部件就拷贝到当前设计环境中了。

如果所需拷贝的对象是多个零件，按〈Shift〉键选择多个零件，然后在新装配环境中执行"粘贴"命令，所拷贝的多个零件将自动作为一个装配体输入到装配环境中，如图 5-29 所示。

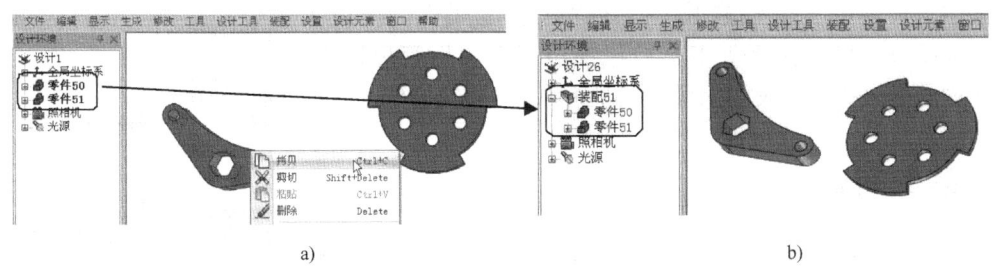

a)   b)

图 5-29　多个零件拷贝/粘贴

a）拷贝　b）粘贴

5.3.4 图库插入零部件

如果所需零部件在实体设计的设计元素库中，可以直接从图库中拖入。也可以把常用零部件组成自定义的设计元素库，如图 5-30 所示为从 3DSource 图库中拖入"梅花形弹性联轴器"图素。

图 5-30　从其他图库中拖入零部件

如果没有需要的零部件，这就需要新创建零部件。创建的方法很多，可以拖放设计元素库中的图素，利用各种编辑方法进行修改。或者生成二维草图，再通过拉伸等特征生成方法生成三维图素。

5.3.5 零件属性查看栏

CAXA 实体设计可以在"设计树"状态窗口的属性管理器里获得零件的属性表，如图 5-31 所示。当实体处于不同状态时，属性管理器内的命令管理栏也将显示出不同的工具按钮和对话框。

其中，零件的各属性参数、三维球、装配属性，约束类型、干涉检查，机构仿真等工具按钮都包括在属性管理器内。这一新增功能极大地方便了对零件参数和状态的各种修改。

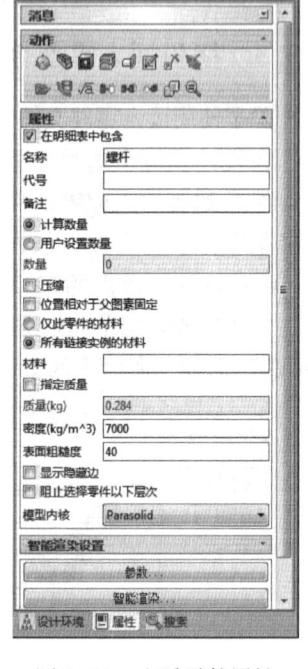

图 5-31 查看零件属性

5.4 装配定位

在实体设计中，除了零部件之间形成装配关系外，还需要通过零件定位的方式确定零部件之间的位置关系。这个过程有很多的方法，可以根据零部件形状特点选择使用，如智能捕捉反馈定位、智能尺寸定位、定位锚定位、三维球定位等。

装配定位工具都集中在"装配"功能面板中，如图 5-32 所示。

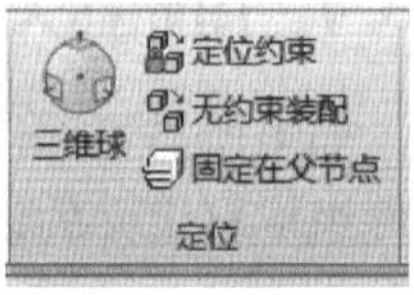

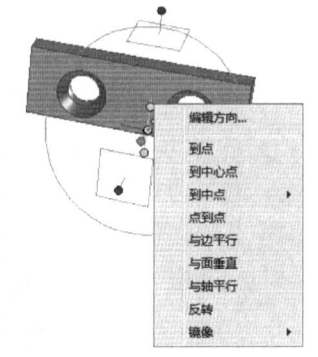

图 5-32 装配定位

5.4.1 三维球工具定位

三维球是一个非常杰出和直观的三维图素操作工具。三维球可以通过平移、旋转和其他的三维空间变换精确定位任何一个三维物体。在零件定位中，三维球是非常强大灵活的工具。基本上可以方便地定位任何形状的零部件。

三维球是实体设计系统独特而灵活的空间定位工具，利用三维球工具可实现图素在零件中的定位/定向。

激活三维球的操作方法有多种。

- 选定零件或装配后，选择"装配"→"三维球"命令。
- 在工具条中单击"三维球"按钮 。
- 在选定零件或装配后，直接用快捷键〈F10〉打开三维球工具。

三维球定位工具为操作对象提供了相对于其他操作对象上的选定面、边或点的快速轴定位功能，也提供了操作对象的反向或镜像功能。利用这些操纵柄定位操作可相对于操作对象的三个轴实施。选定某个轴后，在该轴上右击，在弹出快捷菜单中选择相应的命令即可实现特定的定位操作特征。

（1）使用定向控制手柄定位操作对象

选定某个轴后，在该轴上右击，如图 5-33 所示，在弹出的

图 5-33 控制手柄
定位快捷菜单

快捷菜单中选择相应的命令，即可确定特定的定位操作特征，如图 5-34 所示。

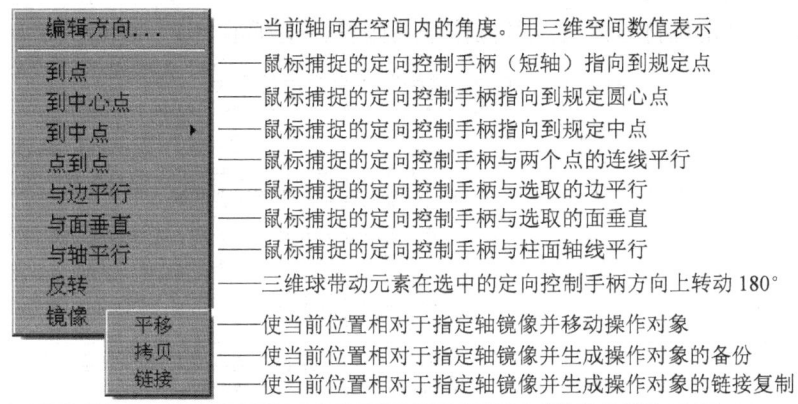

图 5-34 使用定向控制手柄定位操作对象

（2）使用三维球的中心手柄定位操作对象

在三维球的中心手柄上右击，如图 5-35 所示，在弹出的快捷菜单中选择相应命令，即可将操作对象定位到指定位置，如图 5-36 所示。

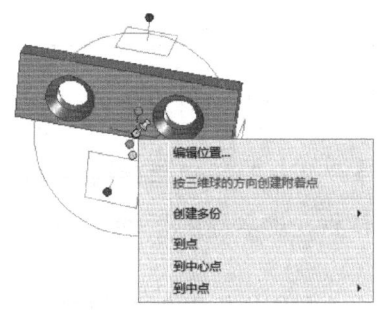

图 5-35 中心手柄定位快捷菜单

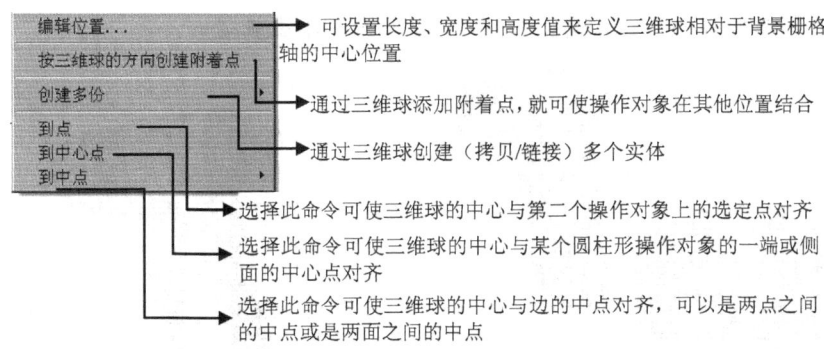

图 5-36 使用三维球中心手柄定位操作对象

5.4.2 无约束工具装配

使用无约束装配工具可参照源零件和目标零件之间的点、线、面的相对位置关系，快速定位源零件。在指定源零件重定位和/或重定向操作方面，CAXA 实体设计系统提供了极大的灵活性。无约束装配仅仅移动了零件之间的空间相对位置，没有添加固定的约束关系，即没有约束零件的空间自由度。

无约束装配工具定位符号意义及其操作结果如表 5-1 所示。

表 5-1 "无约束装配"工具定位符号表

源零件定位/移动选项	目标零件定位/移动选项	定位结果
🖐	📂	相对于一个指定点和零件的定位方向，将源零件重定位至目标零件，获得与指定平面贴合装配效果
	打开(Q)	相对于指定点及其定位方向，把源零件重定位至目标零件，获得与指定平面对齐装配效果
	🗗	相对于源零件上指定点及定位方向，针对目标零件指定定位方向，重定位源零件
📂	打开(Q)	相对于源零件定位方向和目标零件定位方向，重定位源零件，获得与指定平面平行的装配效果
	⚡	相对于源零件定位方向和目标零件定位方向，重定位源零件，获得与指定平面垂直的装配效果
·	·	相对于目标零件但不考虑定位方向，把源零件重定位到目标零件上
	打开(Q)	相对于源零件指定点，把源零件重定位到目标零件的指定平面上
	▯▮	相对于源零件的指定点和目标零件的指定定位方向，重定位源零件

下面通过一个实例来说明无约束装配的操作方法。

【例 5-1】无约束操作实例。

❶ 打开新的设计环境，选择"装配"→"零件/装配体"命令或单击"零件/装配体"按钮🖐，弹出"插入零件"对话框，选取"孔"和"轴"零件，单击"打开"按钮，如图 5-37 所示。

❷ 单击"轴"零件，使之处于零件编辑状态（蓝边）。在"装配"→"定位"功能面板中单击"无约束装配"按钮🖐，将鼠标移至轴盖下表面中心点，将出现一个带箭头的圆点，用来指示参考轴的位置和方向，如图 5-38 所示，单击确定。

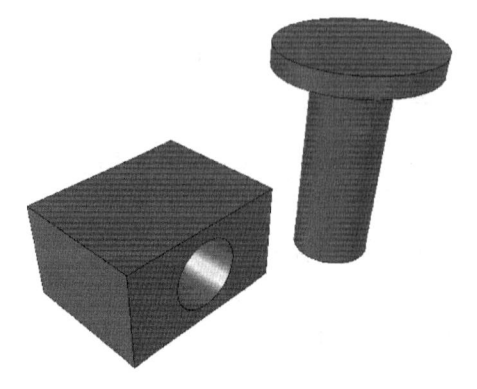 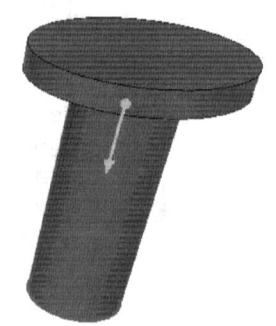

图 5-37 插入孔和轴　　　　　　　　图 5-38 选取源零件定位

❸ 将光标移至目标零件"孔"适合的表面上，将看到黄色定位/移动符号显示在孔零件上，如图 5-39 所示。另外，源零件的轮廓线将出现并随鼠标移动。与源零件相同，可用

〈Tab〉键切换定位方向。在孔零件表面上单击，即可获得贴合装配效果，如图 5-40 所示。

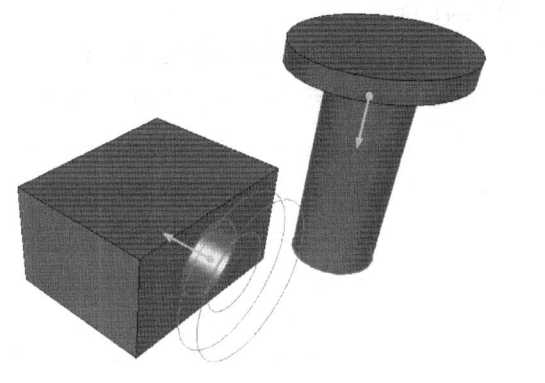

图 5-39　拾取目标零件

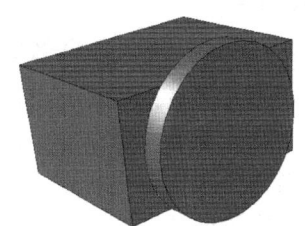

图 5-40　无约束装配

📖 **注意**：按〈Tab〉键可切换定位方向，按〈Space〉键可切换无约束装配工具定位选项。

5.4.3 定位约束工具

　　CAXA 实体设计的约束装配工具采用约束条件的方法对零件和装配件进行定位和装配。"定位约束"工具类似于"无约束装配"工具；但"约束装配"能形成一种"永恒的"约束。利用"定位约束"工具可保留零件或装配件之间的空间关系。

　　激活"定位约束"工具并选定一个源零件单元，即可显示出可用定向/移动选项的符号，该选项可通过空格键切换。显示出需要的移动/定向选项并选定需要的目标零件单元后，就可以应用约束装配条件了。

　　"定位约束"工具有几种约束可供选用，其符号及定位结果说明如表 5-2 所示。

表 5-2　"约束装配"符号及定位结果说明

约束装配符号	定位结果说明
📂	对齐，重定位源零件，使其平直面既与目标零件的平直面对齐（采用相同方向）又与其共面
▼	贴合，重定位源零件，使其平直面既与目标零件的平直面贴合（采用反方向）又与其共面
🔒	重合，重定位源零件，使其平直面既与目标零件的平直面重合（采用相同方向）又与其共面
🔄	同轴，重定位源零件，使其直线边或轴在其中一个零件有旋转轴时与目标零件的直线边或轴对齐
🔖	平行，重定位源零件，使其平直面或直线边与目标零件的平直面或直线边平行
🔖装配56	垂直，重定位源零件，使其平直面或直线边与目标零件的平直面（相对于其方向）或直线边垂直
🔖	相切，重定位源零件，使其平直面或旋转面与目标零件的旋转面相切
↖	距离，重定位源零件，使其与目标零件相距一定的距离
🔄	角度，重定位源零件，使其与目标零件成一定的角度
🔖	随动，定位源零件，使其随目标零件运动。常用于凸轮机构运动

【例 5-2】定位约束工具操作实例。

❶ 新建一个设计环境，然后从图素元素库中拖曳一个"圆柱体"和"球体"图素至设

计环境中。

❷ 单击球体使其处于零件状态，如图 5-41 所示。

❸ 单击标准工具栏中"定位约束"按钮 ，在设计环境的左边出现"约束"属性管理器，从约束类型下拉菜单中选择"重合"，如图 5-42 所示。其中"约束"属性管理器中各按钮的功能如下。

- 应用命令：应用选项但不退出命令。
- 应用并退出：应用并退出命令。
- 退出：取消命令。
- 预览：预览命令变化。

❹ 单击球体球心，然后单击圆柱体上表面圆心，再单击"约束"属性管理器中的"应用并退出"按钮，结果如图 5-43 所示。

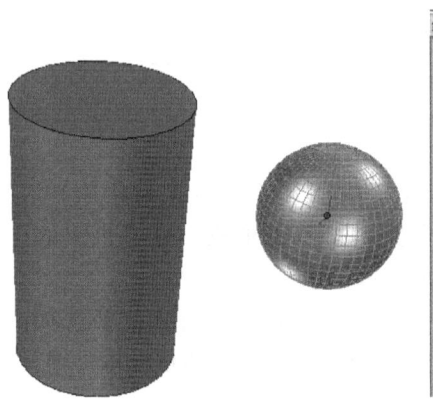  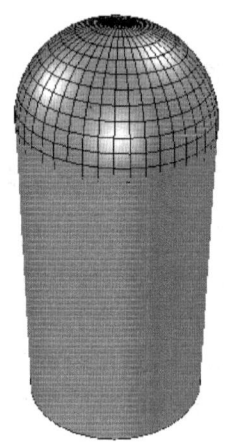

图 5-41　圆柱体图素和球体图素　　图 5-42　"约束"属性管理器　　图 5-43　定位约束

5.4.4　智能标注工具定位

利用智能标注工具可以在图素或零件上标注尺寸，可以标注不同图素或零件上两点之间的距离。如果零件设计中对距离或角度有精确度要求，就可以采用 CAXA 实体设计的智能标注工具定位。

下面通过一个实例来说明智能标注工具定位操作。

【例 5-3】 智能标注工具定位操作实例。

❶ 新建一个设计环境，然后从图素元素库中拖曳一个"厚板"图素至设计环境中。

❷ 从图素元素库中拖曳一个"长方体"图素至厚板图素的上表面，利用包围盒调整两者的尺寸大小，如图 5-44 所示。

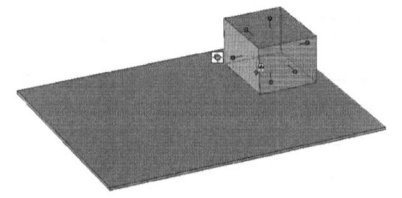

图 5-44　厚板图素和长方体图素

❸ 在智能图素编辑状态选择长方体。

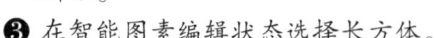

📖 提示：由于长方体拖放到了厚板之上，所以两个图素都成了同一零件中的组件。为了测量某个零件的图

138

素组件的面、边或顶点之间的距离，必须在智能图素编辑状态添加智能尺寸。如果在零件编辑状态选择长方体图素，那么智能尺寸的功能就仅相当于一种标注。

❹ 在"工程标注"→"尺寸"功能面板中单击"智能标注"按钮 。

❺ 把鼠标移动到长方体侧面底边的中心位置，直至出现一个绿色智能捕捉中心点且该边呈绿色加亮显示，单击选定智能尺寸的第一个点，如图 5-45 所示。

❻ 将光标拖动到板上与长方体选定面平行的边，直至其呈绿色加亮显示。

❼ 在光标与绿色加亮显示的边上的点对齐时，单击为智能尺寸设定第二个点，如图 5-46 所示。

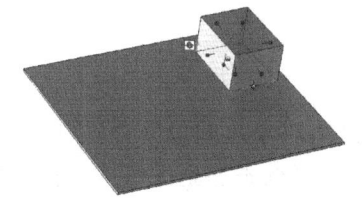
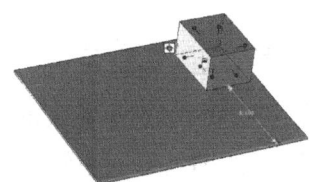

图 5-45　长方体上的边中心点加亮显示　　　　图 5-46　智能标注尺寸

❽ 在智能尺寸值的显示位置右击，在弹出的快捷菜单中选择"编辑智能尺寸"命令，在弹出的"编辑智能标注"对话框中输入相应数值，然后单击"确定"按钮，如图 5-47 所示。

❾ 利用智能标注重新定位后的长方体图素如图 5-48 所示。

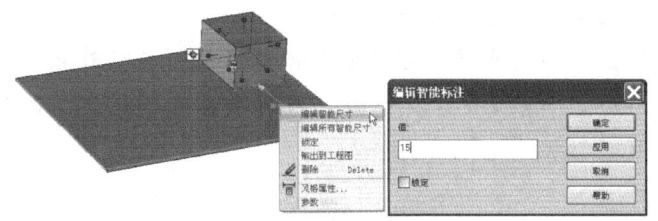
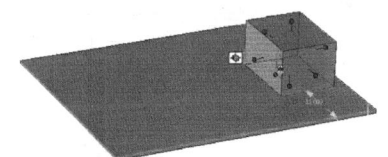

图 5-47　编辑智能标注　　　　　　　　图 5-48　长方体重新定位

5.4.5　智能捕捉工具定位

CAXA 实体设计具有强大的智能捕捉功能，除用于尺寸修改外，还具有强大的定位功能。通过智能捕捉反馈，可使图素组件沿边或角对齐，也可以把零件的图素组件置于其他零件表面的中心位置。利用智能捕捉，可使图素组件相对于其他表面对齐和定位。

以下是可使图素精确定位的智能捕捉反馈。

1）如果要从元素库中拖出一个新的图素并随着到已有零件的表面上，则当拖动新图素经过已有零件表面的棱边时会有绿色的智能捕捉显示。

2）如果要从元素库中拖一个新的图素定位到已有零件的表面的中心，则应将该图素拖曳到已有零件表面的中心，直至出现一个深绿色圆心点，且该点后面出现一个更大更亮的绿点时，松开鼠标，新图素定位到已有零件表面的中心。

3）若要同一零件的两个图素的侧面对齐，则应把其中一个图素的侧面（在智能图素编辑状态选择）朝着第二个图素的侧面拖动，直至出现与两侧面的相临边平行的绿色线。

智能捕捉在实体设计中主要用于图素的定位，如图 5-49 所示。

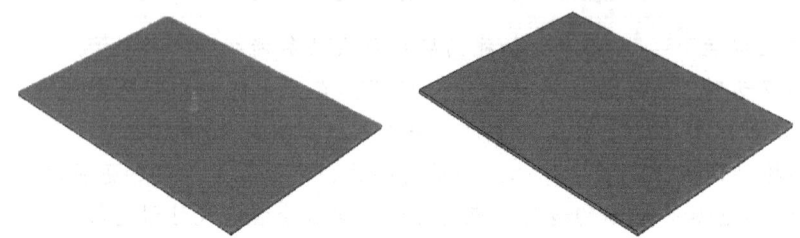

图 5-49　智能捕捉到板的中心和边的中心

5.4.6　附着点工具定位

在默认状态下 CAXA 实体设计是以对象的定位锚为对象之间的结合点的，但是可以通过添加附着点，使操作对象在其他位置结合。可以把附着点添加到图素或零件的任意位置，然后直接将其他图素贴附在该点。

【例 5-4】附着点工具定位操作实例。

❶ 新建一个设计环境，然后从图素元素库中拖曳一个"长方体"图素至设计环境中。

❷ 在零件编辑状态选定零件，从"设计工具"菜单选择"附着点"命令，或者从"工具"功能面板中单击"附着点"按钮🔲。

❸ 把光标移动到长方体图素上，选择长方体上表面中心点作为附着点。图素的表面将出现一个标记，该标记指明了附着点的位置，如图 5-50 所示。

❹ 从"图素"元素库中拖出"圆柱体"图素并把它放置到附着点处。当附着点变绿时，松开圆柱体图素。之后，圆柱体的定位锚就与长方体图素的附着点连接在一起，如图 5-51所示。

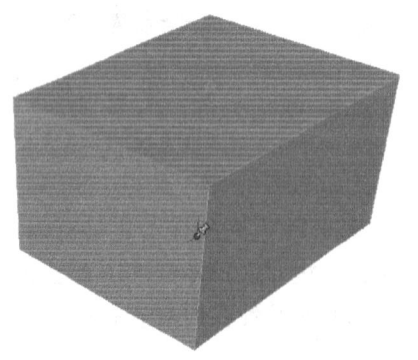
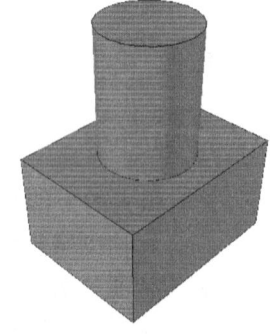

图 5-50　长方体附着点　　　　　图 5-51　附着点定位

还可以将附着点放置在两个零件上并用这些点将两个零件组合在一起。拖动其中一个零件的附着点，把它松开到另一个零件的附着点上。附着操作完成后，如果移动主控零件，附加零件也会随之移动；如果移动附加零件，附加零件和主控零件之间的附着点约束就会失效；如果移动附着点，附加零件也会随之移动。

5.5 装配检验

在软件中进行三维设计的一个重要作用就是可以通过装配检验提前检验一个产品结构的合理性。所以，装配检验是实体设计中一个重要的组成部分。主要包括干涉检查、物性计算、零件统计等。

5.5.1 干涉检查

在复杂的装配体中，仅仅通过观察很难确定零件间是否存在干涉问题。在 CAXA 实体设计的装配体中，用户可以在装配体中进行干涉检查，在图形区高亮显示相关的干涉体积。如果发现干涉情况，则要分析哪些干涉是合理的，哪些是不合理的。如果存在不合理或不允许的干涉情况，则要根据设计要求对产品结构进行细节设计，或重新审查装配过程，最终消除零部件间不合理或不允许的干涉情况。

可以对装配件部分或全部零件进行干涉检查，也可以对装配件和零件的任何组合或单个装配件进行干涉检查。

下面通过一个实例来说明干涉检查的具体操作。

【例 5-5】干涉检查操作实例。

❶ 新建一个设计环境，单击"打开"按钮，在弹出的"打开"对话框中，选择文件"台虎钳装配.ics"，然后单击"打开"按钮。

❷ 单击"工具"→"检查"功能面板中"干涉检查"按钮。

❸ 如果装配件出现干涉，就会弹出如图 5-52 所示"干涉报告"对话框。其中成对显示选定项中存在着相互之间的干涉情况。

❹ 根据干涉报告提示，检查装配件各零件间相互定位情况，纠正错误，重新执行干涉检查，如无干涉情况，则会弹出如图 5-53 所示对话框。

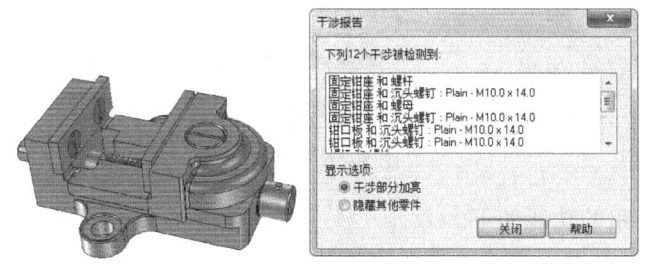

图 5-52　装配件存在干涉情况　　　　　　图 5-53　没有发现干涉

5.5.2 爆炸视图

有时候需要更清楚地观察零件的组成结构、装配形式，这时候可将装配图分解成零件，这种表达形式叫作装配爆炸图，如图 5-54 所示。装配体可在正常视图和爆炸视图之间切换。一旦创建爆炸视图，用户可以对其进行编辑，还可以将其引入二维工程图，并可用激活状态的配置来保存爆炸视图。

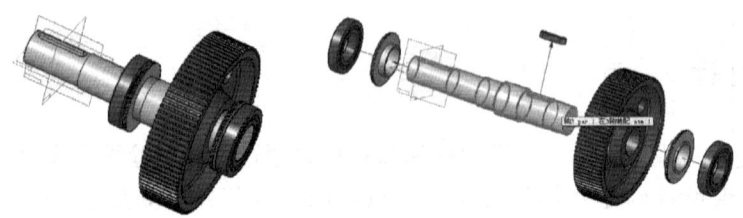

图 5-54 装配爆炸图

下面通过一个实例来说明装配爆炸的具体操作。

【例 5-6】装配爆炸操作实例。

❶ 新建一个设计环境,单击"打开"按钮![icon],在弹出的"打开"对话框中选择文件"视孔盖装配.ics",然后单击"打开"按钮。

❷ 单击"装配"功能面板中"爆炸"按钮![icon],弹出如图 5-55 所示的"爆炸配置"对话框,单击"是"按钮。

❸ 在设计环境的左边出现"爆炸"属性管理器,从装配选项中选择装配体,如图 5-56 所示。

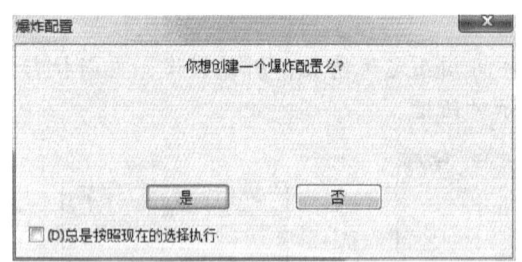

图 5-55 "爆炸配置"对话框

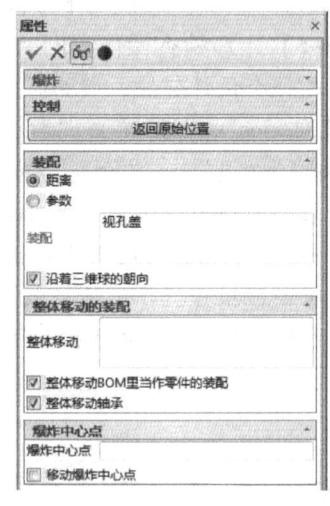

图 5-56 "爆炸"属性管理器

其中"爆炸"属性管理器中各按钮的功能如下。

● 距离:选中此单选按钮,爆炸的位移量在各个零件之间均匀分配。

● 参数:选中此单选按钮,爆炸位移量的分配多少与零件距离锚点的位置有关,距离越远,零件之间的距离越大。

● 装配:选择需要进行爆炸操作的装配体,可以从设计树中选择。

● 整体移动:在爆炸过程中,不需要进行爆炸操作的装配体,可以从设计树中选择。

● 整体移动 BOM 里当作零件的装配:选中此复选框,在装配属性中如果设置为"作为零件处理",则这个装配体就不生成爆炸效果。

● 整体移动轴承:选中此复选框,轴承不生成爆炸效果。

● 爆炸中心点:通过调整爆炸中心点的位置可以控制爆炸的初始位置。

④ 在选中的装配体中出现三维球，如图5-57所示，拖动三维球上下控制柄，单击"确定"按钮，则生成如图5-58所示的爆炸视图。

图5-57　视孔盖装配　　　　　　　　　图5-58　爆炸视图

5.5.3　物性计算

利用CAXA实体设计的"物性计算"功能，可测量零件和装配件的物理特性，如，零件或装配件的表面面积、体积、重心和转动惯量。

下面以下箱体为例介绍物性计算基本步骤。

【例5-7】物性计算操作实例。

❶ 新建一个设计环境，单击"打开"按钮，在弹出的"打开"对话框中，选择文件"下箱体.ics"，然后单击"打开"按钮，如图5-59所示。

❷ 单击"工具"→"检查"功能面板中"物性计算"按钮，系统弹出"物性计算"对话框，如图5-60所示。

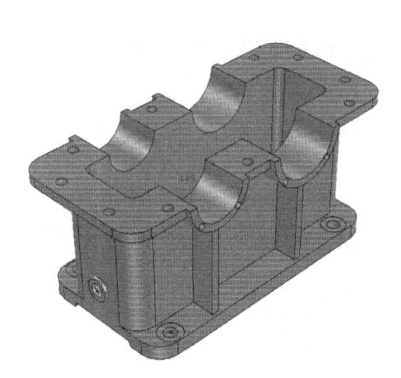
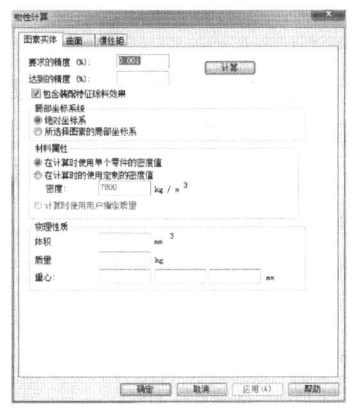

图5-59　下箱体　　　　　　　　　图5-60　"物性计算"对话框

❸ 在"图素实体"选项卡中，在"要求的精度"文本框中输入一个值，以指定需要的测量精度，此处输入精度值为0.001。

📖 提示：根据零件的复杂程度，在更高精确度下进行测量时，CAXA实体设计可能需要花费较长的时间。如果可接受近似值，可以折中一个较低的精确度，以获得更快的计算。

---

④ 在"局部坐标系"选项组中选择"绝对坐标系"单选按钮。

❺ 在"材料属性"选项组中选择"在计算时使用定制的密度值"单选按钮。对于装配

件而言，默认的装配件密度为 $1 \text{kg}/\text{m}^3$，若不希望为整个装配件设定密度，则可选择"在计算时使用单个零件的密度值"单选按钮。此处输入灰铸铁密度值 $7800 \text{kg}/\text{m}^3$。

❻ 单击"计算"按钮，零件或装配体的体积、质量和沿各轴的中心等物理性质分别显示在"物理性质"选项组中，而"达到的精度"文本框中则显示了取得的估计精度，如图5-61所示。

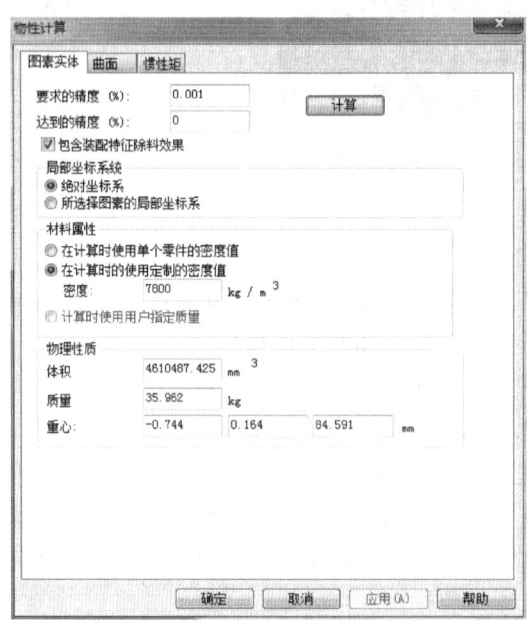

图5-61 "图素实体"选项卡

❼ 切换到"曲面"选项卡，设置要求的精度后，单击"计算"按钮可以计算曲面区域的总面积，如图5-62所示。

❽ 切换到"惯性矩"选项卡，设置要求的精度和局部坐标系等参数后，单击"计算"按钮，可计算出零件的转动惯量，如图5-63所示。

图5-62 计算总面积

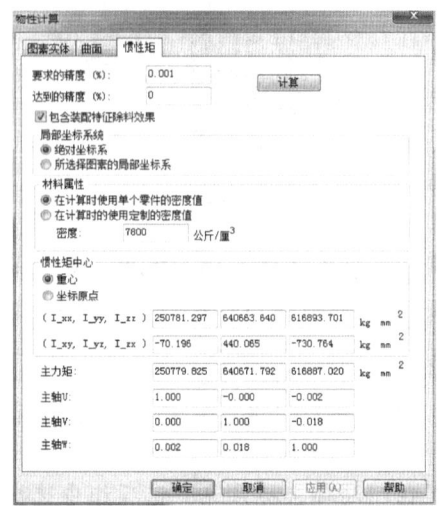

图5-63 计算惯性矩

5.5.4 零件统计

零件统计数据说明的是装配件或零件中包含多少个面、环、边和顶点，这一命令还可报告零件中可能存在的问题。

首先将装配体文件输入至设计环境中，单击"工具"→"检查"功能面板中"统计"按钮 √a̅，系统将会弹出"零件统计报告"对话框，报告零件出现的问题，如图 5-64 所示。对话框中还指出统计文件存放的目录，如图 5-65 所示为打开的 validate. txt 文件。

 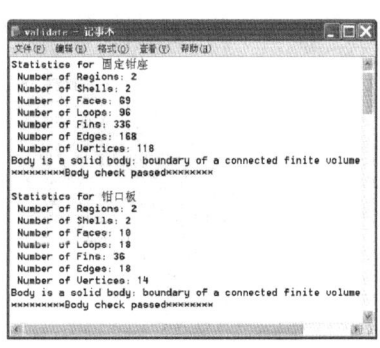

图 5-64 "零件统计报告"对话框 　　　　图 5-65 打开的 validate. txt 文件

5.5.5 截面剖视

CAXA 实体设计的"截面"工具为设计者提供了利用剖视平面或长方体对零件/装配体进行剖视的工具。

下面以下箱体为例介绍截面剖视操作的基本步骤。

【例 5-8】 截面剖视操作实例。

❶ 新建一个设计环境，单击"打开"按钮 📂，在弹出的"打开"对话框中，选择文件"下箱体 . ics"，然后单击"打开"按钮，如图 5-66 所示。

❷ 选择设计环境中的下箱体，然后单击"工具"→"操作"功能面板中"截面"按钮 🔲，可激活"生成截面"属性管理器，如图 5-67 所示。

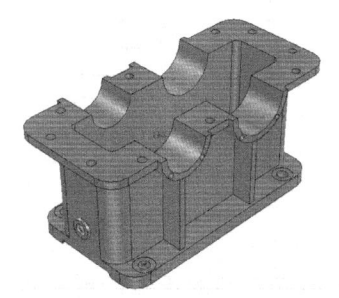 

图 5-66 下箱体 　　　　图 5-67 "生成截面"属性管理器

其中"生成截面"属性管理器中各按钮的功能如下。

- X–Z 平面：沿设计环境格网 X–Z 平面生成一个无穷的剖视平面。
- X–Y 平面：沿设计环境格网 X–Y 平面生成一个无穷的剖视平面。

- Y–Z 平面：沿设计环境格网 Y–Z 平面生成一个无穷的剖视平面。
- 与面平行：生成与指定面平行的无穷剖视平面。
- 与视图平行：生成与当前视图平行的无穷剖视平面。
- 块：生成一个可编辑的长方体作为剖视工具。
- 定义截面工具 ⬛：此选项可用于确定放置剖视工具的点、面或零件。
- 反转曲面方向 ⬛：此选项可用于使剖视工具的当前表面方位反向。

❸ 选择"截面工具类型"为"X–Z 平面"，选择下箱体底边中点，出现如图 5-68 所示的截面，单击"应用并退出"按钮，结果如图 5-69 所示。

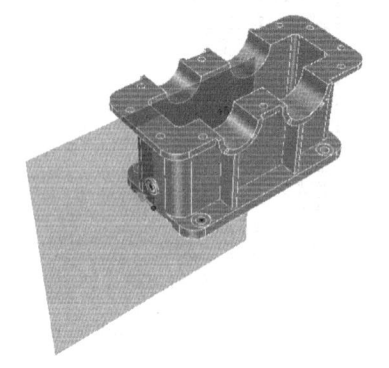

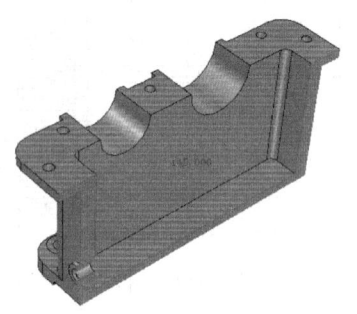

图 5-68　定义截面　　　　　　图 5-69　生成剖面视图

剖视操作完成后，被选定零件的剖视平面或长方体剖面都以清晰的黑色出现在设计环境中。此外，剖视平面显示一个蓝绿色的"面法线"（默认）方向箭头。

在零件编辑状态单击鼠标，选择剖视平面。然后右击，就弹出相应的快捷菜单。根据截面工具类型，菜单将显示以下选项的全部或其中几个，如图 5-70 所示。

- 精度模式：当需要生成截面几何图形的精确显示时，选择此选项从默认模式（图形模式）切换过来。为了生成已剖视零件或装配件的后续工程图，就必须选择此模式。
- 增加/删除零件：选择此选项可将零件/装配件添加到即将被选定剖视工具剖视的群组中，或从群组中删除。
- 隐藏：为了观察零件/装配件的剖视效果，可选择此选项来隐藏被选定的剖视工具。若要取消对该剖视工具的隐藏，则应访问该工具在"设计树"中的快捷菜单并取消对"隐藏"的选择。

图 5-70　剖面工具的
快捷菜单

- 压缩：选择此选项可压缩被选定剖视工具的显示并返回到未剖视零件/装配件的显示状态。若要取消对该剖视工具的压缩，则应访问该工具在"设计树"中的快捷式菜单并取消对"压缩"的选择。
- 删除：选择此选项可从设计环境中删除选定的剖视工具。
- 反向：选择此选项可使选定剖视工具的当前方向反向，并显示零件/装配件在设计环境中的另一部分。

146

- 生成截面轮廓：选择此选项可从被选定表面生成一个二维图素。
- 生成截面几何：选择此选项可从被选定表面生成一个表面图素。
- 零件属性：选择此选项可为剖视工具访问零件属性。

5.5.6 机构仿真

在零件的三维实体设计中，干涉检查是很必要的，但仅是一种静态的检查，不能检查机构运动状态下是否存在干涉。为此 CAXA 提供了一种机构仿真的功能，可以模拟产品动态运行规律，对装配体各零部件、各相对运动部分进行实际仿真，并在出现干涉碰撞时发出提示。此功能需通过机构动画来实现。

CAXA 实体设计的动画运动可作用于设计环境中的大多数对象，包括装配、零件、图素、视向、光源等，因此可生成各种复杂的动画动作，根据动画所表现的内容，主要有以下几类。

- 工作动画：制作模拟产品实际工作情况的动画效果。
- 拆装动画：制作产品的爆炸、装配过程的动画效果。
- 视向动画：制作基于视向运动的动画，可获得如飞过和走过等运动的动画效果。
- 光源动画：制作基于光源运动的动画。

在制作动画过程中，可根据要表达的内容将集中动画效果结合起来，全方位展示产品的性能和结构。

CAXA 实体设计提供了多种生成动画片段的手段和方法，可方便、迅速地生成所需的动画动作。生成动画动作主要有以下几种方法。

- 自定义动画：利用智能动画向导，逐步定义动画运动。
- 智能动画：利用动画设计元素库中预定义的动画元素生成动画运动。
- 装配动画：将动画应用于装配或子装配中的所有零件产生整体动画运动。
- 约束动画：利用零件间的装配约束、尺寸约束等关系生成动画。

创建自定义动画路径最简单的方法是使用智能动画向导。在设计环境中为某个零件创建新路径时，智能动画向导被激活，逐步指导创建动画。

利用智能动画向导，可以创建三种类型的动画，这些运动的定义都是以定位锚为基准的。如添加"高度向旋转"动画，则物体围绕自身的定位锚的长轴旋转。

- 旋转动画：绕着某一坐标轴旋转的动画。
- 移动动画：沿着某一坐标轴移动的动画。
- 自定义动画：自定义实体的运动路径来生成的动画。

下面以具体的实例讲解各种动画的创作。

【例 5-9】旋转动画操作实例。

❶ 创建一个新的设计环境，打开文件"活动钳座.ics"。

❷ 单击设计环境的右下角的 ▼，弹出图素选项，如图 5-71 所示，选择"动画"，弹出动画元素库。

❸从动画元素库中拖曳"长度向旋转"图素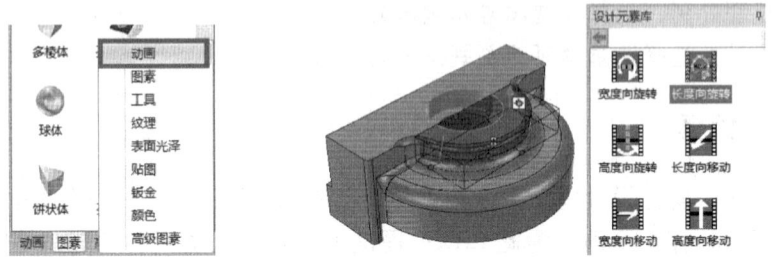到活动钳座上，如图5-72所示。

图5-71　图素选项　　　　　　图5-72　将动画元素拖放到图素上

❹右击设计窗口以外区域，在弹出的快捷菜单中选择"智能动画"命令，屏幕上显示"智能动画"工具条，各项含义如图5-73所示。

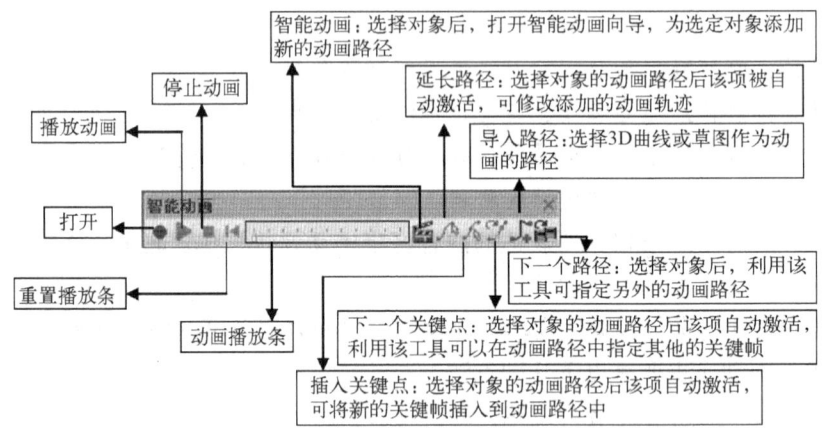

图5-73　"智能动画"工具条

❺单击"打开"按钮，此时"播放""停止"和"回退"按钮及滑块生效。

❻单击"播放"按钮，活动钳座沿长度方向取轴旋转。通过移动多棱体的定位锚即可调整旋转轴的位置。

📖提示：选择三维球工具按需要旋转或移动定位锚的位置。也可以利用"定位锚"属性表对定位锚进行重新定位。

❼单击"停止"按钮，动画停止播放，或者等待播放自动结束。单击"回退"按钮，返回初始状态。

❽关闭动画播放开关，选择"文件"→"输出"→"动画"命令，出现"输出动画"对话框，提示输出文件的文件名。

❾在"文件名"文本框中输入"旋转动画"，保持默认的保存类型 .avi，单击"确定"按钮，弹出如图5-74所示"动画帧尺寸"对话框。

❿完成设置后单击"确定"按钮，返回"动画帧尺寸"对话框，单击"确定"按钮，弹出"输出动画"对话框，如图5-75所示。单击"开始"按钮，动画被提交并且输出 avi 文件。

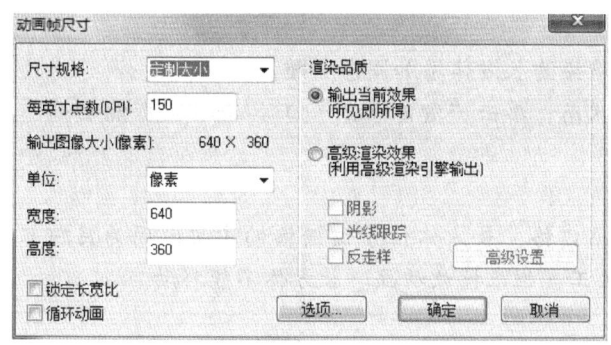
图 5-74 "动画帧尺寸"对话框

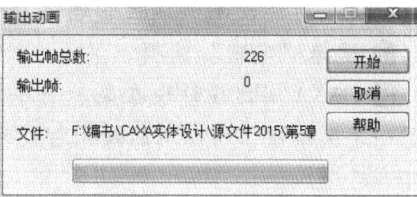
图 5-75 "输出动画"对话框

【例 5-10】移动动画操作实例。

❶ 创建一个新的设计环境。

❷ 在图素元素库拖曳"球体"图素至设计环境中。

❸ 为便于观察动画效果,利用智能渲染为球体添加图像材质。

❹ 单击球体,使其处于零件状态;单击"智能动画"工具条中"智能动画"按钮,屏幕左侧弹出"智能动画"属性管理器,如图 5-74 所示。

❺ 在"运动类型"选项卡中,选择"移动"单选按钮;在"围绕方向"选项中选择"长度方向",在"移动值"文本框中输入 200,在"运动时间"文本框中输入 15,单击"完成"按钮 ✔,如图 5-76 所示。

❻ 此时动画轨迹在设计环境中显示,并允许播放动画。要修改动作的任何一个端点,单击想要的点,即可先输出动画栅格并将点拖动至栅格上新的位置,如图 5-77 所示。

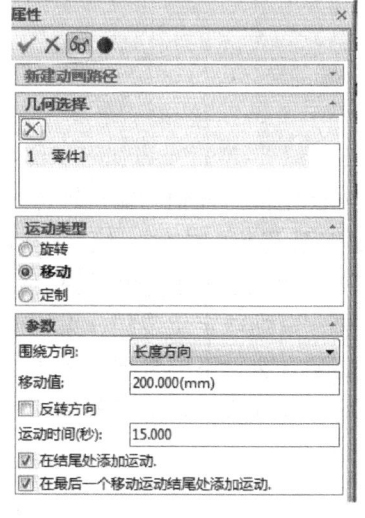

图 5-76 "智能动画"属性管理器

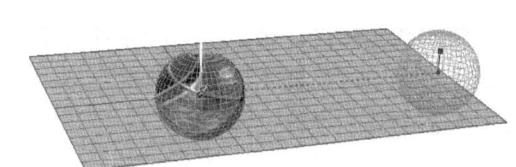

图 5-77 在动画栅格上显示球体动作终点

❼ 单击"智能动画"工具条上"打开"按钮,然后单击"播放"按钮,即可播放动画。

【例 5-11】自定义动画操作实例。

❶ 创建一个新的设计环境,在图素元素库拖曳"长方体"图素至设计环境中,为便于

观察，渲染长方体图素。

❷ 为便于观察动画效果，利用智能渲染为长方体添加图像材质。

❸ 单击长方体图素，使其处于零件状态；单击"智能动画"工具条中"智能动画"按钮，出现"智能动画"属性管理器。

❹ 选择"定制"选项。

❺ CAXA 实体设计现在显示一个动画栅格，长方体位于该栅格的中央。因为目前只定义了一个关键帧，所以不能使用智能动画工具栏来播放动画。长方体不能移动。

📖 提示：为了创建零件的自定义动画路径，将使用一些"智能动画"工具栏上面的时间栏滑块右侧的按钮。这些按钮包括：智能动画、延长路径（路径）、插入关键点、下一个关键点和下一个路径。

---

❻ 单击"延长路径"按钮，在栅格上单击，以创建第二个关键点。如果选择动画栅格外面的点，则 CAXA 实体设计将自动扩展栅格。在选中的点处，出现一个蓝色轮廓的长方体形状。在它的定位点有一个红色小手柄，如图 5-78 所示。

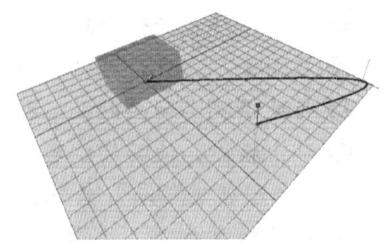

图 5-78　自定义动画路径

❼ 单击栅格左前边缘附近的某个点，创建第三个关键点，如图 5-78 所示。播放该动画，可以看到长方体沿着自定义的路径运动。

❽ 关闭动画播放开关，选择"文件"→"输出"→"动画"命令，出现"输出动画"对话框，提示输出文件的文件名。

❾ 在"文件名"文本框中输入"自定义动画"，保持默认的保存类型 avi，单击"确定"按钮。

5.6　综合实例：减速器装配设计

减速器包括如干个机械零部件，在进行装配时，可首先将输入轴和输出轴进行装配，形成子部件，然后利用 CAXA 实体设计软件系统的装配工具和装配方法，依次进行装配，将其组成一个完整的装配体。CAXA 实体设计系统具有强大的装配功能，可以快捷、迅速、精确地利用零件上的特征点、线和面进行装配定位。其中，三维球定位装配、无约束定位装配和约束定位装配是实体设计系统提供的零件定位有效装配方法。不同装配方法各自有其使用范围，在设计过程中可根据不同的情况选定不同的装配约束方式。在本装配设计中，输出轴采用了自顶而下的装配设计方法。

✖ 设计步骤

步骤1　输入轴装配设计

❶ 进入新的设计环境，选择"装配"→"零件/装配"命令或单击"装配"工具条中的"插入零件"按钮📦，弹出"插入零件"对话框，从中选择"齿轮轴""挡油环"和"轴承40BZ"插入到设计环境中，如图 5-79 所示。

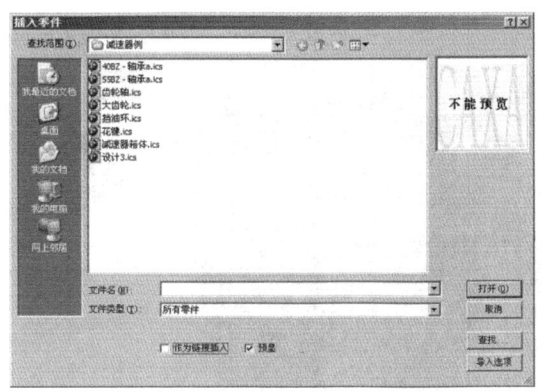

图 5-79 "插入零件"对话框

❷ 单击"装配"按钮🗒️，在设计树中出现💥装配件。将其重命名为"输入轴装配"，然后将插入零件拖入"输入轴装配"中。

❸ 在设计树中单击"挡油环"零件，激活三维球；右击三维球轴向控制柄，在弹出的快捷菜单中选择"与轴平行"命令，然后拾取齿轮轴左侧轴线，如图 5-80 所示。

❹ 在"挡油环"三维球被激活状态下，右击三维球中心点，在弹出的快捷菜单中选择"到中心点"命令，拾取"齿轮轴"左侧轴肩外圆处，将"挡油环"定位于齿轮轴上，如图 5-81 所示。

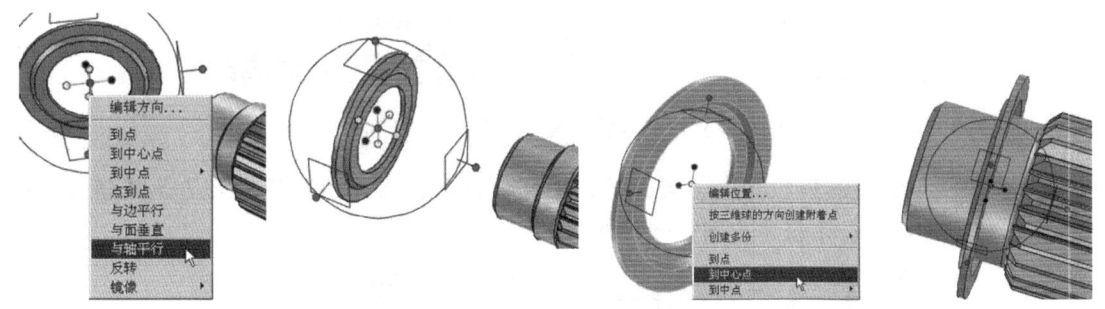

图 5-80　定向"挡油环"　　　　　　　　　图 5-81　定位"挡油环"

❺ 同上，将轴承定位于"挡油环"左侧端面处，如图 5-82 所示。

❻ 同理在"齿轮轴"另一侧装入"挡油环"和"轴承"，如图 5-83 所示。

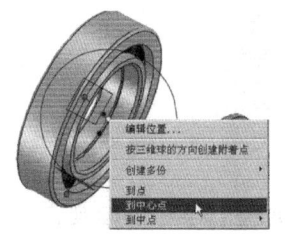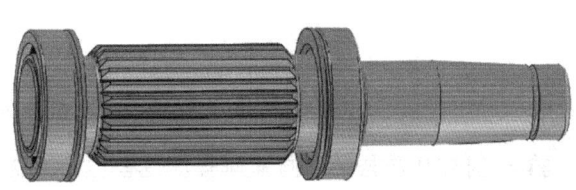

图 5-82　定位"轴承"　　　　图 5-83　"齿轮轴"另一侧装入"挡油环"和"轴承"

步骤2 减速器装配。

❶ 打开新的设计环境，插入"减速器箱体"零件，为了在装配过程中便于识别零件，

151

对各零件上色。插入"输入轴装配"至设计环境，如图5-84所示。

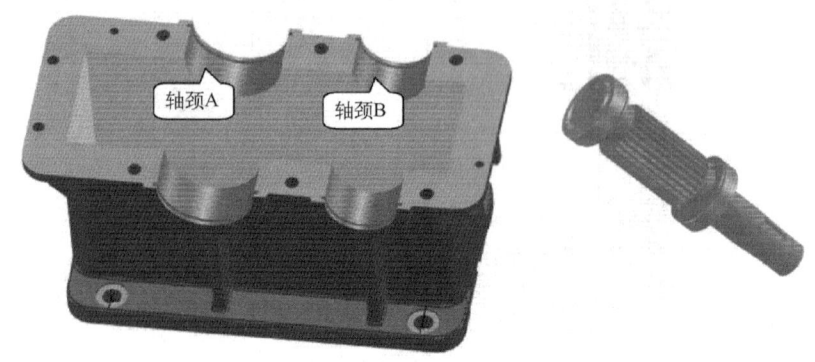

图5-84 插入"减速器箱体"和"输入轴装配"

❷ 在设计树中选择"输入轴装配"，单击"约束装配"按钮 ，在弹出的"约束"对话框中将约束类型设置为"同心"；将鼠标移至输入轴上端面，至出现绿色反馈后单击，再将鼠标移至箱体轴颈 B 处，待出现绿色反馈后单击，如图5-85所示。

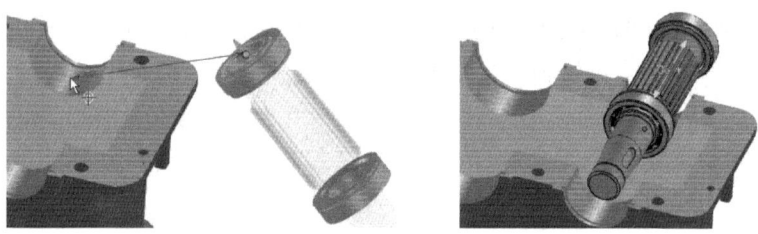

图5-85 对"输入轴装配"装配件添加同心约束

❸ 单击"智能标注"按钮 ，定义箱体左侧内壁与轮齿左端面距离为7.5并锁定，由此将齿轮轴轮齿部分居于箱体中间，如图5-86所示。

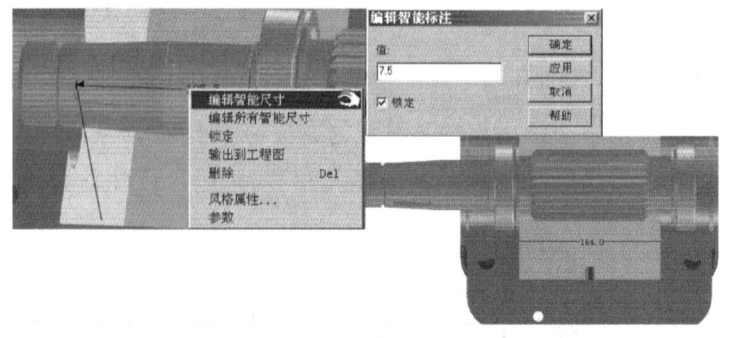

图5-86 定位齿轮轴

❹ 由图可见齿轮轴右侧轴颈长度适合，而左侧轴颈长度略短，需调整。单击轴颈处，出现包围盒后右击左端手柄，在弹出的快捷菜单中选择"编辑包围盒"命令，调整高度为22。

❺ 在设计树中选择"轴承2"和"挡油环2"，激活三维球，单击三维球轴线外控制柄，然后按住鼠标左键拖动三维球向左移动一定距离，编辑该距离，并调整为10，如图5-87所示。

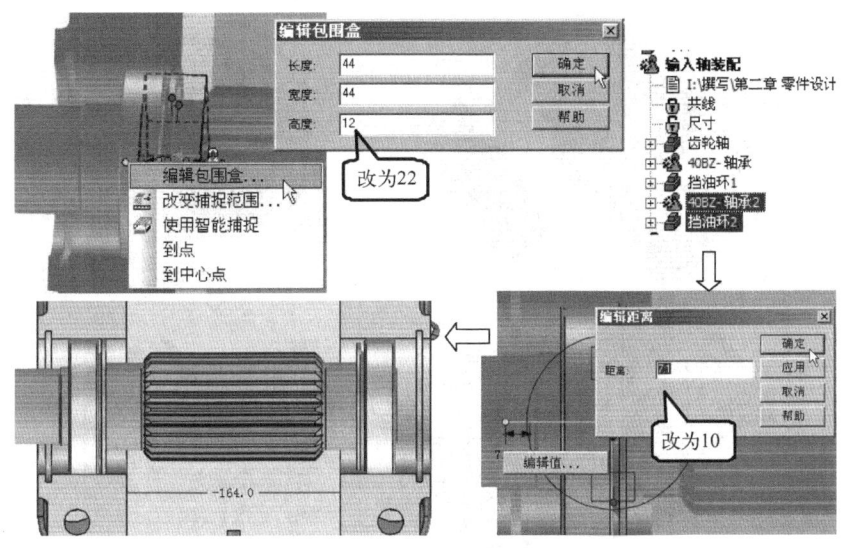

图 5-87　调整左端轴颈长度

❻ 单击 "插入零件" 按钮 🔩，在弹出的 "插入零件" 对话框中选择 "大齿轮" 零件。设计树中单击 "大齿轮" 按钮，单击 "定位约束" 工具 🔩，在出现的 "约束" 对话框中选择约束类型 "同心"；鼠标移至 "大齿轮" 零件轴孔处，至出现绿色反馈后单击，然后单击 "确认" 按钮 ✅ 退出，如图 5-88 所示。

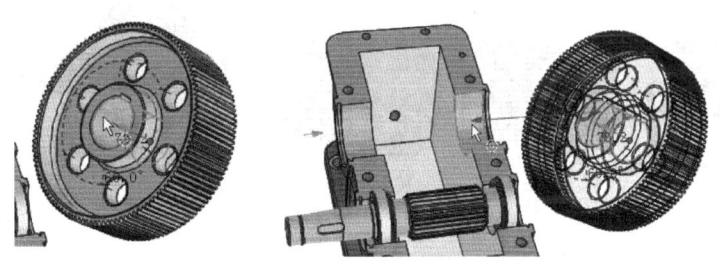

图 5-88　插入大齿轮并使其与轴承座同心

❼ 利用三维球定向功能，将大齿轮键槽调整至正上方。

❽ 单击 "智能标注" 按钮 ✎，将鼠标移至箱体左侧内表面，出现绿色反馈后单击；再将鼠标移至大齿轮轴孔左侧外端面，出现绿色反馈后单击；右击出现的标注尺寸，在弹出的快捷菜单中选择 "智能标注尺寸" 命令，将距离调整为 14.5，如图 5-89 所示。

步骤3 输出轴装配设计。

❶ 根据大齿轮尺寸，在设计元素库中拖曳 "圆柱体" 图素至设计环境中，编辑其 "直径：60" "高度：75"；两端各加一圆柱体，编辑尺寸为 "直径：56" "高度：2"；利用定位约束工具使圆柱体图素与齿轮轴孔同心，如图 5-90 所示。

❷ 添加键槽和键。从设计元素库中拖曳 "孔类键" 图素至轴图素，依据 GB/T 1096 – 2003 标准，调整键槽在轴上的方位；从设计元素库中拖曳 "键" 图素至键槽，并依据平键标准调整其尺寸，如图 5-91 所示。

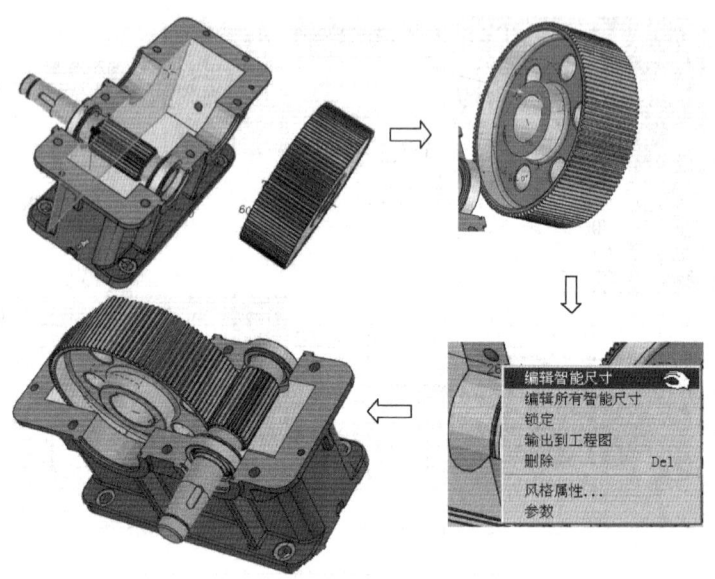

图 5-89　大齿轮定位

❸ 利用"约束定位"工具中的"平行约束",调整平键与轴孔键槽平行,如图 5-92 所示。

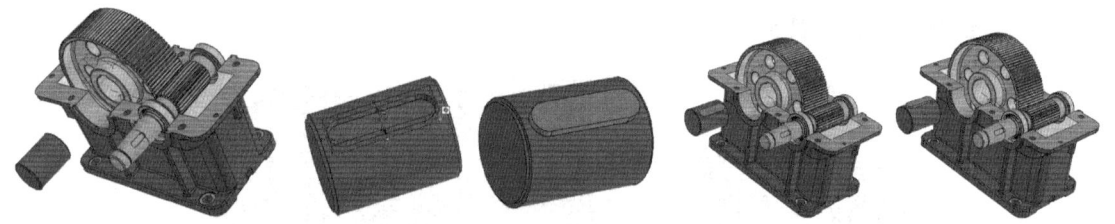

图 5-90　构建轴　　　　图 5-91　设计键槽和添加平键　　　　图 5-92　调整键方向

❹ 单击"智能标注"按钮✎,将鼠标移至轴左侧面,待亮显后单击并拖动到大齿轮轴颈左端面,出现智能标注,编辑智能尺寸为 0 并锁定,如图 5-93 所示。

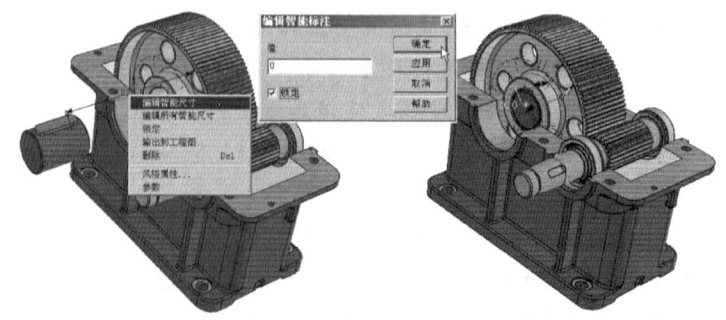

图 5-93　确定轴位置

❺ 从设计元素库中拖曳"圆柱体"图素至轴左端面,至出现绿色反馈后释放鼠标;编辑包围盒,输入"长度:55""高度:50"。插入轴承 55BZ 至设计环境中,在设计树中选择

轴承 55BZ, 利用约束定位工具, 使其与轴同心。激活轴承 55BZ 三维球, 利用三维球定位功能, 将轴承移至适合位置, 如图 5-94 所示。

❻ 添加支承环: 利用智能标注工具测得轴承 55BZ 内圈右侧面与大齿轮轴孔左侧面距离为 24.5; 利用 "圆柱体" 图素和 "孔类圆柱体" 图素设计垫圈, 其尺寸为 "外径: 70" "内径: 55" "宽度: 24.5"; 利用约束定位工具使支承环与轴同心, 利用智能标注使支承环定位, 如图 5-95 所示。

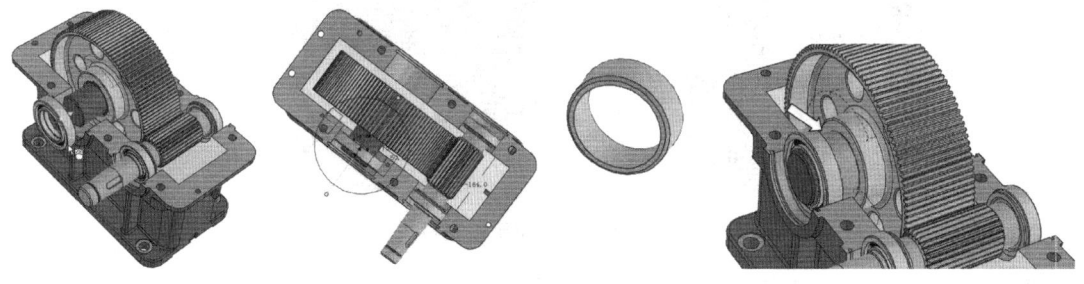

图 5-94　确定轴位置　　　　　　　图 5-95　添加支承环

❼ 添加调整环: 利用线性标注工具测得环形槽内侧面与轴承 55BZ 外圈左端面距离为 9.6; 设计调整环, 其尺寸为 "外径: 90" "内径: 76" "宽度: 9.6"; 利用约束定位工具使支承环与轴同心, 利用智能标注使支承环定位, 如图 5-96 所示。

❽ 添加嵌入端盖: 按如图 5-97 所示左侧视图设计嵌入端盖, 利用约束定位工具使支承环与轴同心, 利用智能标注工具使其嵌入端盖定位。

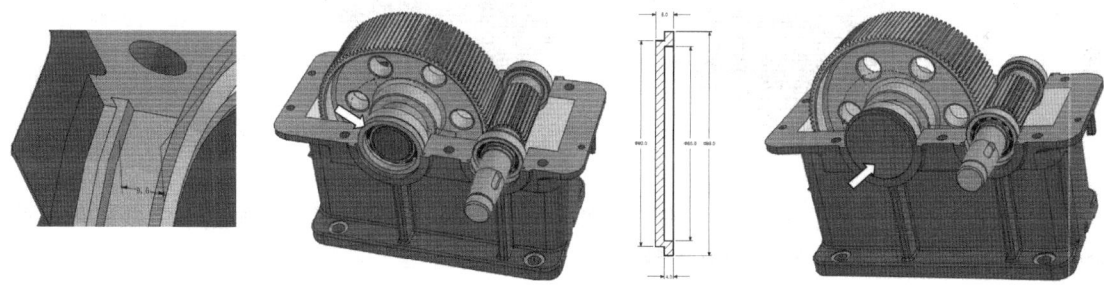

图 5-96　添加调整环　　　　　　　图 5-97　添加嵌入端盖

❾ 同上述步骤, 设计输出轴右侧部分, 结果如图 5-98 所示。

❿ 同理, 添加输出轴上各零件, 结果如图 5-99 所示。

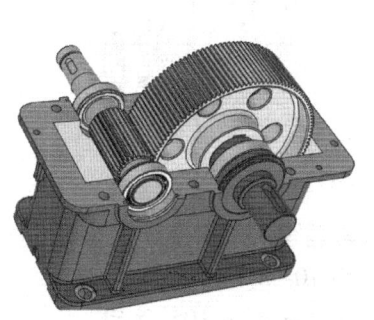

图 5-98　设计输出轴右侧部分　　　　图 5-99　添加输出轴各零件

步骤4 设计箱盖1

❶ 利用概念设计方法构建箱盖：从图素设计库中拖曳一个"长方体"图素至设计环境中，编辑包围盒尺寸，如图5-100所示。

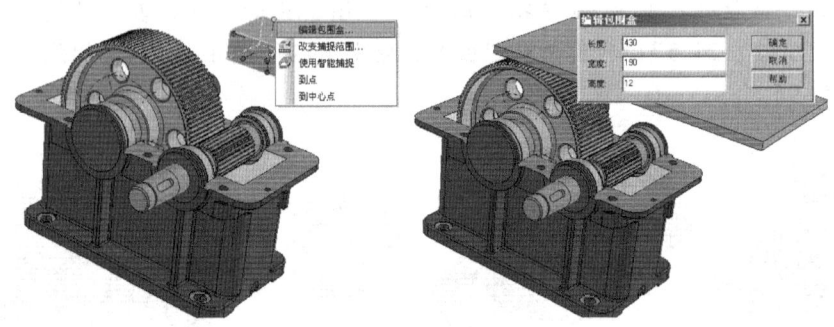

图5-100　添加箱盖底板

❷ 底板的定向：激活箱盖底板三维球，右击三维球垂直内控制柄，在弹出的快捷菜单中选择"与面垂直"命令，然后移动鼠标至箱体上端面，如图5-101所示。

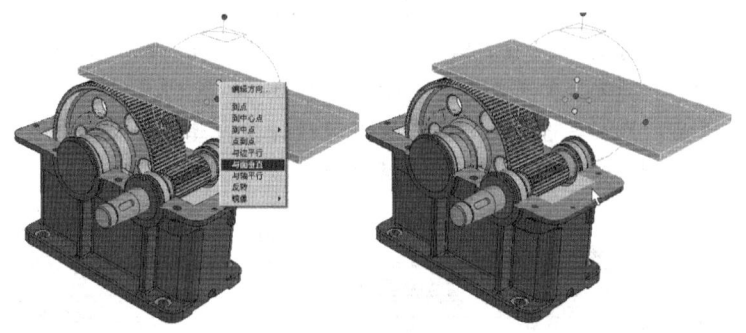

图5-101　箱盖底板定向

❸ 单击"定位约束"按钮，在弹出的对话框中单击"对齐"按钮，使底板两侧面分别与箱体两侧面对齐，如图5-102所示。

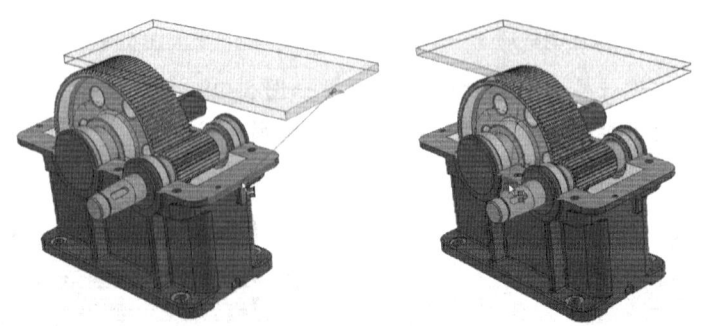

图5-102　箱盖底板定向

❹ 利用定位约束工具贴合功能，使箱盖底板与箱体上表面贴合，如图5-103所示。

❺ 依据上述操作，添加箱盖其他部分，如图5-104所示。

❻ 在设计树中将除箱盖以外的零部件压缩，结果如图5-105所示。

图 5-103　箱盖底板贴合操作

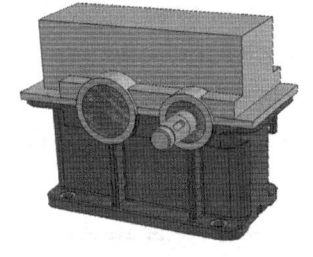
图 5-104　箱盖基本造型

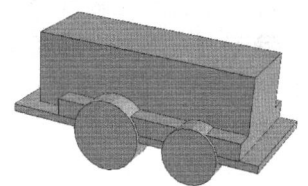
图 5-105　保留箱盖

❼ 单击"拉伸向导"按钮 ，拾取箱盖顶端上表面，依照如图 5-106 所示步骤进行操作，将出现与箱盖上表面垂直的二维绘图平面。

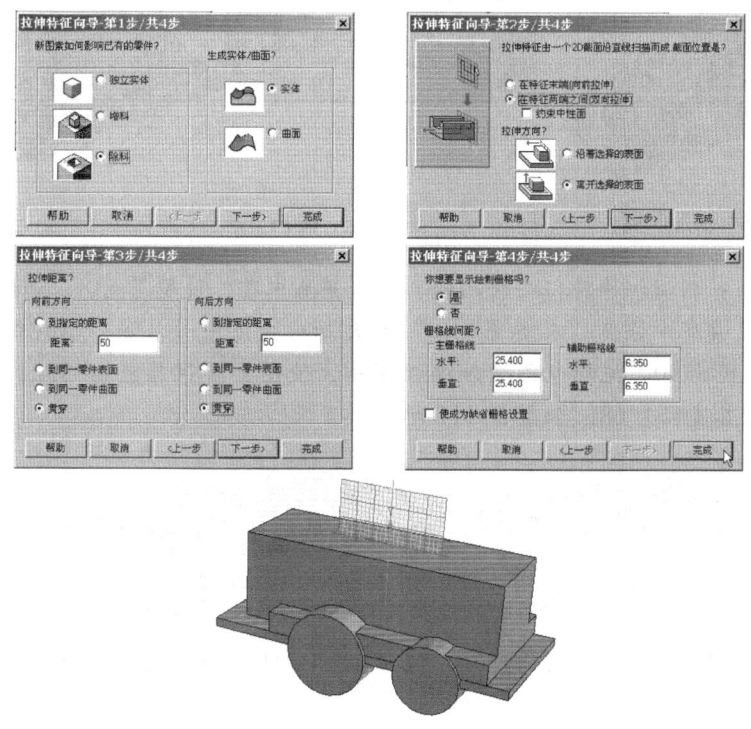
图 5-106　建立拉伸特征

❽ 在二维截面上，绘制如图 5-107a 所示两个封闭图形。单击"完成"按钮 ，结果如图 5-107b 所示。

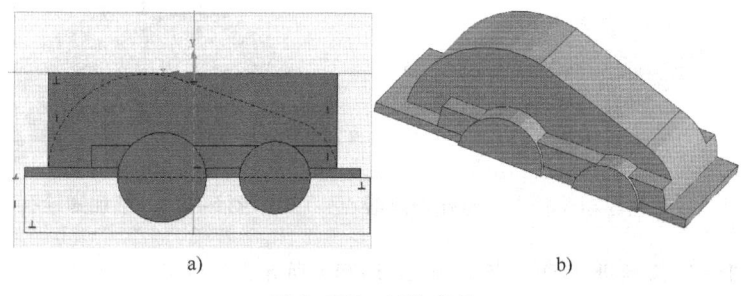

a)　　　　　　　　　　　　　b)

图 5-107　切除实体

步骤5 设计箱盖2。

❶ 在箱盖两侧添加肋板，如图5-108所示。

❷ 构建观察孔：在箱盖顶端添加长方体图素，编辑包围盒尺寸；在图素元素库中拖曳"孔类长方体"图素至长方体图素中心，出现绿色反馈后释放鼠标，编辑其包围盒尺寸，如图5-109所示。

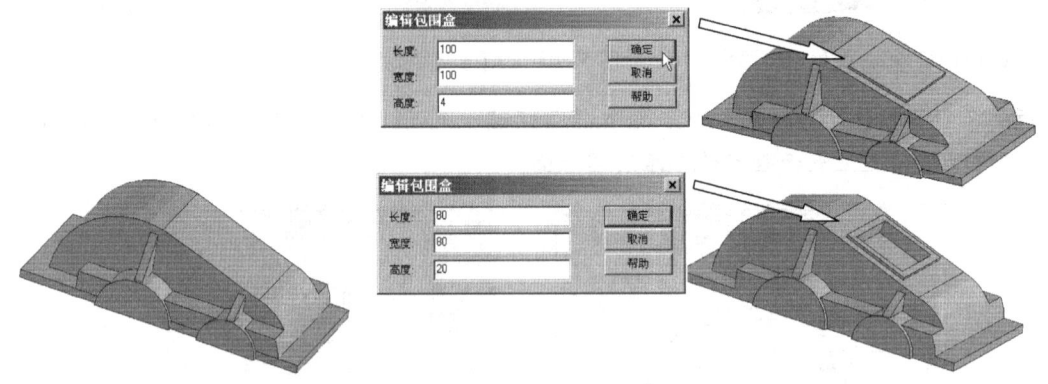

图5-108　添加肋板　　　　　　　　　　　图5-109　添加观察孔

❸ 构建内腔：利用拉伸特征去料功能，塑造箱盖内腔，使壁厚为8，如图5-110所示。

❹ 在设计元素库中拖曳"孔类圆柱体"至大轴承支座中心位置，出现绿色反馈后释放鼠标，调整其直径为90，拖动包围盒轴向控制柄，使图素贯穿箱盖；同理，设计小轴承支座轴承孔，调整其直径为68，如图5-111所示。

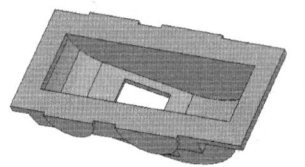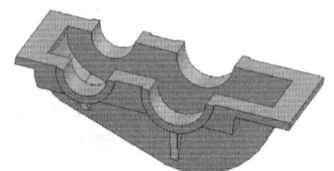

图5-110　构建箱盖内腔　　　　　　　　　图5-111　构建箱盖轴承支座孔

❺ 构建密封槽：构建密封槽如图5-112所示。

❻ 添加螺栓孔：与箱体孔相对应，在箱盖底板添加螺栓孔，添加可通过三维球工具使其与箱体螺栓孔对齐，结果如图5-113所示。

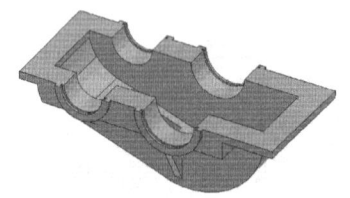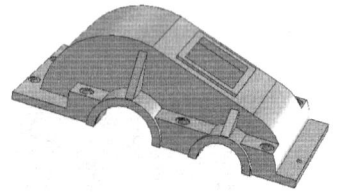

图5-112　构建箱盖轴承支座孔密封槽　　　图5-113　添加螺栓孔

❼ 将箱盖图素倒圆角并上色，结果如图5-114所示。

❽ 分别右击设计树中图标灰白显示的"箱体"图素、"输入轴装配"图素和"输出轴

装配"图素，在弹出的快捷菜单中选择"压缩"命令，从而将其恢复显示，结果如图 5-115 所示。

图 5-114　箱盖倒圆角

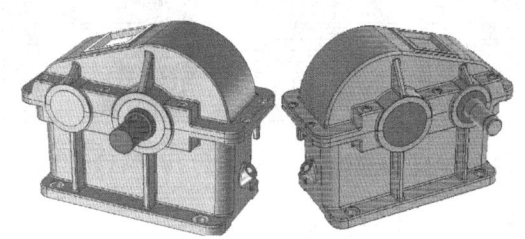

图 5-115　减速箱基本造型

步骤6 装配体其他零件。

❶ 设计箱盖上部的垫片、视孔盖部件，并在箱盖窗口处添加螺纹孔，在垫片添加孔图素，在视孔盖处添加自定义孔，螺纹孔尺寸为 M6×8，如图 5-116 所示。

❷ 视孔盖添加开槽沉头螺钉（GB/T 68 - 2000—M6×12），如图 5-117 所示。

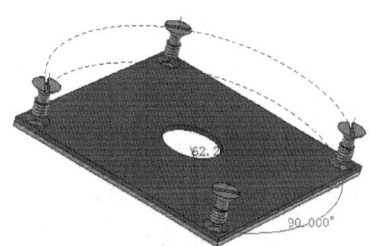

图 5-116　添加垫片、视孔盖　　　　图 5-117　添加开槽沉头螺钉

❸ 添加进气塞（进气螺栓 GB/T 5780 - 2016—M24×34），如图 5-118 所示。

❹ 添加箱体螺栓装配（螺栓 GB/T 5780 - 2016—M12×85；垫片 GB/T 95 - 2002；螺母 GB/T 41 - 2000），如图 5-119 所示。

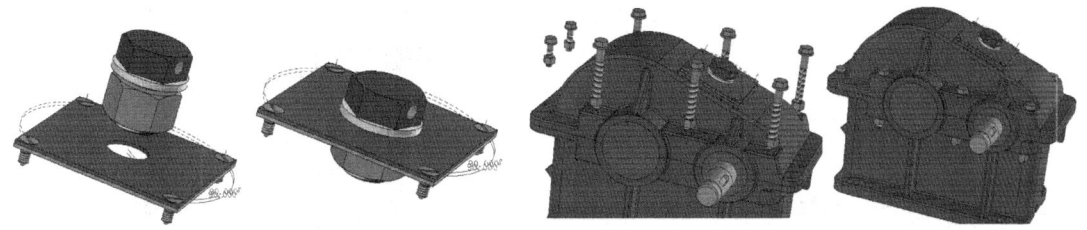

图 5-118　添加进气塞　　　　　　　图 5-119　添加螺栓装配

❺ 添加油塞（螺栓 GB/T 5781 - 2016—M12×10；垫片 GB/T 95 - 2002），如图 5-120 所示。

❻ 添加油标尺，如图 5-121 所示。

❼ 至此，减速器装配设计完毕，检查无误后保存文件，如图 5-122 所示。

 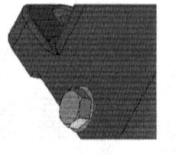   

图 5-120　添加油塞　　　　图 5-121　添加油标尺　　　　图 5-122　减速器造型

步骤7 减速器旋转动画。

❶ 右击设计窗口以外区域，弹出"智能动画"工具条，单击"智能动画"工具条中"智能动画"按钮，屏幕左侧弹出"智能动画"属性管理器。

❷ 在"运动类型"选项卡中选择"旋转"选项；在"旋转轴"选项中选择"长度轴"，旋转角度输入360，运动时间输入20，单击"完成"按钮 ✅，如图 5-123 所示。

❸ 单击"智能动画"工具条上"打开"按钮，然后单击"播放"按钮，即可播放动画。

❹ 关闭动画播放开关，选择"文件"→"输出"→"动画"命令，输出文件的文件名为"旋转减速器动画"。

步骤8 减速器装配体爆炸分解动画。

❶ 单击"装配"功能面板中"爆炸"按钮 💥，弹出如图 5-124 所示的"爆炸配置"对话框，单击"是"按钮。

❷ 在设计环境的左边出现"爆炸"属性管理器，从装配选项中选择装配体，如图 5-125 所示。

图 5-123　"智能动画"属性管理器

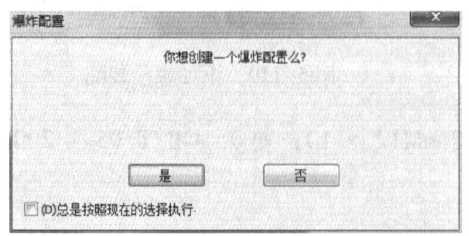

图 5-124　"爆炸配置"对话框　　　　图 5-125　"爆炸"属性管理器

❸ 在选中的装配体中出现三维球，如图 5-126 所示，拖动三维球上下控制柄，单击"确定"按钮，则生成如图 5-127 所示的爆炸视图。

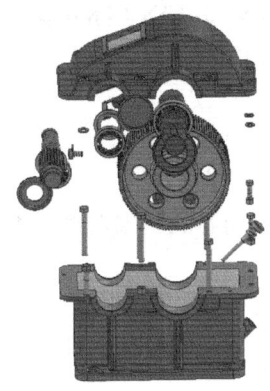

图 5-126　减速器三维球控制柄　　　　图 5-127　减速器爆炸分解

5.7　综合实例：浮动式法兰球阀设计

球阀（如图 5-128 所示）在管路中主要用来做切断、分配和改变介质的流动方向。通过球阀的实体设计，熟悉前面各章讲解内容。并且着重练习截面工具的使用方法及其在装配中的作用。

🛠 设计目标

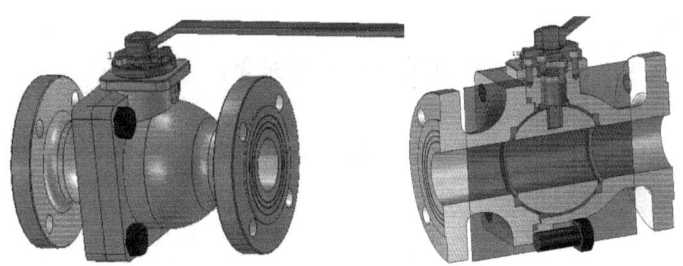

图 5-128　浮动式法兰球阀

📋 技术要点

- 无约束实体的建立。
- 设计元素库的操作方法。
- 无约束装配工具的使用方法。
- 结构设计中的混合设计方法。
- 设计标准：
  设计按 GB/T 12237 - 2007。
  结构长度按 GB/T 12221 - 2005。

连接端：法兰尺寸按 JB/T 79.1 – 1994。

- 结构：全通径 浮动球 二体式。
- 主体材料：WCB CF8 CF8M 等。
- 密封材料：PTFE。

设计过程

（1）建立阀芯、密封圈

使用球体作为阀芯的基础造型，编辑截面轮廓获得准确形状，使用孔类圆柱体除料生成阀芯的完整造型。

（2）建立右阀体

生成连接板，使用圆柱体、球体、自定义孔等标准智能图素，生成右阀体等零件的实体造型。

（3）建立阀杆

使用圆柱体、长方体等标准智能图素，生成阀杆的基础造型，使用"面匹配"表面编辑功能，生成阀杆头部的部分球面特征。

（4）截面工具使用

使用截面工具，将阀芯、阀杆与右阀体准确装配。并在截面内完成其他零部件的设计与安装。

（5）填料压板、限位板和弹性挡圈构建

填料压板、限位板的设计。利用拉伸操作生成形状较复杂的限位板。利用二维图形的输入拉伸形成弹性挡圈的实体造型。

（6）左阀体构建

在截面内完成左阀体的构建，特别是与阀芯的配合。

（7）完善球阀设计

完善设计，添加圆角过渡、边过渡等，最后渲染造型。

设计步骤

步骤1 构建阀芯。

❶ 在设计元素库中拖曳"球体"图素到设计环境中，编辑其包围盒尺寸为100，生成直径100的球体。

❷ 在图素编辑状态下右击球体图素，在弹出的快捷菜单中选择"编辑草图截面"命令，进入草图截面编辑状态；绘制水平直线1、水平直线2，并标注直线与X轴距离分别为10和90；删除多余线段，单击"完成"按钮☑，如图5-129所示。

❸ 在设计元素库中拖入"孔类圆柱体"图素至零件端面中心位置，至出现绿色反馈后释放鼠标；调整包围盒尺寸，将孔直径设置为50；拖曳图素前端操作柄，形成直径50的通孔特征，如图5-130所示。

❹ 从设计元素库中拖曳"孔类圆柱体"图素至零件端面中心位置，使用前端操作柄调整包围盒尺寸，使之生成直径75，高15的孔类圆柱体。

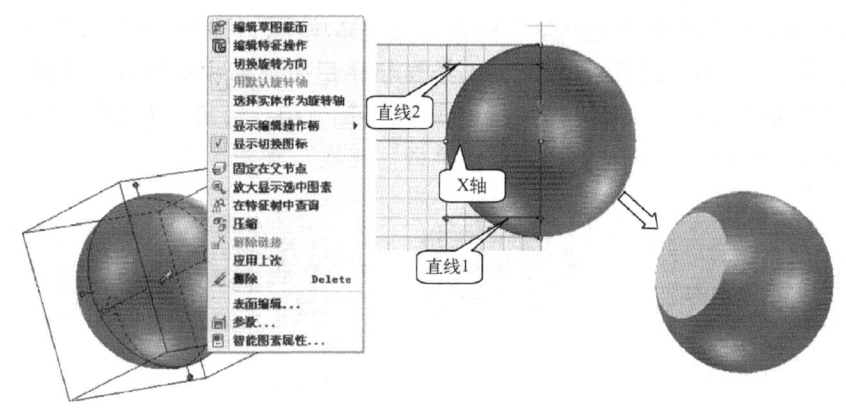

图 5-129　构建阀芯球体部分

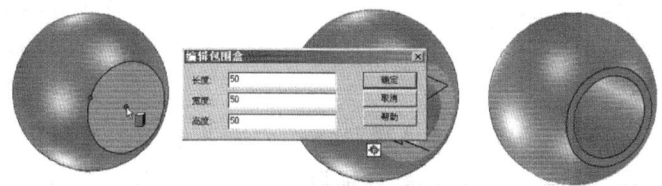

图 5-130　生成球体通孔

❺ 单击"三维球"按钮，拖曳顶部操作柄，使图素向上移动 70；拖曳水平操作柄，使图素后移 32.5，形成阀芯顶部除料特征。取消三维球工具，生成阀芯完整造型，如图 5-131 所示。

步骤2 构建密封圈。

❶ 单击"新建"按钮，开始一个新设计。从设计元素库中拖曳"圆柱体"和"孔类圆柱体"图素，生成如图 5-132 所示圆环，其内、外直径分别为 56、75，厚度为 6。

❷ 在设计元素库中拖入"孔类球体"到圆环底面中心位置，使用包围盒将球体直径调整为 100；激活三维球工具，将球体图素移动一定距离；单击"线性标注"按钮，标注相交圆弧与密封圈底面距离为 2，如图 5-132 所示。

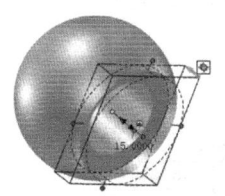 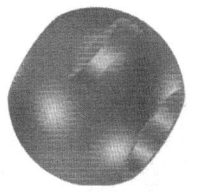 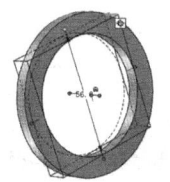 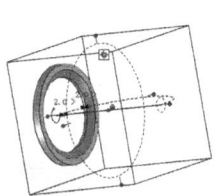

图 5-131　构建球体弧槽　　　　　图 5-132　构建密封圈

步骤3 构建阀杆。

❶ 新建设计，在设计元素库中拖入"圆柱体"图素到设计环境中，使用包围盒编辑圆柱体直径为 20，高度为 65。

❷ 单击"边倒角"按钮，拾取顶边，在属性表中选择"两边距离：1"，单击"确定"按钮，结果如图 5-133 所示。

163

❸ 在图素元素库中拖曳"圆柱体"图素到设计环境中，使用包围盒编辑圆柱体直径为30，高度5；单击"拉伸向导"按钮，选择圆柱体图素表面中心位置，在弹出的"拉伸特征向导"对话框中选择"增料"，将拉伸距离设置为10；利用"投影"命令和"裁剪"命令绘制如图5-134所示截面轮廓线，最后单击"完成"按钮。

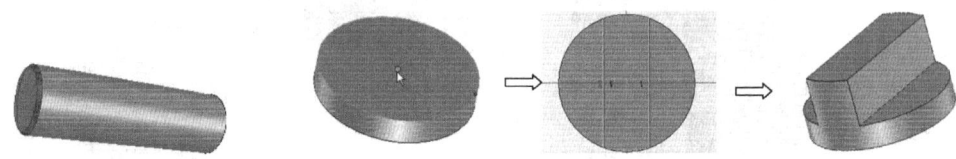

图5-133 圆柱体边倒角　　　　　　　　　图5-134 增料拉伸

❹ 拖曳"球体"图素至设计环境中，待出现绿色反馈后释放鼠标；编辑球直径为50；利用三维球将球图素定位到正确位置；在球体智能编辑状态，单击操作柄切换标志，拖动旋转操作柄调整旋转角度（只需使球体表面能覆盖阀杆头部平面即可），如图5-135所示。

❺ 单击球体零件，使其处于表面编辑状态；右击其表面，在弹出的快捷菜单中选择"生成"→"提取曲面"命令或直接单击"提取曲面"按钮，生成部分球面；在设计树中选择"球体"图素，按〈Shift + Delete〉键将其删除，结果如图5-136所示。

❻ 单击"表面匹配"按钮，拾取顶部平面；在属性管理器中单击"匹配"按钮，拾取球面内表面作为匹配曲面；单击✔按钮，生成阀杆头部球形表面；将曲面删除，结果如图5-137所示。

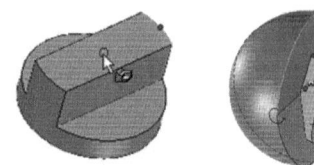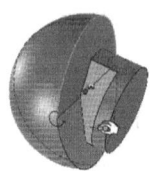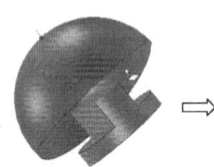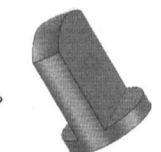

图5-135 添加球体并调整其旋转角度　　图5-136 提取球体表面　　图5-137 表面匹配

❼ 利用三维球工具将生成的阀杆头部零件定位至长杆部，并通过拉伸减料操作生成其底部特征，结果如图5-138所示。

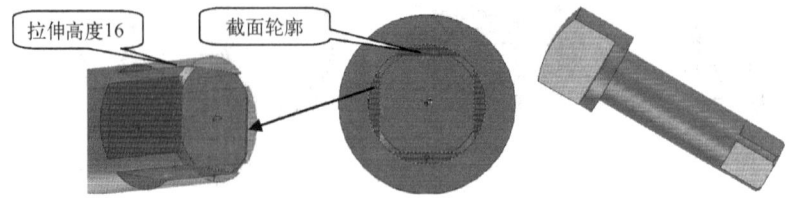

图5-138 减料拉伸操作

步骤4 构建阀体。

❶ 新建设计环境，从图素元素库中拖曳"长方体"图素至设计环境中，编辑包围盒如图5-139所示，圆角过渡尺寸设置为20。

❷ 在设计元素库中拖曳"圆柱体"图素到端盖表面中心位置，使用前端操作柄调整包围盒尺寸，如图 5-140 所示。

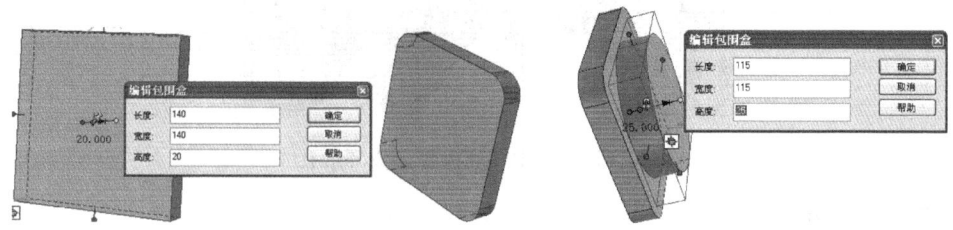

图 5-139　拖入长方体　　　　　　　图 5-140　添加圆柱体

❸ 在设计元素库中拖曳"球体"图素到圆柱体顶面中心位置，编辑包围盒，调整球体直径为 115，如图 5-141 所示。

❹ 拖曳"圆柱体"图素到端盖底面中心，利用三维球将圆柱体图素定位于球体顶端，如图 5-142 所示。

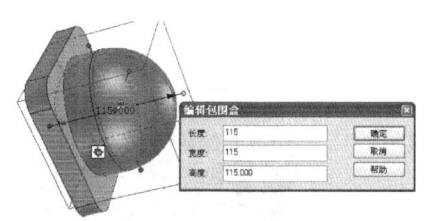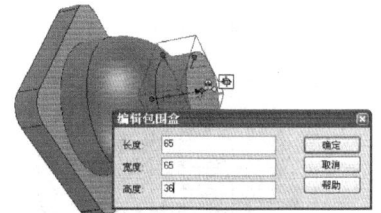

图 5-141　添加球体　　　　　　　图 5-142　拖入圆柱体

❺ 拖曳"圆柱体"图素至圆柱体中心位置，待出现绿色反馈后释放鼠标；利用包围盒调整尺寸，结果如图 5-143 所示。

步骤5 构建阀体螺栓孔。

❶ 拖曳"孔类圆柱体"图素至阀体左端中心位置，待出现绿色反馈后释放鼠标；调整其包围盒尺寸，如图 5-144 所示。

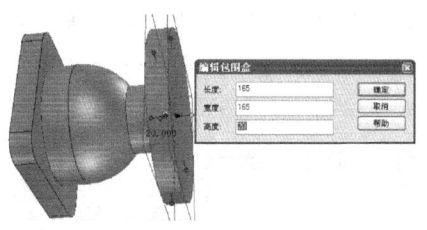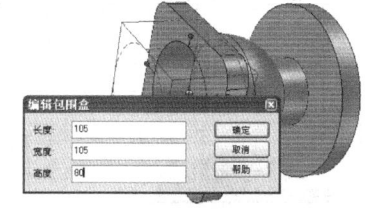

图 5-143　添加圆柱体　　　　　　　图 5-144　添加孔类圆柱体

❷ 拖曳"孔类圆柱体"图素至阀体左端面，编辑包围盒，设置其直径为 115，高度为 5。

❸ 利用圆型阵列操作，在阀体左端面形成 4 个孔，孔直径为 18，圆型阵列直径 75；同理，在阀体右端面形成 4 个孔，孔直径为 18，阵列直径为 65，结果如图 5-145 所示。

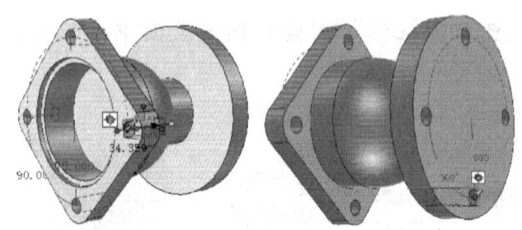

图 5-145　采用阵列操作形成环形孔

步骤6 构建阀体内腔。

❶ 拖曳"孔类球体"图素至阀体轴线，利用三维球将其定位至阀体实心球中心，球体直径设置为105，如图5-146所示。

❷ 拖放"圆柱体"图素至右端面中心位置，高度设置为2，直径为110。

❸ 拖放"孔类圆柱体"图素至阀体右端面中心位置，设置其直径为50；拖曳轴向操作柄，使孔类圆柱体贯通阀体。

❹ 拖放"孔类圆环"图素拖放至右端面中心位置，将其直径分别设置为90、80、70，圆环高度为1，结果如图5-147所示。

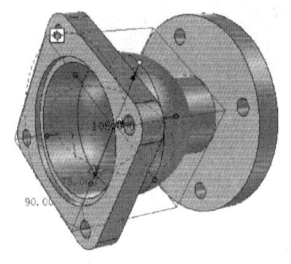

图 5-146　添加"孔类球体"图素

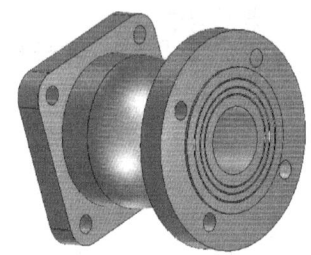

图 5-147　生成密封槽

步骤7 阀芯装配及干涉检查。

❶ 新建设计，将阀芯和密封圈导入设计环境；采用"无约束装配"和"贴合"命令，装配阀芯和密封圈，结果如图5-148所示。

❷ 在设计树中选择"阀芯"装配体，然后选择"工具"→"干涉检查"命令。如果装配体存在干涉问题，则将弹出"干涉报告"对话框提示用户，同时设计环境中装配体存在干涉的部分会加亮显示，如图5-149所示。

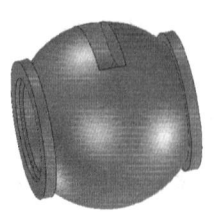

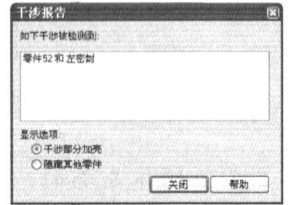

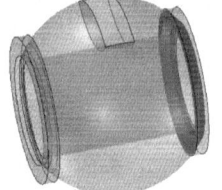

图 5-148　装配阀芯组件

图 5-149　干涉检查

❸ 为了帮助准确定位，在设计树中选择装配体，单击"截面工具" ，在其属性管理器中选择"截面工具类型"，单击"截面工具选项"按钮 ；选择一中心圆柱面，出现剖切

平面，使用三维球将其定位到阀体的中心位置；单击"确定"按钮 ✔，装配体被剖切；如果剖切面所在方位不合适，可激活三维球进行调整，结果如图5-150所示。

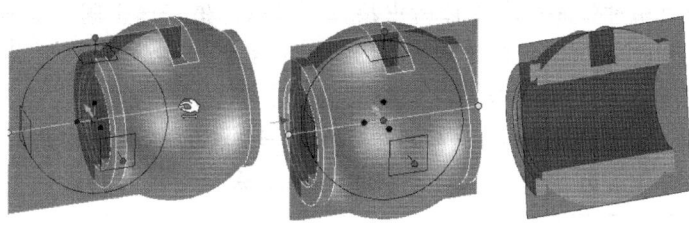

图5-150　剖切阀芯装配体

❹ 在设计树中选择截面工具，右击，在弹出的快捷菜单中选择"精度模式"命令，精确显示被剖视的装配体，如图5-151所示。

❺ 为了观察清晰，利用三维球将发生干涉部分的零件在轴向拉开；在设计树中选择发生干涉的密封圈，激活三维球工具，按〈Space〉键，三维球变色亮显；使用"到中心点"功能，将三维球重新定位到圆弧A的球心位置，如图5-152所示。

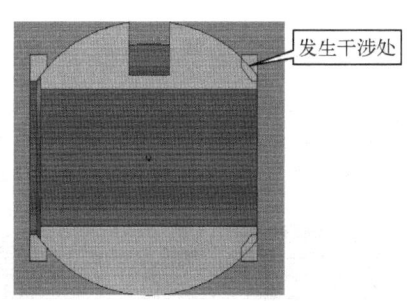

图5-151　开启精度模式

图5-152　重定位密封圈三维球

❻ 再次按〈Space〉键，返回零件定位状态；单击水平一维操作柄，使零件只能沿该轴线方向移动或旋转；在三维球球心上右击，在弹出的快捷菜单中选择"到点"命令，拾取阀芯内圆剖切线中点，将密封圈准确定位，继而将密封圈座重新轴向定位，如图5-153所示。

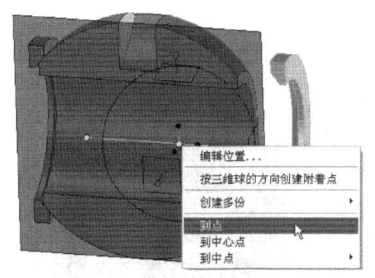
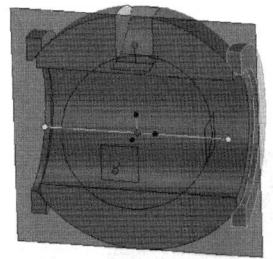

图5-153　重定位密封圈

❼ 在设计树中选择装配体，然后单击"干涉检查"按钮 🗗，弹出"干涉报告"对话框，如再次出现干涉情况，则返回检查定位是否准确。

步骤8 阀体、阀芯装配。

❶ 单击"零件/装配"按钮，装入阀体组合件；利用三维球将阀芯和阀体组件轴线重合，并调整它们的相对位置；在设计树中按住〈Shift〉键，选择阀芯和阀体组合件，单击"装配"按钮，形成装配体，命名"球阀装配"；按照上述步骤，形成剖切面，并选择"精度模式"，结果如图 5-154 所示。

❷ 将阀芯定位。在设计树中选择阀芯组件，激活三维球工具；右击三维球中心点，在弹出的快捷菜单中选择"到中心点"命令；单击阀体球心形成的剖切线，待出现绿色反馈后单击，结果如图 5-155 所示。

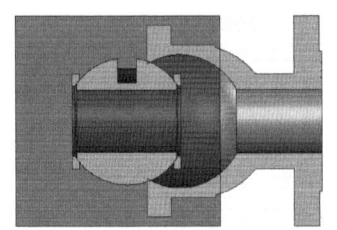
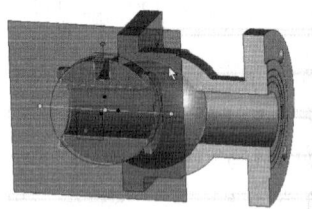
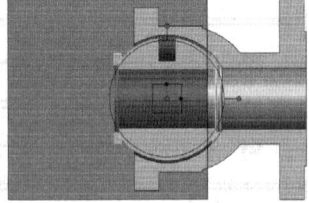

图 5-154　装配阀体与阀芯并形成剖切面　　　　　图 5-155　定位阀芯

步骤9 修整阀体内腔。

❶ 从图素元素库中拖曳"孔类圆柱体"图素至阀体上任一处，激活三维球，如图 5-156 所示。

❷ 如果图素方向有误，右击孔类圆柱体图素轴向定位手柄，在弹出的快捷菜单中选择"与面垂直"命令，选择如图 5-157 所示表面，则孔类圆柱体图素轴线与通孔轴线平行。

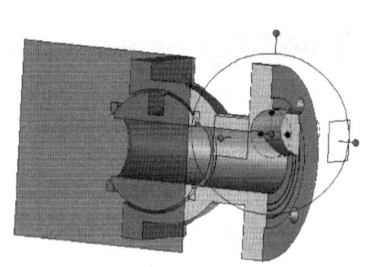
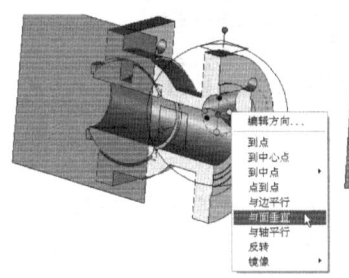
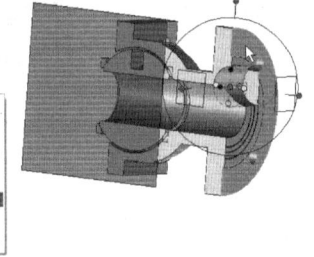

图 5-156　拖曳"孔类圆柱体"　　　　　图 5-157　调整孔图素轴线方向
　　　　　图素至阀体任一处

❸ 右击三维球中心点，在弹出的快捷菜单中选择"到中心点"命令，将孔类圆柱体图素定位至阀体内腔右侧通孔处，并使其与通孔同轴，如图 5-158 所示。

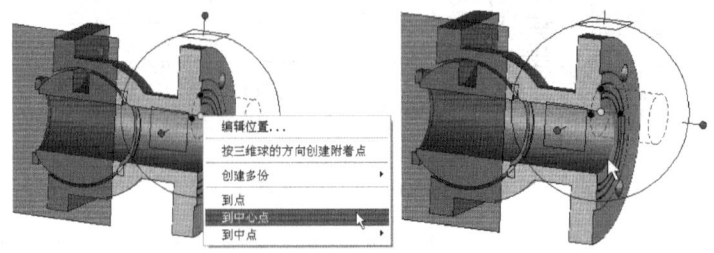

图 5-158　调整孔图素轴线方向

❹ 利用三维球将孔类圆柱体图素移至通孔左侧；取消三维球；右击孔图素右侧控制柄，在弹出的快捷菜单中选择"到点"命令，然后选择剖切图中密封圈右上角，如图5-159所示。

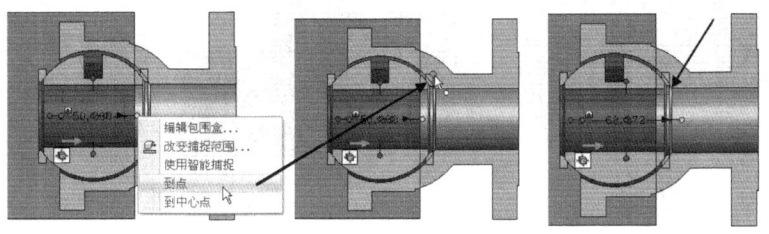

图5-159　"到点"操作

❺ 右击孔图素左侧控制柄，编辑包围盒，结果如图5-160所示。

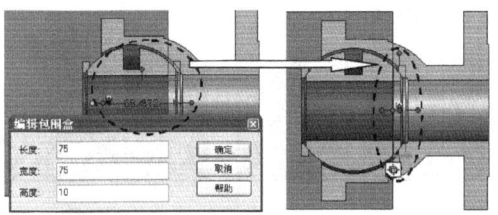

图5-160　编辑包围盒

📖 提示：步骤9中修整阀体内腔采用的方法，后面经常用到，到时不再赘述。

步骤10 构建阀体顶部平台。

❶ 在阀体顶部添加"键"图素，结果如图5-161所示。

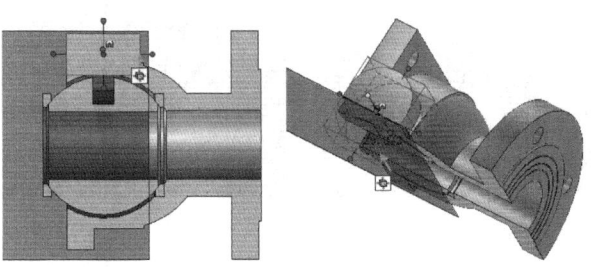

图5-161　添加键图素

❷ 单击"零件/装配"按钮，导入阀杆，然后在设计树中将阀杆拖入阀装配体，利用三维球对阀杆定位，结果如图5-162所示。

❸ 拖曳"孔类圆柱体"图素至阀体，在阀杆底部凸台处形成沉孔，结果如图5-163所示。

❹ 拖曳"孔类圆柱体"图素至阀体，根据阀杆轴径定义孔径为24，通孔，结果如图5-164所示。

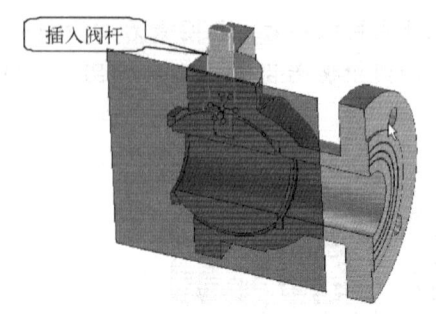

插入阀杆

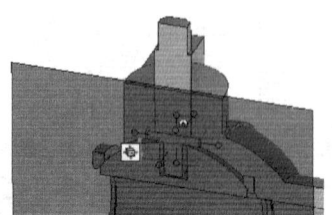

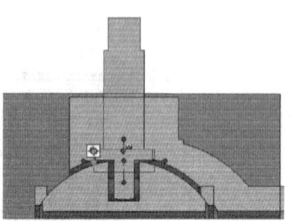

图 5-162　插入阀杆　　　　　　　　　　图 5-163　生成沉孔

❺ 拖曳"长方体"图素至阀体，定义其长度为 70，宽度为 70，高度为 10，如图 5-165 所示。

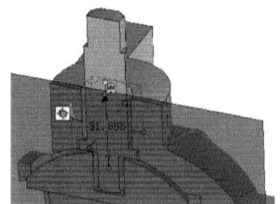

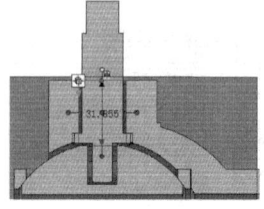

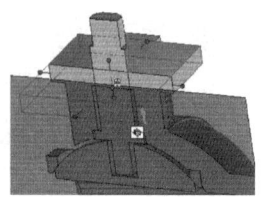

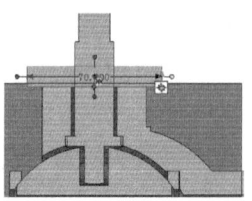

图 5-164　生成通孔　　　　　　　　　　图 5-165　拖入长方体图素

❻ 拖曳"孔类圆柱体"图素至阀体，定义孔径为 30，利用三维球对其定位，结果如图 5-166 所示。

❼ 拖曳"圆柱体"图素至设计环境中（注意不要放置在阀体上，否则将成为阀体的一部分），定义其直径为 50，高度为 10；利用三维球将其定位，并命名为"填料压套"，结果如图 5-167 所示。

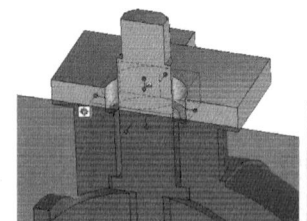

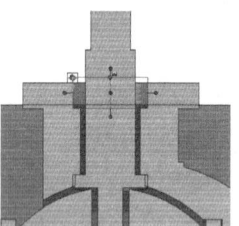

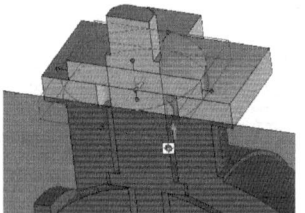

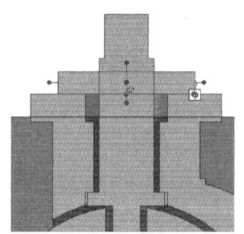

图 5-166　生成通孔　　　　　　　　　　图 5-167　拖入长方体图素

❽ 通过拖曳"孔类圆柱体"在填料压套上生成两个孔，直径分别为 24 和 20，结果如图 5-168 所示。

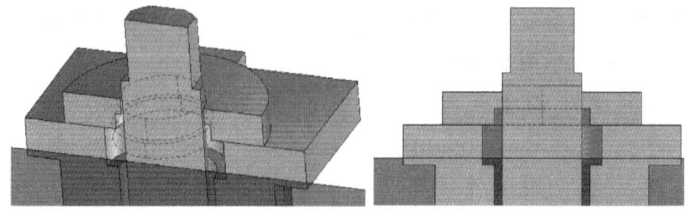

图 5-168　填料压套处生成两个孔

步骤11 构建左阀体。

❶ 拖曳"长方体"图素至设计环境中（注意不要和其他零件接触，以免成为其他零件的一个特征）；在设计树中将左阀体零件拖入阀装配体；利用三维球将其定位，并编辑其包围盒，结果如图 5-169 所示。

❷ 拖曳"圆柱体"图素至左阀体右侧，设置其直径为 105，高度为 7；利用三维球工具将其定位，结果如图 5-170 所示。

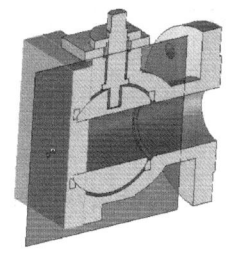 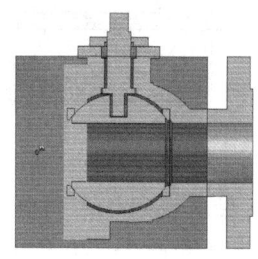 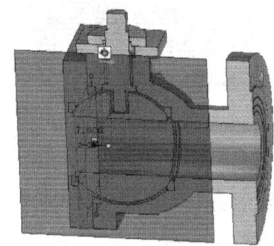 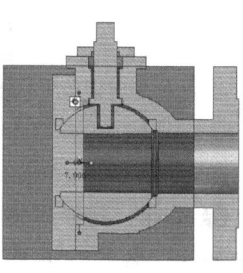

图 5-169　开始生成左阀体　　　　　　图 5-170　生成左阀体右侧凸台

❸ 根据左阀体右侧凸台，拖入"孔类圆柱体"图素，在右阀体左侧生成两个台阶，直径分别为 115 和 105，结果如图 5-171 所示。

❹ 拖曳"圆柱体"图素至左阀体左侧中心位置，待出现绿色反馈后释放鼠标，设置其直径为 75，高度为 50，结果如图 5-172 所示。

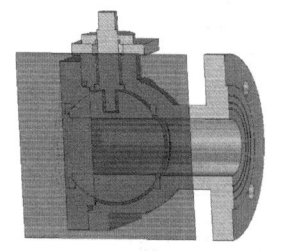 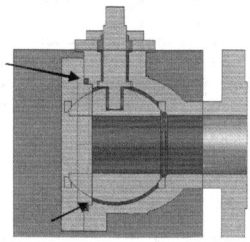 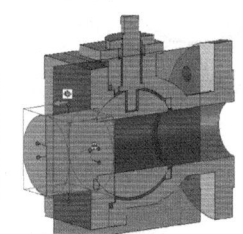 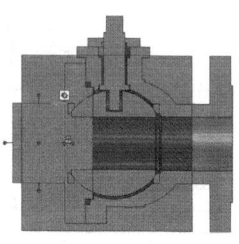

图 5-171　右阀体生成两个台阶　　　　　图 5-172　左阀体生成圆柱体

❺ 拖曳"孔类球体"图素至左阀体，设置其直径为 105；利用三维球将其定位，使其与右阀体球心重合，结果如图 5-173 所示。

❻ 拖曳"孔类圆柱体"图素至左阀体，生成阀芯左侧密封圈座，结果如图 5-174 所示。

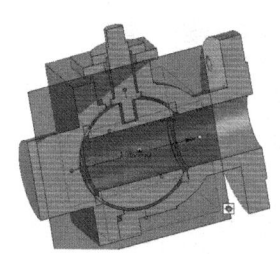 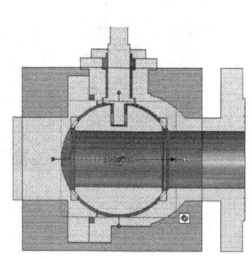 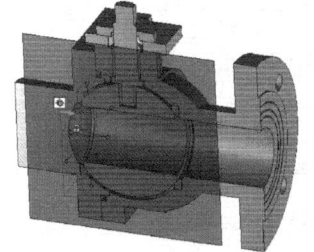 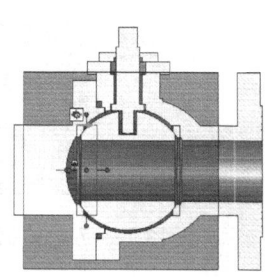

图 5-173　左阀体生成球形内腔　　　　　图 5-174　左阀体生成密封圈座

❼ 拖曳"孔类圆柱体"图素至左阀体，设置其直径为50，通孔；利用三维球定位，结果如图 5-175 所示。

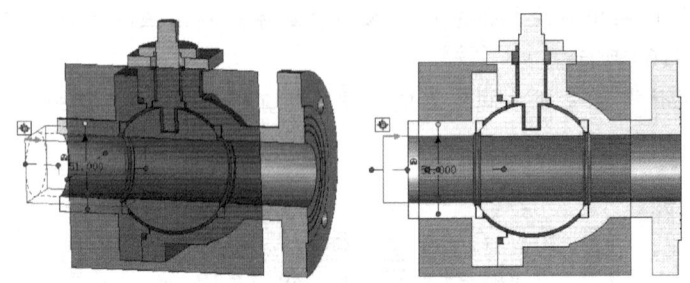

图 5-175　左阀体生成通孔

❽ 至此，阀体内部装配基本完毕。检查可发现，右阀体左侧口径小于阀芯球体，阀芯无法装入。需对结构进行修改，修正前后的对比情况如图 5-176 所示。

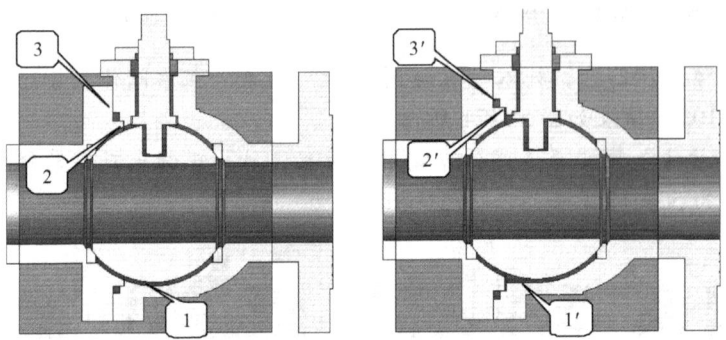

图 5-176　左阀体生成通孔

步骤12 添加阀体密封垫、填料等。

❶ 在阀体内部各处添加密封垫、变径弹簧及填料等，结果如图 5-177 所示。

❷ 在设计树中将"截面工具"压缩。在左阀体左侧形成法兰盘，其上圆柱体、圆环、通孔等的参数与右阀体法兰的相同，结果如图 5-178 所示。

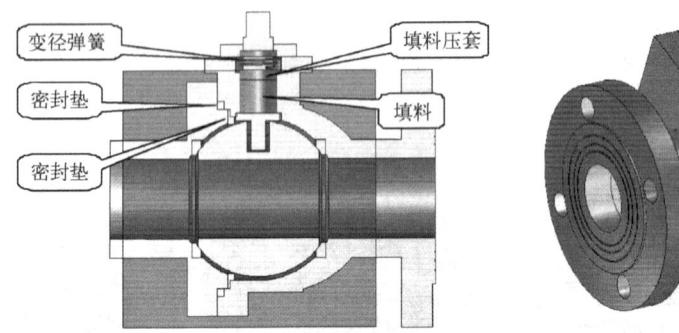

图 5-177　添加密封垫、变径弹簧及填料等

图 5-178　球阀基本外形

❸ 从工具元素库中拖曳"自定义"图素至左阀体左侧连接法兰，形成 M18 的螺纹孔，利用圆型阵列操作形成均匀分布的 4 个螺纹孔；再从工具元素库中拖曳紧固件图素至设计环

境中，定义添加 M18×40 螺栓，利用圆型阵列操作生成均匀分布的 4 个螺栓，结果如图 5-179 所示。

❹ 在填料压板上生成 φ7 的 4 个均匀分布的孔，继而生成深度为 6 的沉孔，如图 5-180 所示。

　　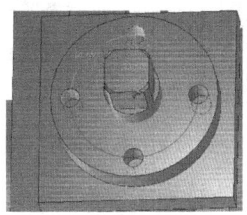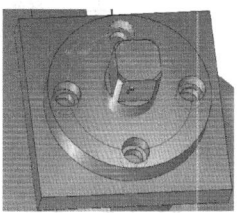

图 5-179　生成螺纹孔并添加螺栓　　　　　图 5-180　生成螺栓孔及沉孔

❺ 在填料压板上形成螺纹通孔。从工具设计元素库中拖曳自定义图素至填料压板右侧孔中心位置，并设置其尺寸为 M6；使用三维球旋转方法将其定位至两通孔中间；采用圆型阵列方法，形成对称的两个螺纹通孔，如图 5-181 所示。

❻ 在右阀体与填料压板相接平台上，生成与填料压板 4 个通孔对应的 4 个螺纹孔，尺寸为 M6×14，结果如图 5-182 所示。

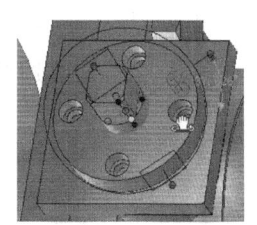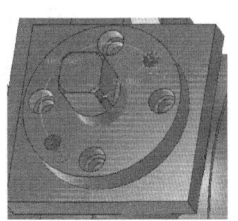　　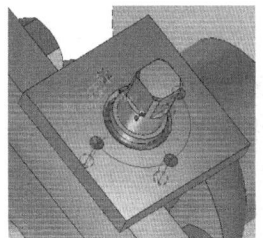

图 5-181　生成两个 M6 螺纹通孔　　　　　图 5-182　生成 4 个 M6×14 螺纹孔

❼ 从工具设计元素库中拖曳"紧固件"图素至设计环境中，在弹出的"紧固件"对话框中，设置参数为 M6×12 内六角圆柱头螺钉；以同样方法生成 M6×10 内六角圆柱头螺钉。将两种内六角螺钉采用三维球圆型阵列方法，填入相应螺纹孔中，结果如图 5-183 所示。

❽ 在设计树中选择阀杆造型部分，右击造型下方的三角形，在弹出的快捷菜单中选择"中心点的捕捉"命令，然后将光标移至阀杆与填料压板相交圆处，待出现绿色反馈后单击，结果如图 5-184 所示。

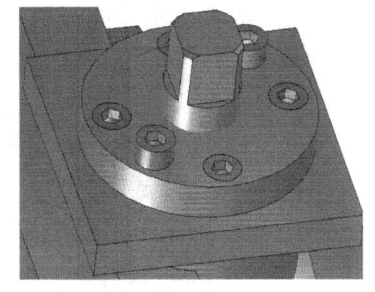

图 5-183　将两种螺钉填入相应螺纹孔中

步骤13 添加阀体限位板。

❶ 单击"拉伸向导"按钮，单击填料压板上表面任意位置，利用三维球将二维绘图原点移至填料压板中心位置。

❷ 单击"投影"按钮，将必要的辅助用曲线投影到二维绘图平面上，绘图结束后再

利用"剪裁"命令去除多余曲线，得到如图5-185所示封闭区域。

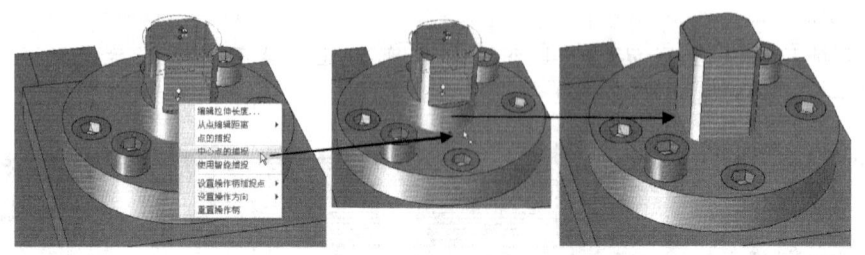

图5-184　改变阀杆头部造型长度

❸ 单击"完成"按钮✔️，结果如图5-186所示。

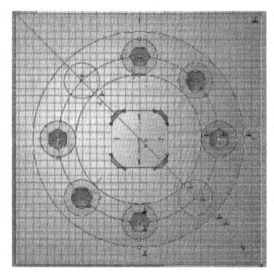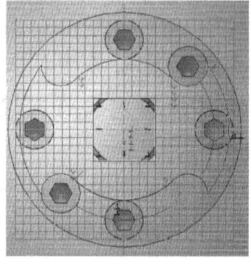
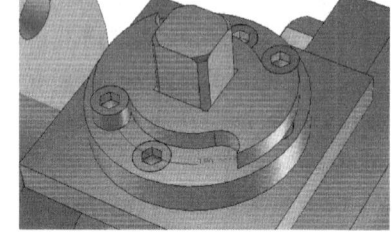

图5-185　绘制限位板二维平面封闭曲线　　　　图5-186　增料拉伸生成限位板

❹ 在设计环境中通过"圆柱体"和"孔类圆柱图"图素生成一个厚度为1.5的圆环（也可通过从图素元素库中拖曳"圆环"图素至设计环境中，然后编辑截面形状和回转半径得到），如图5-187所示。

❺ 利用三维球工具将圆环定位至限位板中心位置，如图5-188所示。

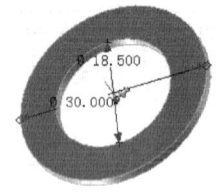

图5-187　生成圆环

❻ 单击"布尔"按钮🔲，在属性管理器中操作类型下拉列表中选择"减"，裁剪对象选择"阀杆"，被剪裁对象选择"圆环"，单击"确定"按钮，结果如图5-189所示。

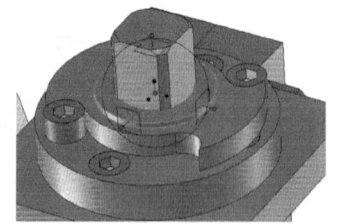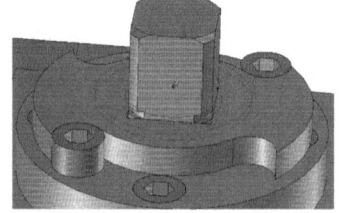

图5-188　将圆环定位至限位板上　　　　图5-189　布尔减操作

步骤14 生成弹性挡圈（利用平面图形拉伸生成实体）。

❶ 打开CAXA电子图板2016，单击"提取图符"按钮🔲；在弹出的"提取图符"对话框中选择相应参数，然后单击"下一步"按钮；在弹出的"图符预处理"对话框中设置相应参数，单击"确定"按钮；此时会有一个亮显的弹性挡圈随光标移动，单击坐标原点，弹性挡圈在原点处生成二维视图，如图5-190所示。

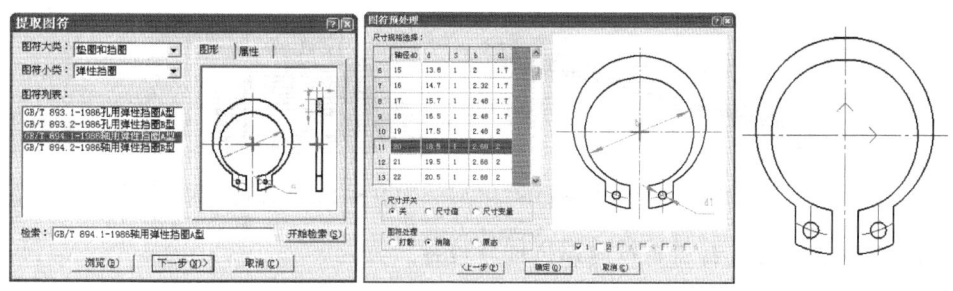

图 5-190　电子图板生成弹性挡圈二维图

❷ 将文件保存为"弹性挡圈.exb"。

❸ 新建实体设计环境，单击"拉伸向导"按钮 ，设置拉伸距离为 1，单击"确定"按钮；在草图绘制环境中右击，在弹出的快捷菜单中选择"输入"命令，在弹出的"输入文件"对话框中选择"弹性挡圈.exb"，单击"确定"按钮。

❹ 弹出"二维草图输入选项"对话框，设置相应参数后单击"确定"按钮，二维绘图环境中出现弹性挡圈轮廓，结果如图 5-191 所示。

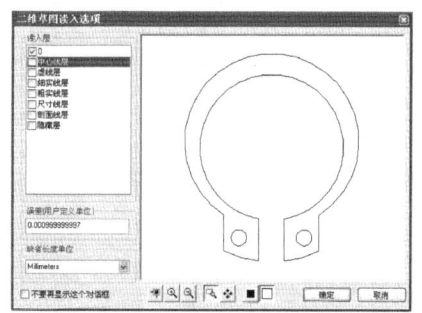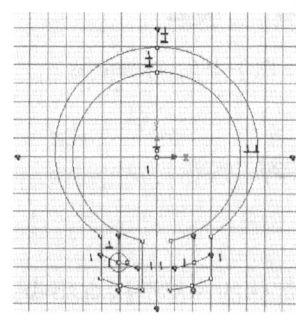

图 5-191　输入弹性挡圈二维图

❺ 单击"裁剪"按钮 ，将二维绘图环境中多余曲线段去除，然后单击"确定"按钮 ，完成拉伸操作，结果如图 5-192 所示。

❻ 将弹性挡圈导入球阀装配环境中，利用三维球操作将其准确定位至限位板上方，结果如图 5-193 所示。

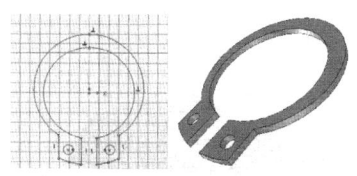

图 5-192　生成弹性挡圈实体造型

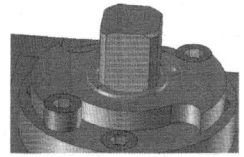

图 5-193　插入并定位弹性挡圈

步骤15 添加扳手、渲染等。

❶ 新建设计，生成如图 5-194 所示手柄。

❷ 将手柄插入球阀装配设计环境中，利用三维球将其准确定位至弹性挡圈上方，结果如图 5-195 所示。

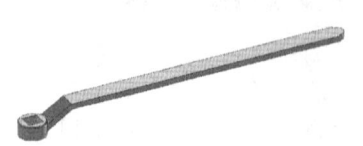

图 5-194　生成手柄

图 5-195　装入手柄

❸ 对球阀实体各处进行圆角过渡和边过渡操作。

❹ 对球阀进行渲染，结果如图 5-196 所示。

❺ 球阀内部零件的渲染可在截面内进行，如图 5-197 所示。

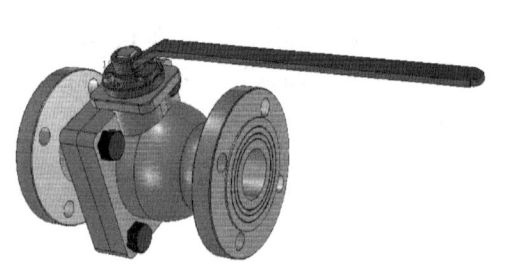

图 5-196　球阀渲染

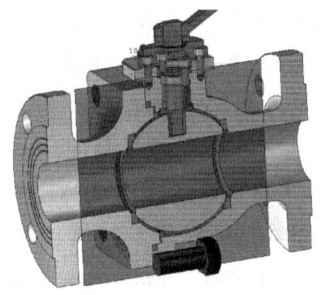

图 5-197　球阀内部零件渲染

5.8　课后练习

1. 思考题

（1）查看装配体的内部结构有哪些方法？

（2）什么是约束装配？

（3）什么是无约束装配？

（4）如何创建装配体剖视？

（5）如何生成爆炸视图？

（6）明细栏与零件属性列表如何关联？

2. 上机题

（1）创建如图 5-198 所示的管道阀门装配体。

（2）创建如图 5-199 所示齿轮泵装配体。

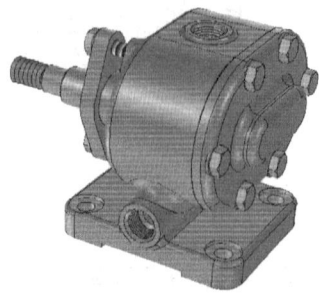

图 5-198　管道阀门装配体

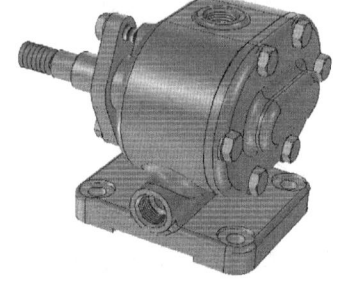

图 5-199　齿轮泵装配体

第6章 钣金件设计

内容与要求

CAXA 实体设计 2016 为用户提供了生成标准和自定义钣金件的功能。进行钣金件设计时，既可以使用"钣金"设计元素库中的智能图素，也可以在一个已有零件的空间单独创建。对于钣金件，还可以利用 CAXA 实体设计的绘图功能生成已展开或未展开钣金件的详细二维工程图。

教学目标

- 掌握钣金件的生成方法
- 掌握钣金件添加板料及弯板的方法
- 掌握钣金件顶点过渡及倒角的方法
- 掌握钣金件弯曲图素使用方法

6.1 基础知识

钣金是针对金属薄板（通常在 6 mm 以下）的一种综合冷加工工艺，包括剪、冲/切/复合、折、焊接、铆接、拼接、成型（如汽车车身）等。其显著的特征就是同一零件厚度一致。

钣金零件具有重量轻、强度高、导电（能够用于电磁屏蔽）、成本低、大规模量产性能好等特点，目前在电子电器、通信、汽车工业、医疗器械等领域得到了广泛应用，例如在电脑机箱、手机、车辆中，钣金是必不可少的组成部分，如图 6-1 所示为常见的钣金零件。

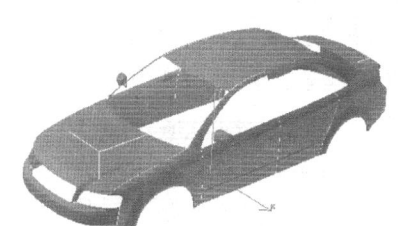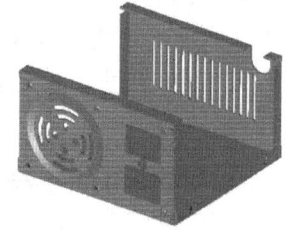

图 6-1 常见钣金件

随着钣金的应用越来越广泛，钣金件的设计变成了产品开发过程中很重要的一环，机械工程师必须熟练掌握钣金件的设计技巧，使得设计的钣金既满足产品的功能和外观等要求，又能使得冲压模具制造简单、成本低。

6.1.1 钣金设计默认参数设置

钣金零件是一种比较特殊的实体模型，通常有折弯、褶边、法兰、转折、圆角等结构，还需要展开、折叠等操作，CAXA 实体设计为满足这些需求定制了丰富的钣金命令。

钣金件设计从基本智能图素库开始，在定义了所需钣金零件的基本属性之后，就可用两个基本钣金坯料之一开始设计，其他的智能设计元素可添加到初始坯料之上。然后，零件及其组成图素就可通过各种方式进行编辑，编辑方式包括菜单选项、属性表和编辑手柄或按钮。

在开始钣金件设计之前，必须定义某些钣金件默认参数，如默认板料、弯曲类型和尺寸单位等。

设置钣金件默认参数的步骤如下。

❶ 选择"工具"→"选项"命令，在弹出的"选项"对话框中单击"钣金"→"板料"选项卡。

❷ "缺省钣金零件板料"列表框中列出了 CAXA 实体设计中所有可用的钣金毛坯的型号。利用滚动条可浏览该列表并从其中选择合适于设计的板料型号，如图 6-2 所示。

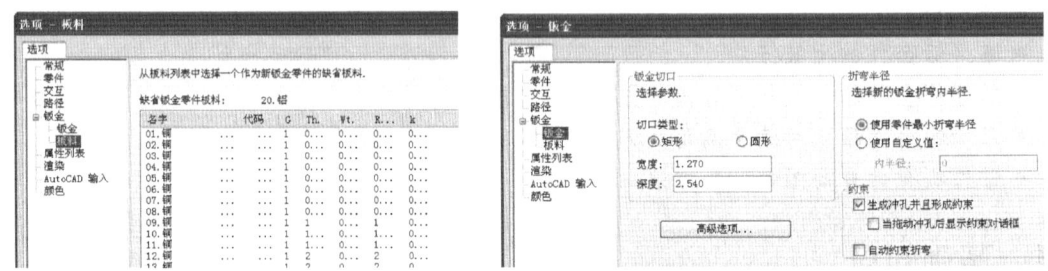

图 6-2　钣金材料和属性设置

❸ 选择"钣金"选项卡，在其中可设定弯曲切口类型、切口的宽度和深度以及折弯半径，这些设定值将作为新添弯曲图素的默认值；此外，可指定建立成型及型孔的约束条件。在设定了成型和型孔约束条件后，新加入成型或型孔图素时系统自动线输出约束对话框，而且成型或型孔图素会自动建立对弯曲图素、板料图素、顶点图素和倒角图素之间的约束。

❹ 如果单击"高级选项"按钮，则打开"高级钣金选项"对话框，如图 6-3 所示，从中可以设置相关高级钣金选项，设定参数后单击"确定"按钮。

❺ 如果想要更改默认的单位设置，可在菜单栏中选择"设置"→"单位"命令，在弹出的"单位"对话框中，设置长度、角度、质量和密度单位等，如图 6-4 所示。

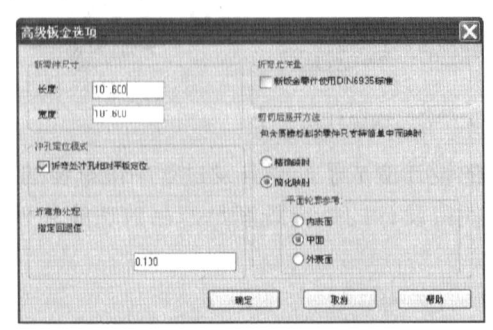

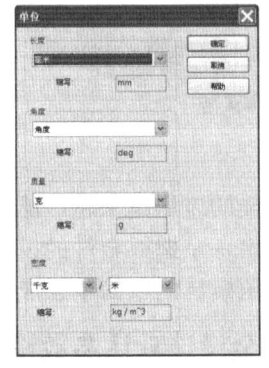

图 6-3　"高级钣金选项"对话框　　　　图 6-4　"单位"对话框

6.1.2 钣金图素的应用

钣金零件的设计元素库包括以下几类：板料图素、圆锥板料图素、添加板料图素、顶点图素、弯曲图素、成型图素、型孔图素和自定义轮廓图素等。

● 板料图素：有"板料"和"弯曲板料"两个子项，如图6-5所示。"板料"图素是添加其他钣金件形成设计工作的基础；"弯曲板料"图素用于生成具有平滑连接拉伸边的钣金件。"板料"和"弯曲板料"之间的主要区别在于拉伸方向的不同，"板料"在厚度方向拉伸，"弯曲板料"则在垂直于厚度方向拉伸。

● 圆锥板料图素：锥形钣金图素 用于创建能够展开的圆柱或圆锥钣金零件。目前，圆锥板料除了能进行切割操作外，暂时无法进行其他操作（比如：增加板料，冲压孔尚且不能应用）。

● 添加板料图素：有两个子项："添加板料"和"添加弯板"，如图6-6所示。这些图素可根据需要添加到板料图素或在其中增加其他图素并使图素弯曲延展。"添加弯板"图素用于生成具有平滑连接拉伸边的钣金件。

● 顶点图素：顶点图素以三色图标显示，如图6-7所示，用于在平面板料的直角边上生成倒圆角或倒角。

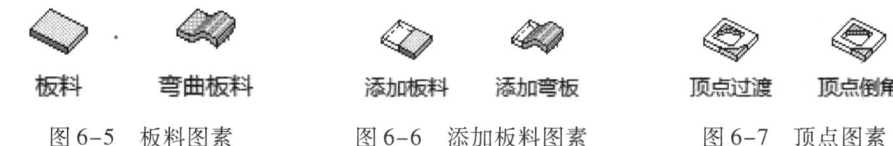

图6-5 板料图素 图6-6 添加板料图素 图6-7 顶点图素

● 弯曲图素：弯曲图素以黄色显示，如图6-8所示，用于添加到平面板料上需要折弯的地方。

图6-8 弯曲图素

● 成型图素：成型图素以绿色显示，如图6-9所示，它们代表通过生产过程中的压力加工操作产生的典型板料变形特征。

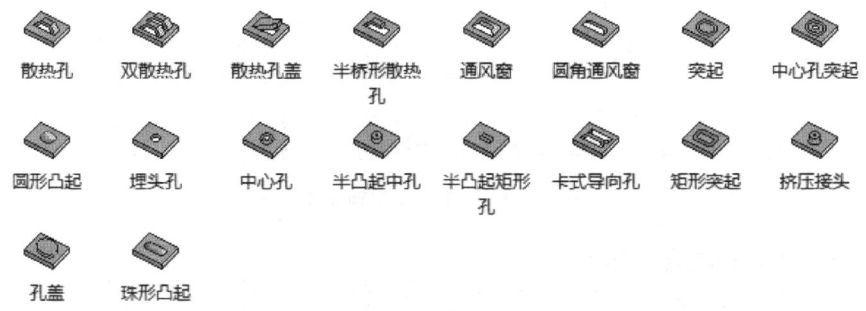

图6-9 成型图素

● 型孔图素：型孔图素以蓝色图标显示，如图6-10所示，它们表示冲压加工的冲孔或落料。

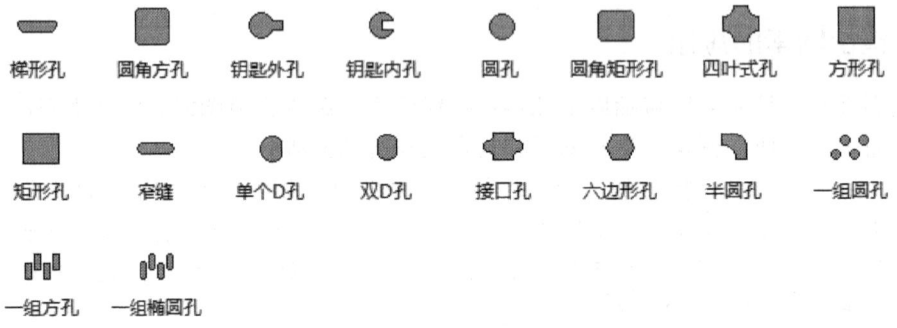

梯形孔　　圆角方孔　　钥匙外孔　　钥匙内孔　　圆孔　　圆角矩形孔　　四叶式孔　　方形孔

矩形孔　　窄缝　　单个D孔　　双D孔　　接口孔　　六边形孔　　半圆孔　　一组圆孔

一组方孔　　一组椭圆孔

图 6-10　型孔图素

- 自定义轮廓图素：显示为一个深蓝色图标，如图 6-11 所示，自定义轮廓图素释放到某个零件或板料图素上后，其轮廓即可由用户编辑。

自定义轮廓　自定义冲压

图 6-11　自定义轮廓图素

利用 CAXA 实体设计，可把钣金件作为一个独立零件进行设计，也可把钣金件设计在已有零件的适当位置上。尽管总可以在以后把一个独立零件添加到现有零件上，但是，有时在适当位置设计往往更容易、更快，并且可利用相对于现有零件上参考的智能捕捉反馈进行精确尺寸设定。若要对独立零件进行精确编辑，就必须进入编辑对话框并输入合适的值。

6.1.3　钣金件属性

在零件编辑状态下右击钣金件任一点，在弹出的快捷菜单中选择"零件属性"命令，在弹出的"钣金件"对话框中选择"钣金"选项卡，其中各选项可定义钣金件的板料属性，如图 6-12 所示。

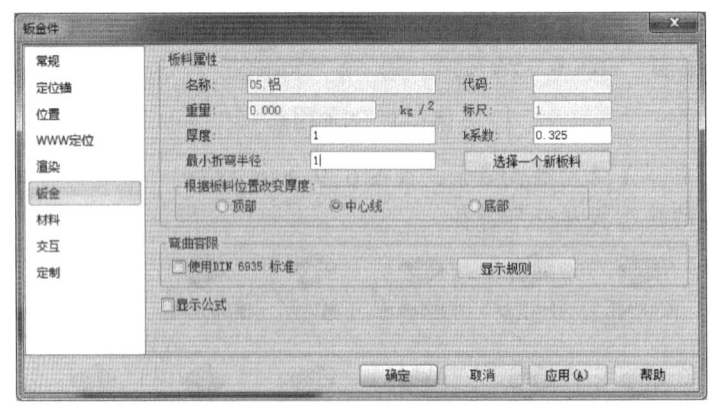

图 6-12　"钣金件"对话框

其中选项组中各选项含义如下。

- 名称：不可编辑的字段，其中显示的是当前的默认板料类型。
- 重量：本字段中可输入选定钣金件需要的重量。
- 厚度：本字段显示的是与当前默认板料类型相关的厚度。
- 最小折弯半径：本字段中输入的数值为当前钣金件需要采用的最小折弯半径。它只适用于已指定采用最小折弯半径作半径定义方法的弯曲。

- 代码：不可编辑字段，显示的是当前默认板料类型的代码。
- 标尺：不可编辑字段，显示的是当前默认板料类型的相关标尺。
- K 系数：本字段中输入希望用于选定钣金件的板料的 K 系数。
- 选择一个新板料：单击此按钮，可显示出"选择板料"对话框，以浏览并指定选定钣金件的替代板料类型。
- 使用 DIN 6935 标准：此选项可指定选定钣金件采用 DIN 6935 折弯容限标准。
- 显示规则：单击此按钮，可显示 CAXA 实体设计用以计算折弯容限的公式。

6.2 钣金件设计

在 CAXA 实体设计 2016 中，可把钣金件作为一个独立零件进行设计，即在开始设计阶段，先把标准智能图素拖放到钣金件的设计环境中以生成最初的设计，然后利用可视化编辑方法和精确编辑方法对钣金件进行自定义和精确设计。

尽管可以在后面的设计流程中把一个独立零件添加到现有零件上，但是有时在适当位置设计往往更容易、更快，其中可利用相对于现有零件上参考点的智能捕捉反馈进行精确尺寸设定。若要对独立零件进行精确编辑，就必须进入编辑对话框并输入合适的值。选择最能满足对钣金件设计的特殊需求的方法。

设计开始时，应先把标准的智能图素拖放到钣金件的设计环境中，生成最初的设计。基本零件定义完成后，可以利用可视化编辑方法和精确编辑方法对零件进行自定义和精制。

6.2.1 板料图素

CAXA 实体设计 2016 提供的基本板料图素有 ▱（板料）和 ▰（弯曲板料）。

以平直板料图素为例，其操作步骤如下。

【例 6-1】板料图素操作实例。

❶ 从钣金件设计元素库中单击灰色"板料"图素，然后把它拖拉到设计环境后松开。基础平面板料图素将出现在设计环境中并成为钣金件设计的基础图素，如图 6-13 所示。

❷ 如果必须重新设定图素的尺寸，则应在智能图素编辑状态选定该图素。

图 6-13 平面板料图素

📖 默认状态下，板料图素的图素轮廓手柄处于激活状态。在把光标移动到某条边的中心之前，图素轮廓手柄不会显示在图素上。若要显示板料图素的包围盒手柄，可在"手柄开关"上单击或在图素上右击，从弹出的快捷菜单中选择"显示编辑手柄"→"包围盒"命令。

---

❸ 按需要编辑平面板料图素。拖拉包围盒或图素手柄对图素进行可视化尺寸重设。若要精确地重新设置图素的尺寸，可在编辑手柄上右击并分别从弹出的快捷菜单中选择"编辑包围盒"或"编辑距离"命令，编辑可用的值，然后单击"确定"按钮，如图 6-14 所示。

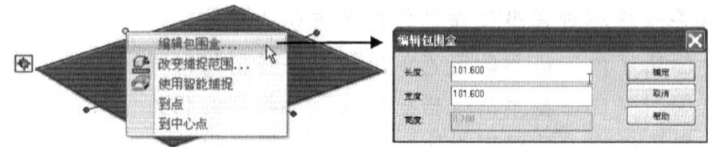

图 6-14 编辑平面板料图素

📖 **注意**: 图素手柄仅在扁平面板料图素上可用,而在弯曲板料图素上不可用。

6.2.2 圆锥板料图素

圆锥板料图素图标则只有 🔺 (圆锥板料)。在某些设计场合下需要将圆锥板料作为基础板料图素,其操作步骤如下。

【**例 6-2**】圆锥板料图素操作实例。

❶ 从钣金件设计元素库中单击灰色"圆锥板料"图素,然后把它拖拉到设计环境后松开。圆锥板料图素将出现在设计环境中并成为钣金件设计的基础图素,如图 6-15 所示。

❷ 利用其相应的智能因素手柄可以调整高度、上下部的半径以及旋转半径等。右击圆锥板料,并从弹出的快捷菜单中选择"智能图素性质"命令,打开如图 6-16 所示的"圆锥钣金图素"对话框,切换至"圆锥属性"选项卡,从中可以指定顶部锥形相关的内部、外部及中间半径,可以指定底部锥形相关的内部、外

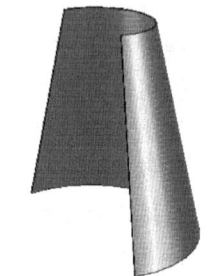

图 6-15 圆锥板料图素

部及中间半径,也可以在图素的中间指定锥形的高度,还可以指定锥形钣金的旋转角度。

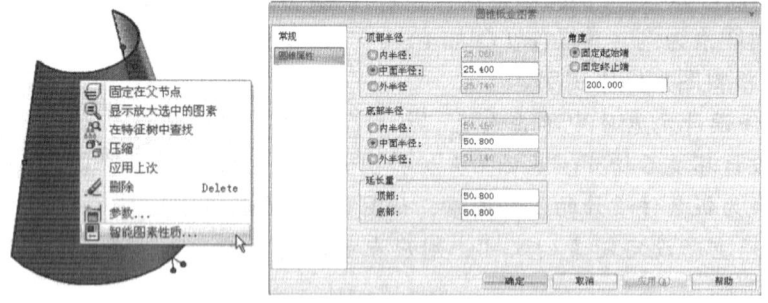

图 6-16 "圆锥钣金图素"对话框

其中"圆锥钣金图素"对话框中各按钮的功能如下。

- 顶部半径:用这些选项,可以指定顶部锥形相关的内部、外部及中间的半径。
- 底部半径:用这些选项,可以指定底部锥形相关的内部、外部及中间的半径。
- 延长量:可在图素的中间指定锥形图素的高度。
- 角度:可以指定锥形钣金的旋转角度。

6.2.3 添加板料图素

生成钣金件的第一步是把一个基础图素拖放到设计环境中作为设计的基础,然后按需要

添加其他图素，从而生成需要的基本零件。

CAXA 实体设计的添加板料图素允许把扁平板料添加到已有钣金件设计中。"添加板料"将自动设定尺寸，使图素在添加载体边沿的宽度或长度匹配。

【例6-3】添加板料操作实例。

❶ 在板料的基础上，从钣金件元素库中选择"添加板料"图素，并把它拖拉到添加表面的一条边上，直至该边上显示出一个绿色的智能捕捉显示区。该显示区一旦出现，即可松开"添加板料"图素，并可按照前面方式进行尺寸重设，如图6-17所示。

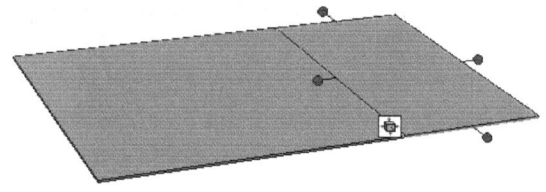

图6-17 添加板料

❷ 在智能图素编辑状态，右击弯曲板料图素并从弹出的快捷菜单中选择"编辑草图截面"命令，如图6-18所示。

❸ 从"二维绘图"工具条上单击"样条曲线"和"Delete"按钮，编辑弯曲图素的轮廓，如图6-19所示，单击"完成"按钮，结果如图6-20所示。

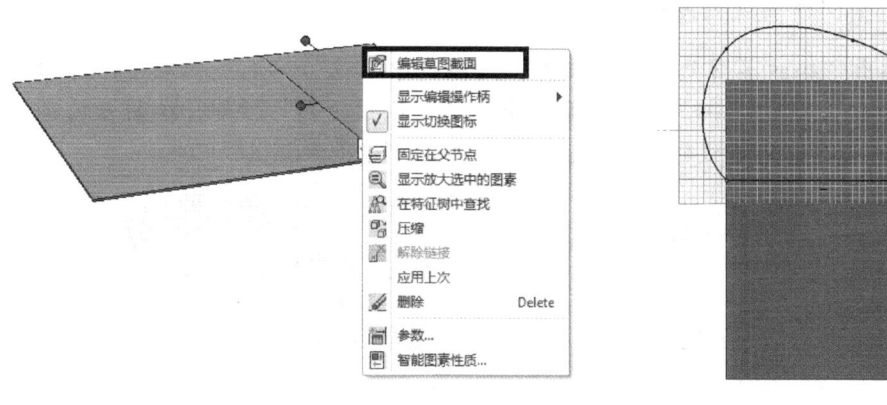

图6-18 编辑草图截面　　　　　　　　　图6-19 绘制草图截面

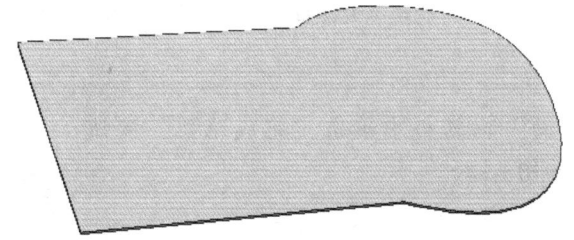

图6-20 编辑添加板料

在基础板料图素上也可以添加弯板，其步骤如下。

【例6-4】添加弯板操作实例。

步骤1 创建基础板料。

❶ 单击"新建"按钮 ，在弹出的"新建"对话框中选择"设计"，单击"确定"按钮；在弹出的"新的设计环境"对话框中选择"白色"（公制），单击"确定"按钮。

❷ 在钣金元素库中拖曳"板料"图素至设计环境中，采用默认尺寸，如图 6-21 所示。

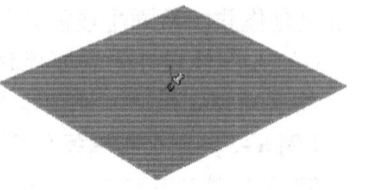

图 6-21　板料

步骤2 添加板料。

❶ 将"钣金"设计元素库中的"添加弯板"图素 拖放到板料图素的指定边上，如图 6-22 所示。

❷ 在智能图素编辑状态，右击弯板图素，如图 6-23 所示，然后从弹出的快捷菜单中选择"编辑草图截面"命令。

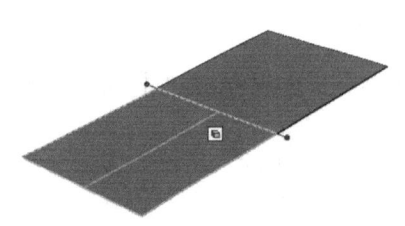

图 6-22　添加弯板图素

图 6-23　右击弯板图素

❸ 系统弹出"编辑草图截面"对话框，选择"中心线"单选按钮定义轮廓位置，如图 6-24 所示。在"草图"→"绘制"面板中单击"连续轮廓"按钮，绘制并编辑弯曲图素的轮廓（可删除原来的直线轮廓），完成效果如图 6-25 所示。

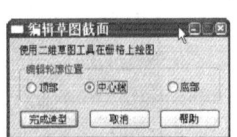

图 6-24　"编辑草图截面"对话框

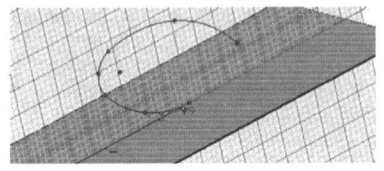

图 6-25　编辑弯曲图素的轮廓

📖 "连续圆弧"工具生成要求对钣金件构建有效的相切截面曲线。可采用其他工具生成截面；但是，它们不会自动生成相切条件。

❹ 在"编辑草图截面"对话框中单击"完成造型"按钮即可，完成的弯板效果如图 6-26 所示。

步骤3 保存文件

❶ 单击工具栏中的"保存"按钮 。

❷ 在弹出的"另存为"对话框中，输入文件名，单击"保存"按钮，完成当前文件的保存。

图 6-26　完成的弯板效果

在弯板图素上右击，在弹出的快捷菜单中选择"智能图素属性"命令，在弹出的"钣金折弯毛坯特征"对话框中设置弯板图素有关属性，如图 6-27 所示。

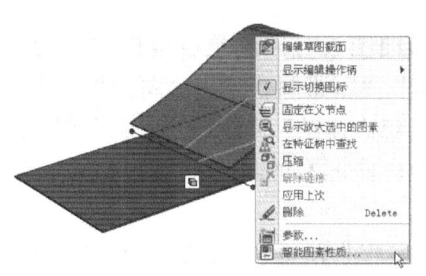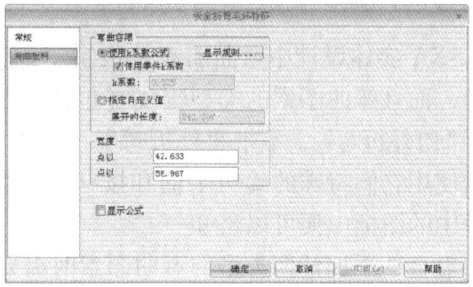

图 6-27　弯曲板料属性

6.2.4　顶点图素

在 CAXA 实体设计钣金件设计元素中，有两种处于可用状态的顶点智能图素：顶点倒圆角和顶点倒角。这些图素用于添加到扁平板料的直角上，以生成倒圆或倒角后的角，它可以智能地在角的内侧作增料处理而在角的外侧则作除料处理。两者的操作方法类似，都是从钣金设计元素库中将相应的顶点图素拖放到设计环境中钣金件的顶点处释放即可，并可以使用相应的手柄来对其进行可视化或精确编辑。

【例 6-5】顶点过渡操作实例。

❶ 从钣金件设计元素库中单击灰色"板料"图素，然后把它拖拉到设计环境后松开，在板料上右击，在弹出的快捷菜单中选择"零件属性"命令，编辑钣金件的厚度，如图 6-28 所示。

❷ 从钣金件设计元素库中拖动"顶点过渡"图素至其中一个顶点处释放，如图 6-29 所示。

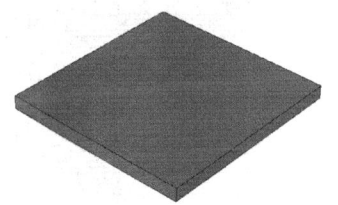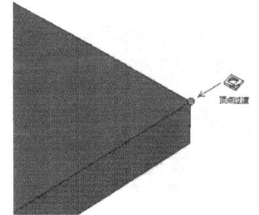

图 6-28　添加板料　　　　　　　图 6-29　拖动顶点过渡至钣金件

❸ 在屏幕空白处单击，结果如图 6-30 所示。

❹ 采用同样的方法和步骤可以添加顶点倒角，如图 6-31 所示。

图 6-30　顶点过渡　　　　　　　图 6-31　添加顶点倒角

6.2.5 弯曲图素

在 CAXA 实体设计中弯曲图素是很实用的，弯曲图素可以满足钣金件常见的一些特定设计要求，而且弯曲图素的类型较多（包括"折弯""不带料折弯""向内折弯""不带料内折弯""向外折弯""不带料外折弯""卷边""弯边连结"和"无补偿折弯"），在设计时还可以使用它们特殊的编辑手柄和按钮等。各种弯曲图素的特点，从它们在"钣金"设计元素库中的图标中便可以略知一二。

在向钣金件添加任何类型的弯曲图素时需要考虑弯曲方向。在 CAXA 实体设计 2016 中，可以使用智能捕捉反馈的操作技巧来指定弯曲图素的弯曲方向：将所需类型的弯曲图素从"钣金"设计元素库中拖出，在设计环境中已有板料相应曲面上面部分的边线处拖动图素，直到该边出现一个绿色智能捕捉提示，然后释放鼠标，即可添加一个向上的弯曲。如果在已有板料相应曲面下面部分的边线处拖动图素，直到该边出现一个绿色智能捕捉提示时释放鼠标，则在该边处添加一个向下的弯曲。

【例 6-6】不带料折弯操作实例。

❶ 从钣金件设计元素库中单击灰色"板料"图素，然后把它拖拉到设计环境后松开，在板料上右击，在弹出的快捷菜单中选择"零件属性"命令，编辑钣金件的厚度，如图 6-32 所示。

图 6-32 添加板料

❷ 从钣金件设计元素库中拖动"不带料折弯"图素至图 6-33 所示中的其中一个棱边处释放，结果如图 6-34 所示。

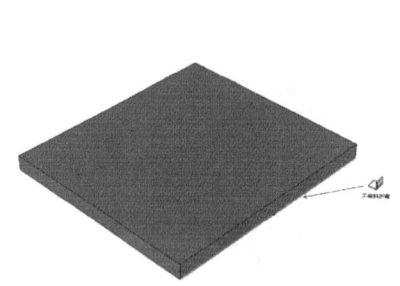

图 6-33 拖动不带料折弯至钣金件

图 6-34 不带料折弯

📖 提示：绿色智能捕捉提示位于哪一边，添加的弯曲图素就偏向于哪一边弯曲（一般情况下）。

6.2.6 成型图素

成型图素以绿色图标显示，代表通过生产过程中的压力成形操作产生的典型板料变形特征。成型图素添加到钣金件上后，将使现有板料变形，其作用是对已有板料或弯曲图素进行除料操作。

【例 6-7】散热孔盖操作实例。

❶ 从钣金件设计元素库中单击灰色"板料"图素，然后把它拖拉到设计环境后松开，

如图 6-35 所示。

❷ 从钣金件设计元素库中拖动"散热孔盖"图素 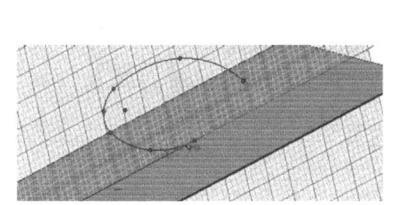 至板料上表面处释放，如图 6-36 所示。

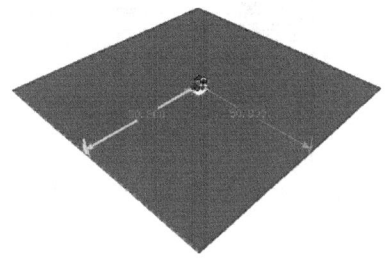

图 6-35　添加板料　　　　　　图 6-36　添加散热孔盖至钣金件

❸ 单击散热孔盖的定位尺寸，弹出"编辑智能标注"对话框，可以编辑散热孔盖的定位尺寸，如图 6-37 所示。

❹ 在散热孔盖图素编辑状态右击，并从弹出的快捷菜单中选择"加工属性"命令，如图 6-38 所示。在"形状属性"对话框的底部，在相应字段输入其他值来对某个图素进行定义。

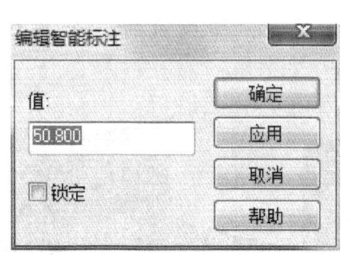

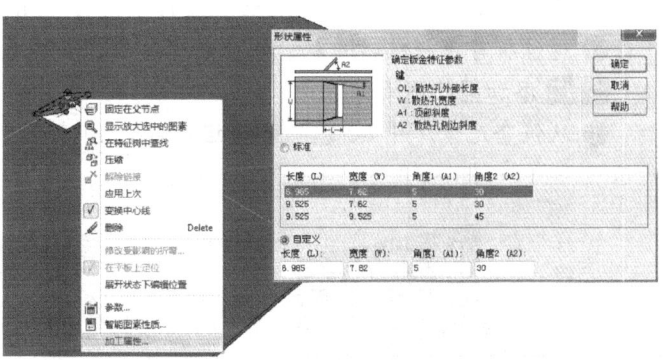

图 6-37　"编辑智能标注"对话框　　　　图 6-38　加工属性表

📖 提示：自定义成型图素一旦生成并应用，编辑按钮就会被禁止，直至从"形状属性"列表再次选定某个默认尺寸。

---

❺ 单击"确定"按钮即可把输入值应用到图素中，结果如图 6-39 所示。

如果其中有任何一种设计添加到钣金件图素上，约束条件将自动显示出来，默认显示在新图素和添加该设计的图素上最近的两条边上。若要禁止显示，可选择"工具"→"选项"命令，选择"钣金"选项卡，并从右下角的"约束"选项组中取消选中"生成冲孔并且形成约束"复选框，如图 6-40 所示。

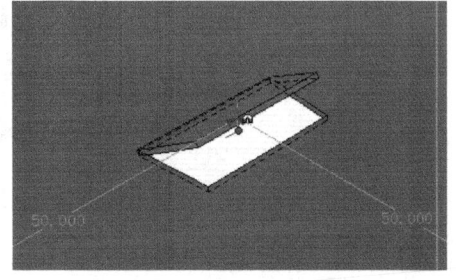

图 6-39　散热孔盖

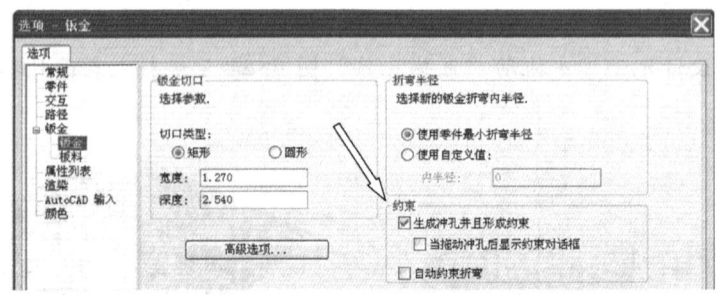

图 6-40　钣金约束

6.2.7　型孔图素

型孔图素以蓝色图标显示,它们代表除料冲孔在板料上生产的型孔。将型孔图素添加至板料图素的操作要点同成型图素类似。

【例 6-8】添加型孔图素操作实例。

步骤1 形成弯板。

❶ 在钣金元素库中拖曳"板料"图素至设计环境中。

❷ 将"添加弯板"图素拖放至"板料"图素一侧,待出现绿色亮显后,释放鼠标。

❸ 通过折弯半径编辑手柄,调整折弯半径,如图 6-41 所示。

步骤2 添加型孔图素。

❶ 从钣金元素库中拖曳"圆角矩形孔"图素至弯板折弯处,释放鼠标,如图 6-42所示。

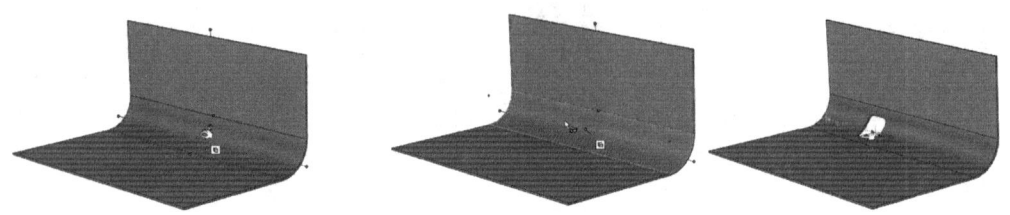

图 6-41　编辑板料图素包围盒　　　　　图 6-42　添加型孔图素

❷ 可使用三维球工具重新对型孔图素进行定位,如图 6-43 所示。

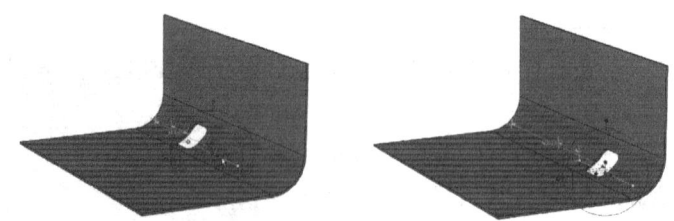

图 6-43　利用三维球调整型孔图素位置

❸ 将鼠标指针置于相应的智能图素尺寸上右击,从弹出的快捷菜单中选择"编辑所有智能尺寸"命令,打开"编辑所有智能尺寸"对话框,从中修改所有智能尺寸,如图 6-44所示。

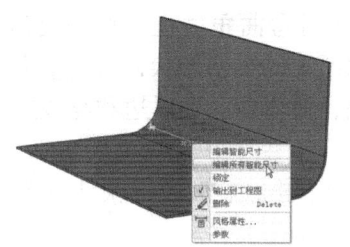

图 6-44　编辑所有智能尺寸

❹ 右击型孔图素三角箭头，从弹出的快捷菜单中选择"加工属性"命令，在弹出的"冲孔属性"对话框中修改钣金特征参数，如图 6-45 所示。

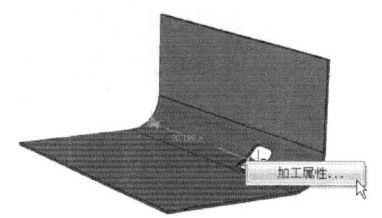
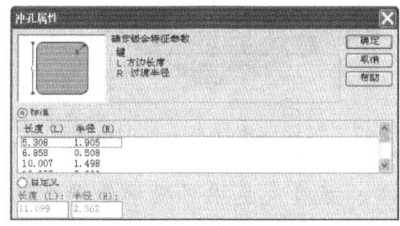

图 6-45　冲孔属性

型孔图素可相对于弯曲/曲面图素展开状态或相对于其扁平状态定位在弯曲/曲面图素上。若要改变当前的默认定位操作特征，应选择"工具"→"选项"→"钣金"命令。单击"高级选项"按钮，并在"冲孔定位模式"下选中或取消"折弯处冲孔相对平板定位"复选框，单击"确定"按钮，然后再次单击"确定"按钮退出。新加型孔图素将采用新指定状态定位，如图 6-46 所示。

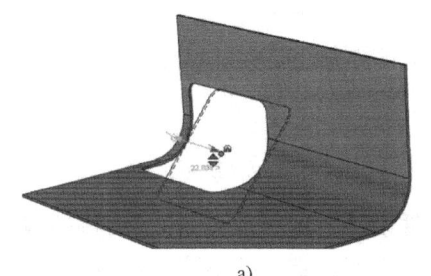
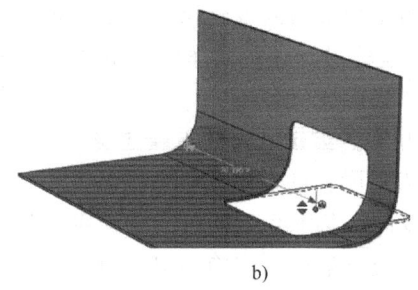

a)　　　　　　　　　　　　　　　　b)

图 6-46　型孔图素定位模式

a）相对于展开状态定位　b）相对于平滑状态定位

6.2.8　钣金件的编辑工具

在钣金件设计中，智能图素和零件同样可以使用包围盒编辑手柄、手柄开关等，但它们的可用性和功能不同于 CAXA 实体设计零件设计的其他部分。

1. 零件编辑状态的编辑手柄

零件编辑手柄仅可用于包含弯曲图素的零件。它们仅在零件编辑状态被选定并且光标定位在弯曲图素上时显示。方形标记为弯曲角度调整手柄，球形标记为移动弯曲编辑手柄。其中一套手柄在弯曲连接扁平板料的各个端点处，如图 6-47 所示。

其中，角度编辑手柄（方形标记手柄）用于对弯曲角度进行可视化编辑，其方法是：把光标移动到相应的手柄，直至光标变成带双向圆弧的小手形状，然后单击并拖动鼠标，以得到大致符合要求的角度处。拖拉方形编辑手柄，使弯曲的关联边和与该边相连的无约束图素一起重新定位，从而改变角度。

CAXA 实体设计还可以通过在方形标记手柄上右击，在弹出的快捷菜单中选择相应的命令，如图 6-48 所示。

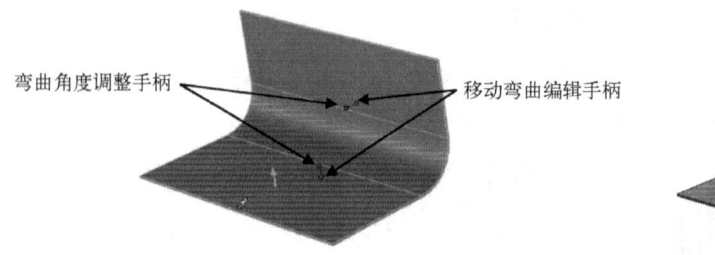
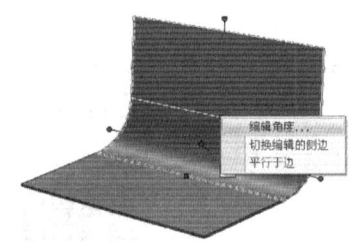

图 6-47　零件编辑状态下弯曲编辑手柄　　　　图 6-48　角度编辑手柄快捷菜单

- 编辑角度：选择此选项可精确地编辑弯曲图素与承载它扁平板料之间的角度。在"编辑角度"对话框输入相应的值，然后单击"确定"按钮。
- 切换编辑的侧边：利用此选项可把编辑手柄重新定位到弯曲图素另一表面上。
- 平行于边：选择此选项可使 CAXA 实体设计修改弯曲的角度，使弯曲与零件上的选定边平行对齐。

球形标记编辑手柄可用于弯曲图素相对于选定手柄的轴做可视化移动。在移动手柄编辑层移动光标，直至光标变成带双向箭头的小手形状，然后沿着手柄轴方向拖动光标，以移动弯曲图素。与弯曲图素相邻的平面板料随同调整到弯曲图素所在的位置，同时与弯曲图素另一边连接的无约束图素也会相应地重新定位。

CAXA 实体设计还提供访问编辑选项的方式，具体方法是在球形标记移动弯曲编辑手柄上右击，如图 6-49 所示。

2. 智能图素编辑状态的编辑工具

（1）板料图素的编辑手柄

形状设计和包围盒手柄可用于编辑板料钣金件设计，这两种类型的手柄通常都可用于板料图素的可视化编辑和精确编辑，对于钣金件设计而言，唯一的不同是：因已有钣金件厚度（高度）固定而导致高度包围盒手柄禁止，如图 6-50 所示。

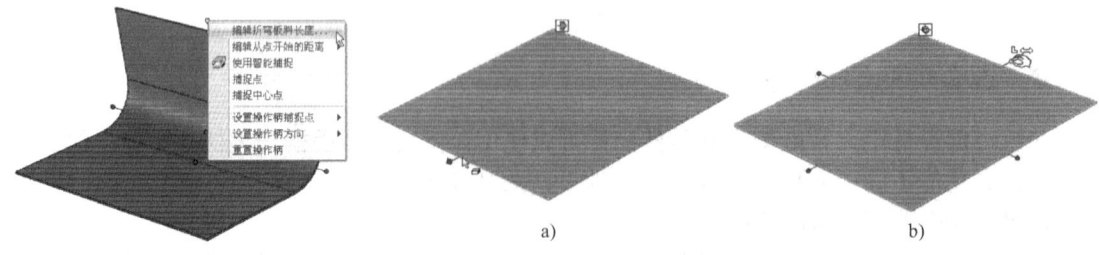

a)　　　　　　　　　　　　b)

图 6-49　移动弯曲手柄的　　　　图 6-50　两种状态的板料智能图素
　　　　　右键菜单　　　　　　　　a）形状设计　b）包围盒（高度被禁止）

（2）圆锥板料编辑手柄

锥形钣金板料图素可利用智能图素手柄调整高度、上下部的半径以及旋转半径，如图 6-51 所示。

- 可视化编辑：单击并拖动手柄。
- 精确化编辑：右击手柄，在编辑对话框中任何手柄输入精确的值，或者利用手柄单击参考其他精确的几何图形。

（3）顶点图素的编辑手柄

顶点钣金件图素可用图素和包围盒的手柄对顶点图素进行可视化编辑和精确编辑，其方式与扁平板料图素一样，如图 6-52 所示。

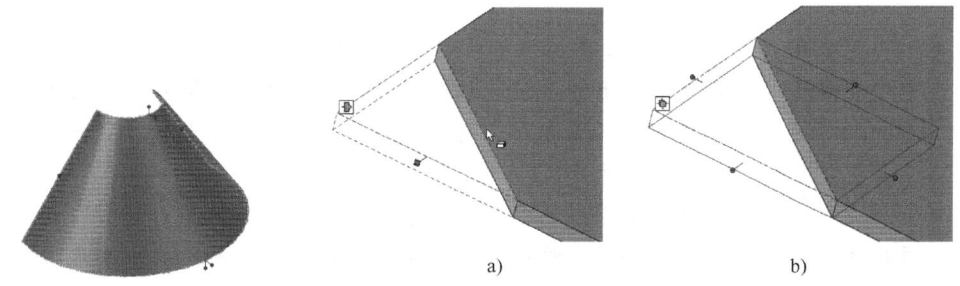

a)   b)

图 6-51　锥形板料编辑手柄　　　　图 6-52　两种状态下的顶点智能图素

a）图素　b）包围盒

（4）弯曲图素编辑手柄

默认状态下，弯曲的图素手柄在智能图素编辑状态出现，如图 6-53 所示。

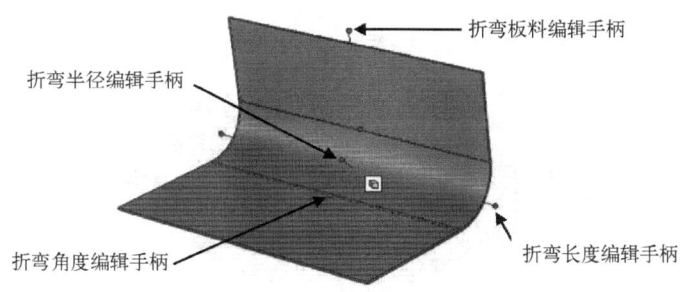

图 6-53　弯曲图素编辑手柄

- 折弯角度编辑手柄：方形标记手柄用于对弯曲角度进行可视化编辑。
- 折弯半径编辑手柄：球形半径编辑手柄可用于对弯曲半径进行可视化编辑。
- 折弯长度编辑手柄：球形手柄显示在弯曲图素的两端，可对弯曲图素的长度进行可视化编辑。
- 折弯板料编辑手柄：球形手柄显示在折弯板料的上表面，可对折弯板料的长度可视化编辑。

3. 折弯切口编辑工具

通过在实体折弯部分上右击，在弹出的快捷菜单中选择"显示编辑操作手柄"→"切口"命令，来显示切口编辑工具。之后，CAXA 实体设计就会显示出切口显示按钮和折弯角切口编辑手柄，如图 6-54 所示。

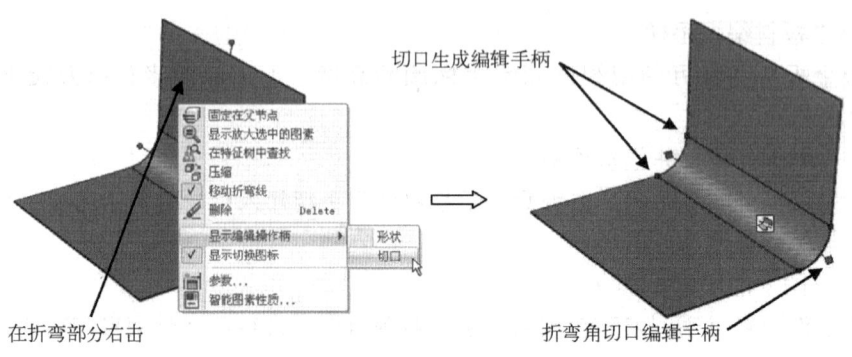

图 6-54　折弯切口编辑手柄

- 切口生成编辑手柄：CAXA 实体设计的切口生成编辑手柄的作用是让使用者选择是否在钣金件上生成切口。方形的按钮显示在弯曲两端与板料相接处，它们的默认状态为禁止。若要生成一个切口，应在相应的按钮上移动光标，直至光标变成一个指向手指加开关的图标，然后单击选定。
- 折弯角切口编辑手柄：棱形手柄在弯曲图素两端显示，可用于对其弯曲长度进行可视化增加或减小。只需在手柄上移动光标至光标变成带双向箭头的小手形状时单击并拖动，即可编辑弯曲长度。

4. 冲压模变形和型孔图素编辑按钮

CAXA 实体设计用上、下箭头键作为尺寸设置按钮来修改冲压模变形设计和冲压模钣金设计。利用这些按钮，可以为选定图素选择 CAXA 实体设计中包含的默认尺寸，如图 6-55 所示。

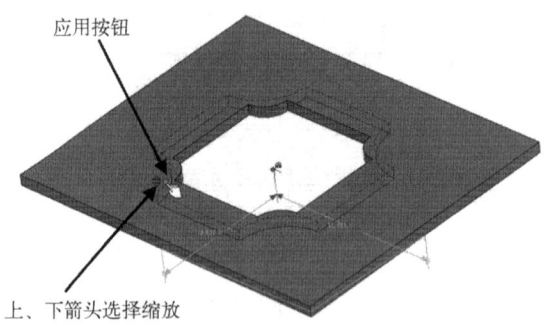

图 6-55　冲压模变形和冲压模编辑按钮

当在智能图素编辑状态选择冲压模变形或型孔图素时，会显示出上、下箭头键选择按钮。这些按钮在选定图素的相关工具表标记之间循环。红色箭头按钮表示该按钮处于激活状态，而图素的其他尺寸则可通过单击该按钮切换各选项来进行访问。灰显的箭头按钮表示该按钮处于禁止状态，单击该按钮不能访问任何选项。

6.3　钣金操作面板

CAXA 实体设计为方便操作提供了钣金操作的工具面板，如图 6-56 所示。包括钣金展开、还原、放样钣金、实体切割、成形工具、闭合角、斜接法兰和实体展开等命令。

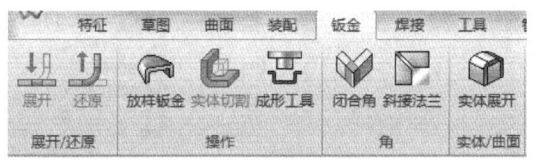

图 6-56　钣金操作面板

6.3.1　展开/还原钣金件

钣金件设计一经完成，其逻辑上的下一步操作应是生成零件的二维工程图。由于钣金件设计需要用于制造目的的展开工程图视图，为此 CAXA 实体设计提供了一个简单过程来展开已完成零件然后返回到它的弯曲状态。

【例6-9】展开/还原钣金件操作实例。

❶ 打开一个钣金件，如图 6-57 所示。

❷ 在零件编辑状态选定钣金件，从功能区"钣金"选项卡的"展开/还原"面板中单击"展开"按钮，钣金展开示例如图 6-58 所示。

❸ 在设计环境中选择处于展开状态的钣金件，在功能区"钣金"选项卡的"展开/还原"面板中单击"还原"按钮，恢复其原来的钣金效果，如图 6-59 所示。

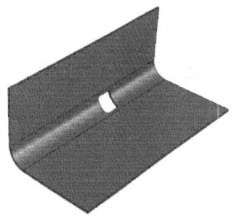

图 6-57　钣金件

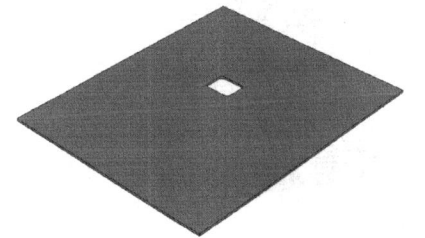

图 6-58　展开钣金件

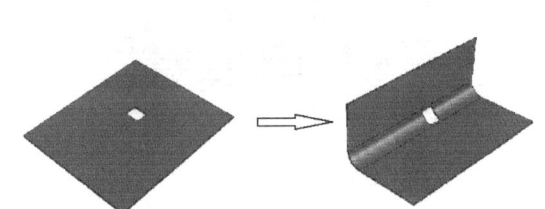

图 6-59　钣金还原

6.3.2　放样钣金

此功能可以使用放样功能生成钣金。

【例6-10】放样钣金操作实例。

❶ 通过"草图"→"二维草图"命令，分别在 X－Z 平面和与之平行的平面内绘制两个草图，如图 6-60 所示。

❷ 单击"钣金"功能面板中的"放样钣金"按钮，出现如图 6-61 所示的"放样钣金特征"属性管理器。属性管理器中各参数的含义如下。

● 选择草图：可以选择已有的草图或面。也可以单击创建新的草图用于这次放样操作。

● 钣金选项：选择生成的放样钣金相对于草图的位置。

● 板料选择：默认使用显示当前软件选定的板料，也可以单击"修改板料"进行更改。

❸ 在"选择草图"栏分别选择两条曲线，随即在设计环境中生成放样钣金，如图 6-62 所示。

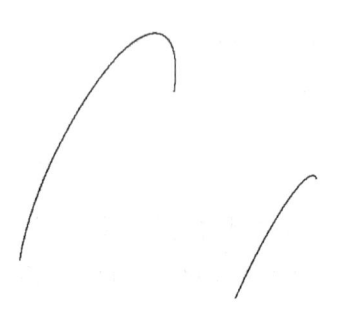

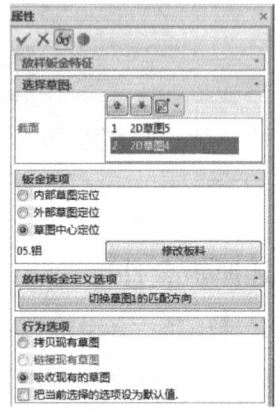

图 6-60　绘制两个草图　　　　　　图 6-61　"放样钣金特征"属性管理器

❹ 单击"完成"按钮 ✔，最终生成放样钣金，如图 6-63 所示。

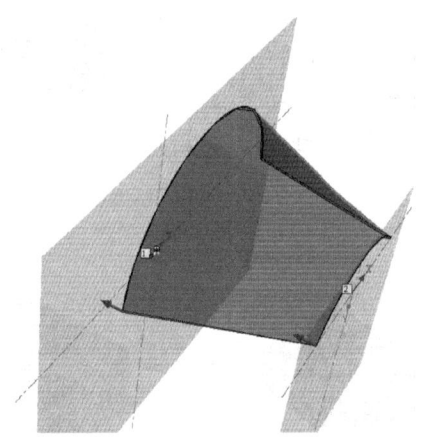

图 6-62　选择草图　　　　　　图 6-63　放样钣金

6.3.3　钣金件切割

CAXA 实体设计具有修剪展开状态下的钣金件的功能，并支持展开钣金件的精确自定义设计。要使用钣金切割工具，当前设计环境必须包含需要修剪的钣金件和其他用作切割图素的钣金件或标准图素。切割图素必须放置在钣金件中，完全延伸到需要切割的所有曲面上。

下面通过实例介绍钣金件切割工具的使用方法。

【例 6-11】钣金件切割操作实例。

步骤 1　添加钣金图素和切割图素。

❶ 在设计环境中构建一弯板造型，如图 6-64 所示。

❷ 拖曳"圆柱"图素至设计环境，利用操作手柄调整其尺寸，如图 6-65 所示。

❸ 利用三维球将切割图素放置在钣金件中，切割图素须完全延伸到需要切割的所有曲面上，如图 6-66 所示。

步骤 2　钣金切割。

❶ 选定需要修剪的钣金件，按住〈Shift〉键，然后选择切割图素。

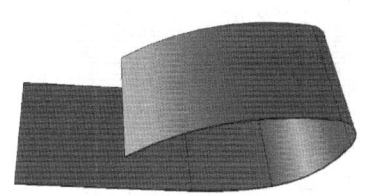

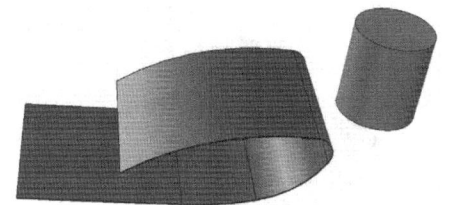

图 6-64　弯板造型　　　　　　　　图 6-65　添加圆柱体图素

❷ 从钣金功能面板或工具条中单击"实体切割"按钮，如图 6-67 所示。

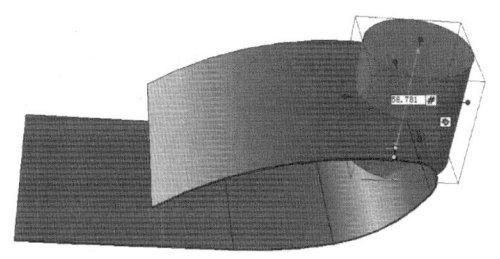

图 6-66　切割图素定位　　　　　　　　图 6-67　切割钣金件按钮

❸ 此时设计环境显示保持不变，但设计树中显示出钣金件上已经实施了一个切割操作。切割图素仍然保留在设计环境中，如图 6-68 所示。

❹ 选定切割图素，然后按〈Delete〉键删除。尽管切割图素（本例中零件 2）已被删除，但切割操作仍然保留，如图 6-69 所示。

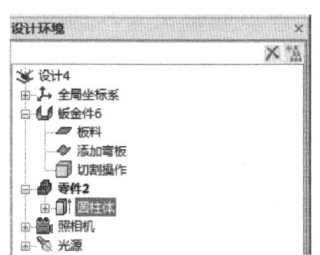

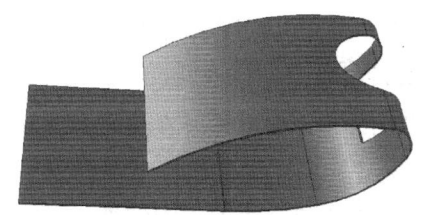

图 6-68　设计树增加切割操作　　　　　　图 6-69　切割操作后的钣金件

6.3.4　成形工具

用此功能可以定制冲头的形状并应用到钣金上。

【例 6-12】成型工具操作实例。

❶ 利用实体设计的设计工具生成冲头的形状，如图 6-70 所示。

❷ 单击"成形工具"按钮 🗝，左侧出现"成形工具"属性管理器，如图 6-71 所示。属性管理器中各参数的含义如下。

- 停止面：即冲压停止的面。
- 要移除的面：在冲压过程中去除的面，如果没有，此项可以空白。
- 相交边的过渡半径：指定数值后，可以自动地在冲压工具和板料相交的位置生成一个圆角过渡。

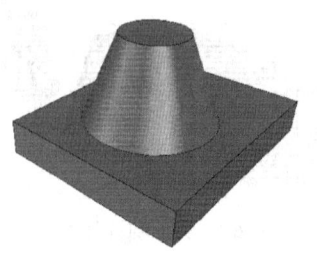

图 6-70　生成冲头实体形状　　　　图 6-71　"成形工具"属性管理器

- 偏置：和停止面的偏置距离。

❸ 选择平台上表面作为停止面，输入过渡半径为 10，偏置为 5，设置完成后单击"确定"按钮，生成一个冲压工具，拖放到钣金元素库中，如图 6-72 所示。

❹ 拖放一个板料到设计环境中，然后将成形工具从钣金元素库中拖放到该板料上，如图 6-73 所示。

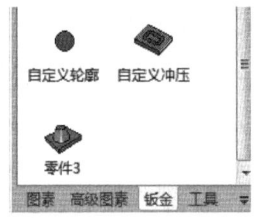
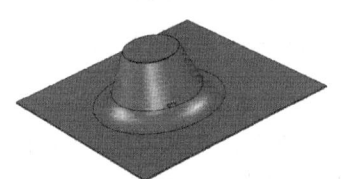

图 6-72　拖动冲头到钣金元素库　　　　图 6-73　钣金成形

❺ 要修改冲头的形状。可以选择该项，右击，在弹出的快捷菜单选择"编辑设计元素项"命令。

6.3.5　闭合角

钣金设计过程中经常需要在折弯钣金间增加封闭角，如果用手工的方式去处理不是一件容易的事。CAXA 实体设计在钣金中提供了一个钣金"闭合角"按钮，以提高钣金设计的效率。该功能支持斜角的封闭处理。

【例 6-13】钣金封闭角操作实例。

❶ 在设计环境中设计如图 6-74 所示钣金件。

❷ 单击"钣金"功能面板中"闭合角"按钮，打开如图 6-75 所示的属性管理器，在该属性管理器中提供了 3 个"角选项"按钮。

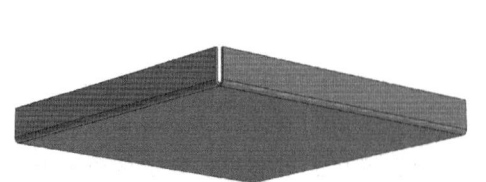

图 6-74　原始钣金件　　　　图 6-75　"闭合角"属性管理器

❸ 选择将要封闭的钣金的两个折弯处。

❹ 选择要角封闭的类型，如图 6-76 ~ 图 6-78 所示，分别是采用 3 种"角封闭"方式得到的效果。

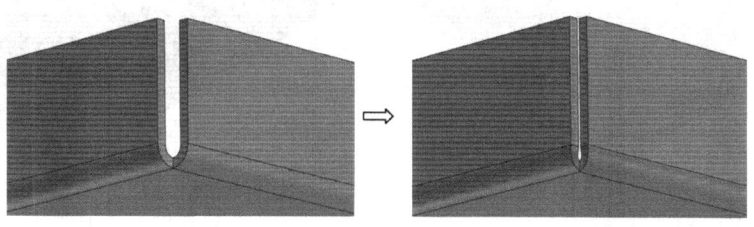

图 6-76　添加对接封闭角

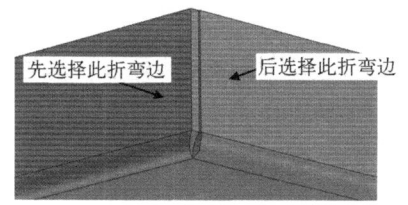

图 6-77　添加正向交叠封闭角

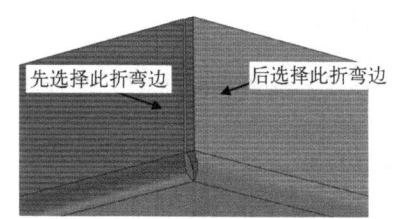

图 6-78　反向交叠封闭角

6.3.6　添加斜接法兰

使用"钣金"功能面板中的"斜接法兰"按钮 ，可以给选定的薄金属毛坯添加斜接法兰，实现多边同时折弯的效果。

【例 6-14】添加斜接法兰操作实例。

❶ 在新设计环境中添加一个基础板料以及一个"折弯"图素，如图 6-79 所示。

❷ 单击"钣金"功能面板中"斜接法兰"按钮 ，打开如图 6-80 所示的属性管理器。

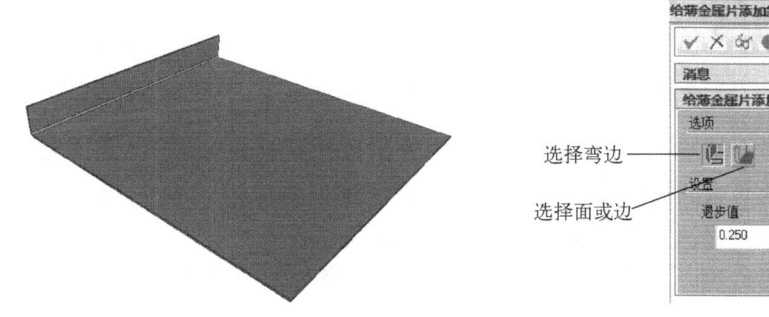

图 6-79　钣金件　　　　　　　图 6-80　"斜接法兰"属性管理器

❸ 按提示栏要求，单击折弯部分，接着在属性管理器中单击"选择边"按钮 ，系统提示"选择一个面或边，来生成斜接法兰"，此时可选择与折弯相邻的面或边，如图 6-81 所示。

❹ 在属性管理器中单击"完成"按钮 ，完成添加斜接法兰操作，如图 6-82 所示。

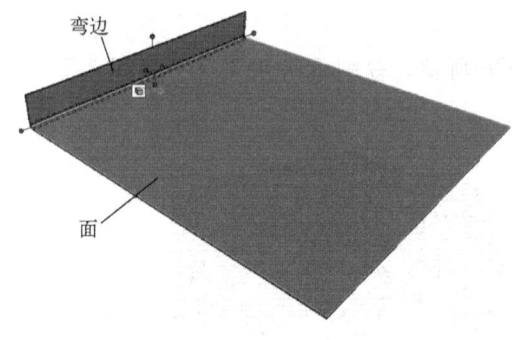

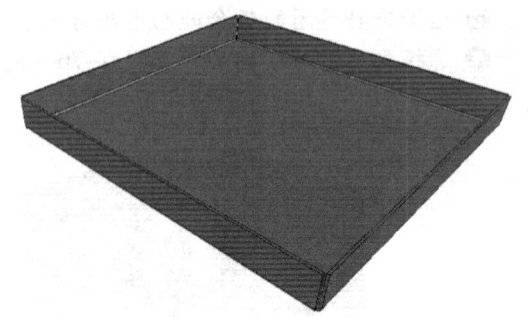

图 6-81　选择操作　　　　　　　　　图 6-82　添加斜接法兰

6.3.7　实体展开

单击"钣金"功能面板中的"实体展开"按钮 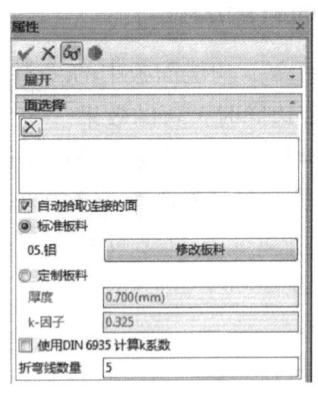，可以选择平的或可扩展的面来创建平板零件。

【例 6-15】实体展开操作实例。

❶ 在设计环境中设计如图 6-83 所示钣金件。

❷ 单击"钣金"功能面板中"实体展开"按钮，打开如图 6-84 所示的属性管理器。属性管理器中各参数的含义如下。

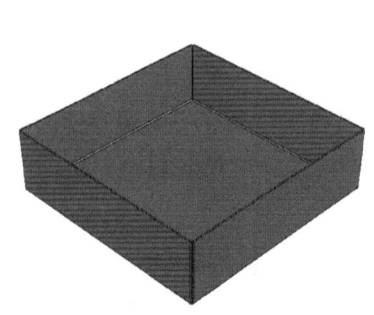

图 6-83　原始钣金件　　　　　图 6-84　"实体展开"属性管理器

- 面选择：选择要展开的面，可以在设计环境中选择，选择后面列表显示在下面的输入框中，选择错误的可以通过右击选择"删除"命令进行更改。
- 自动拾取连接的面：勾选此选项会自动拾取已选面的连接面。
- 标准板料：勾选此选项，则实体展开计算时根据的是软件目前选择的标准板料的参数进行计算。
- 定制板料：勾选此选项，则可以在下方定制展开计算时根据的板料参数。
- 厚度：板料的厚度。
- K-因子：指钣金折弯展开时依据的折弯系数。

❸ 依次拾取钣金的五个面，如图 6-85 所示。

❹ 在属性管理器中单击"完成"按钮 ✔，完成实体展开操作，如图 6-86 所示。

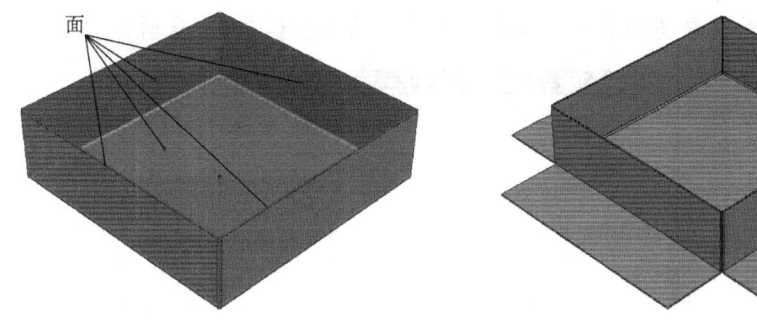

图 6-85　选择要展开的面　　　　　　　图 6-86　实体展开

6.4　综合实例：电源盒

使用孔特征、抽壳特征、圆角特征，制作如图 6-87 所示的电源盒模型。

完成该模型的基本过程如图 6-88 所示。

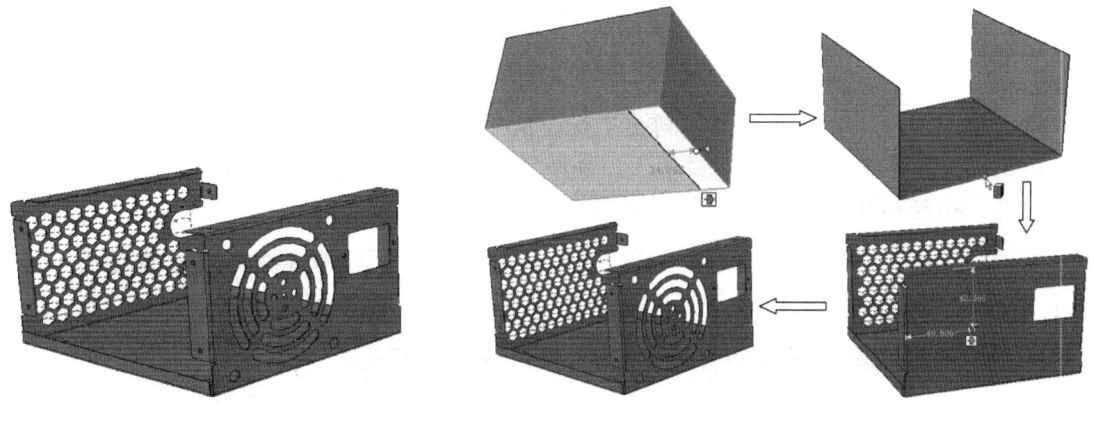

图 6-87　电源盒　　　　　　　　　　图 6-88　基本过程

⚒ 设计步骤

步骤1 构建电源盒外壳。

❶ 启动 CAXA 实体设计，进入三维设计环境。在设计元素库中拖曳"长方体"智能图素到设计环境中，按照如图 6-89 所示调整包围盒尺寸，生成的长方体作为钣金设计的参考零件。

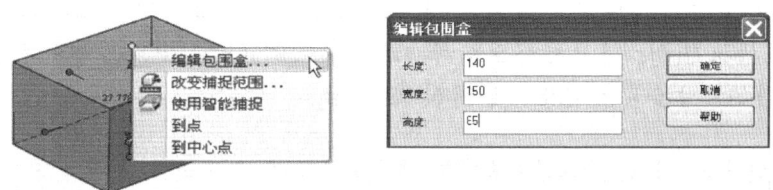

图 6-89　钣金设计参考零件

❷ 为钣金零件选择合适的板料。选择"工具"→"选项"命令，在弹出的"选项"对话框中选择"钣金"→"板料"选项卡，可看到其中列出了 CAXA 实体设计中所有可用的

钣金毛坯型号，定义板料的厚度和最小弯曲半径等特定属性，如图6-90所示。

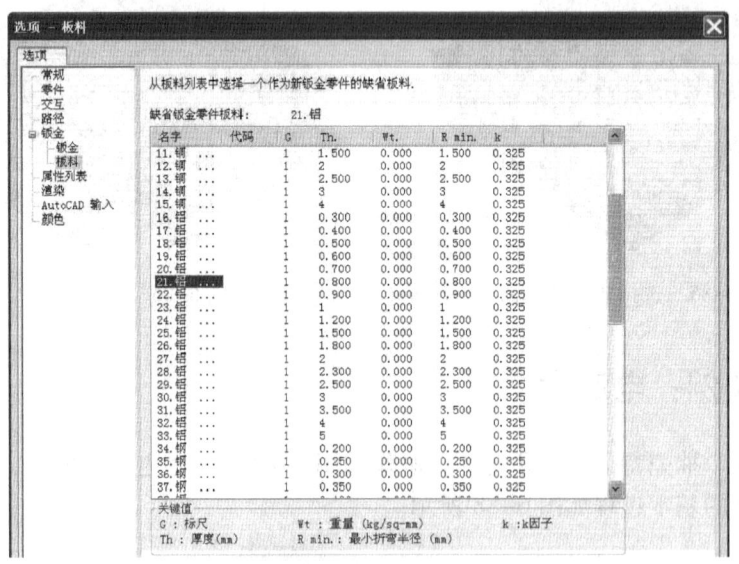

图6-90　选择板料

❸ 单击"钣金"选项卡，其中列出了钣金操作的默认值，这些设定值将作为新添弯曲元素的默认值。选择"设置"→"单位"命令，设置长度单位为mm（毫米）、角度单位为deg（度），如图6-91所示。

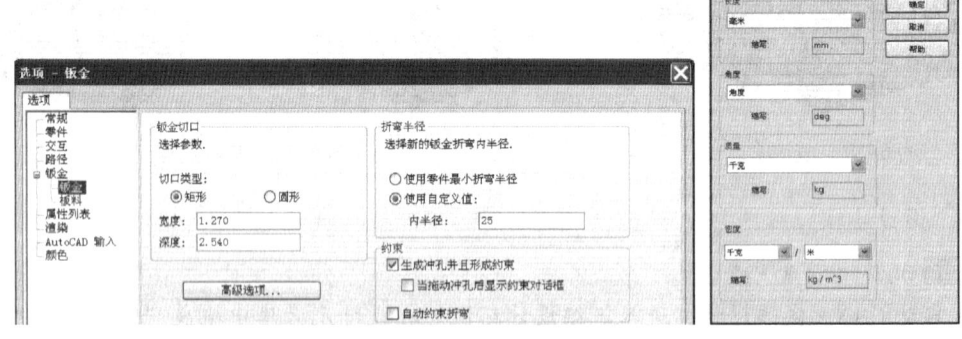

图6-91　定义属性标签

❹ 在钣金元素库中，拖曳"板料"图素到长方体底面上，单击几次板料图素，进入"形状设计"编辑状态🖱；将鼠标移至板料四边的中点位置时，出现方形红色手柄；按下左键并拖动，板料的尺寸会发生变化，如图6-92所示。

📖 提示：在实体设计中，可以直接通过拖放的方式编辑零件尺寸，而不必须设定尺寸值，这样就可以方便快捷地进行创新设计。这一特点，就是通过包围盒来实现的。包围盒的主要作用是调整零件的尺寸。将鼠标放置在操作手柄处，就会出现一个小手、双箭头和一个字母。字母表示此手柄调整的方向：L为长度方向，W为宽度方向，H为高度方向。

---

❺ 移动鼠标同时按住〈Shift〉键，使零件的编辑进入智能捕捉状态；将鼠标移至长方体的侧面位置，该特征位置绿色亮显，表示捕捉到特征表面；释放鼠标左键，板料的边自动与该面对齐；采用同样方法，使其他3条边与长方体侧面对齐，如图6-93所示。

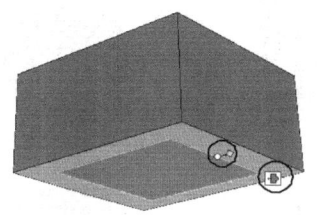

图6-92　加入板料

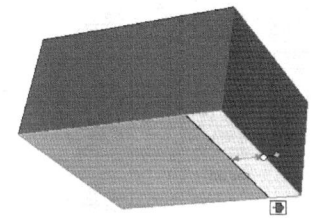

图6-93　编辑板料

❻ 激活三维球工具，移动长方体或板料，使两零件的底面对齐。在钣金元素库中，拖曳"向外折弯"智能图素到板料右侧面上边沿，在原板料上添加一个向上的"折弯"图素。在图素编辑状态下，将折弯部分向上拖曳，将折弯与长方体顶面平齐。操作过程如图6-94所示。

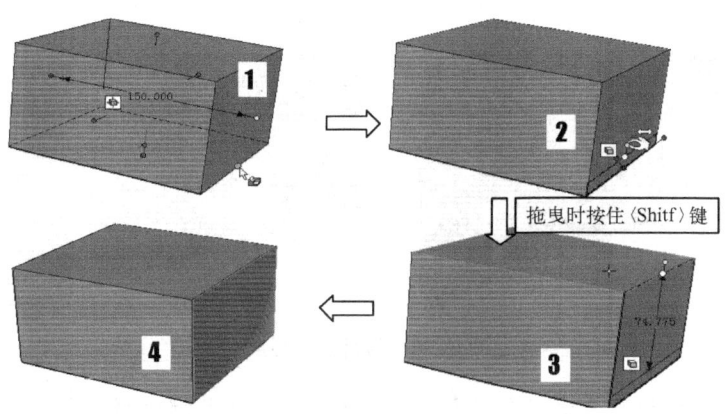

图6-94　加入板料

❼ 采用同样方法，使用"向外折弯"图素在板料的另一侧添加折弯，并拖曳折弯使其长方体顶面平齐。注意到钣金件的外侧面与长方体侧面是平齐的。单击长方体零件，进入其零件编辑状态。右击，在弹出的快捷菜单中选择"压缩"命令，将长方体零件压缩。

❽ 拖曳"向外弯曲"智能图素到板料侧面上边沿，待出现智能反馈后释放鼠标，在板料的该边界上添加折弯图素，操作过程如图6-95所示。

📖 提示：① 图素手柄仅在扁平面板料图素上可用，而在弯曲板料图素上不可用。

　　　　② 向外折弯，使折弯图素的外侧面与板料添加折弯的边界面平齐。

步骤2 编辑折弯图素。

❶ 在折弯图素顶部的编辑手柄上右击，在弹出的快捷菜单中选择"编辑从点开始的距离"命令，拾取钣金零件底部任一位置，弹出"编辑距离"对话框，输入数值"8"，单击"确定"按钮，使折弯到底面的距离为8。同样在该折弯对面添加折弯，并编辑折弯顶面与板料底面的距离为8，操作过程如图6-96所示。

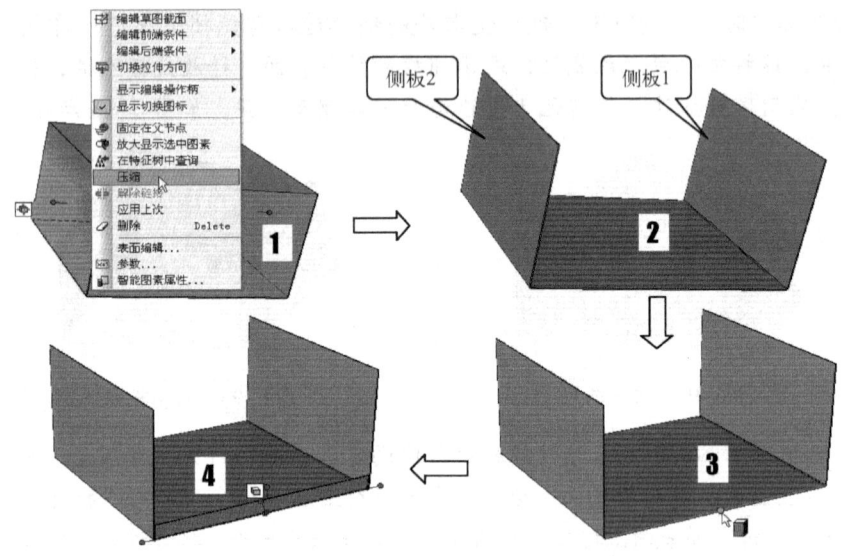

图 6-95　添加折弯图素

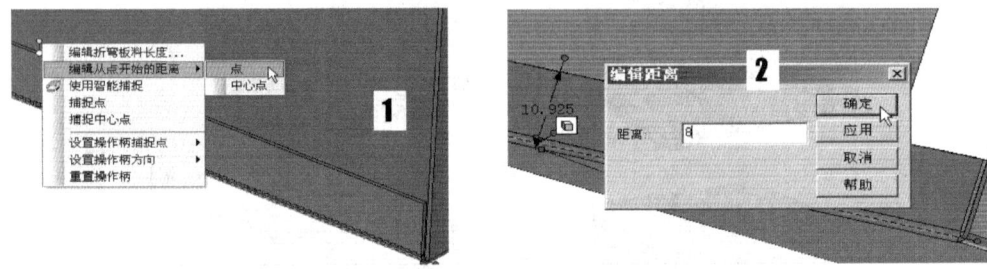

图 6-96　编辑折弯图素

❷ 调整侧板 1 的折弯长度。在图素编辑状态下，拖曳伸缩编辑手柄，同时按住〈Shift〉键，直至折弯 3 与底板的边界线绿色亮显时释放鼠标。再调整侧板 1 的另一侧折弯长度。采用同样方法，调整侧板 2 两侧的折弯长度，操作过程如图 6-97 所示。

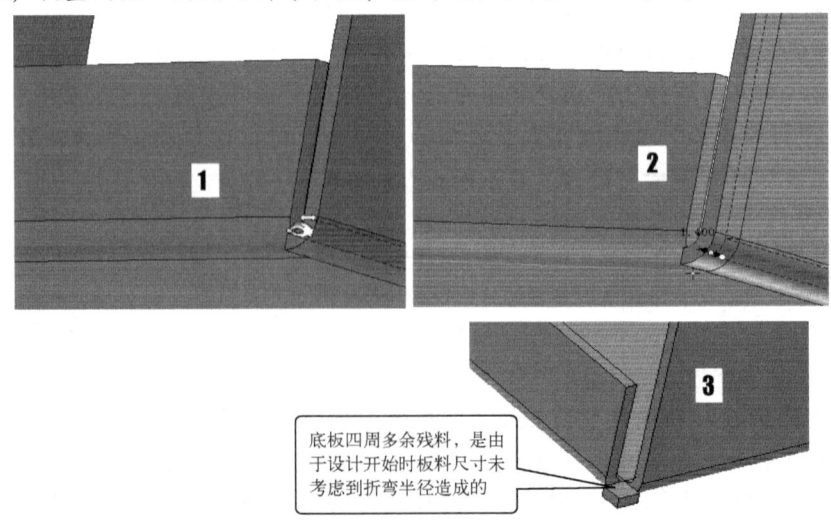

底板四周多余残料，是由于设计开始时板料尺寸未考虑到折弯半径造成的

图 6-97　调整侧板 1 的折弯长度

❸ 调整板料尺寸。单击板料使其处于图素编辑状态，拖曳其编辑手柄，同时按住〈Shift〉键，捕捉侧板边界线，出现绿色智能反馈后释放鼠标，采用同样方法，编辑另一侧板料尺寸，操作过程如图6-98所示。

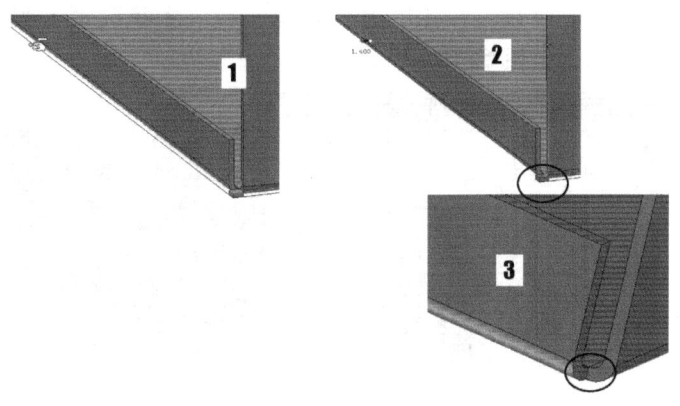

图6-98　调整板料尺寸

❹ 在钣金元素库中，拖曳"向外折弯"智能图素到侧板1顶面的内边界线上，待出现绿色智能反馈后释放鼠标。使用折弯图素的顶部编辑手柄，调整其到侧板1外侧面的距离为14，操作过程如图6-99所示。

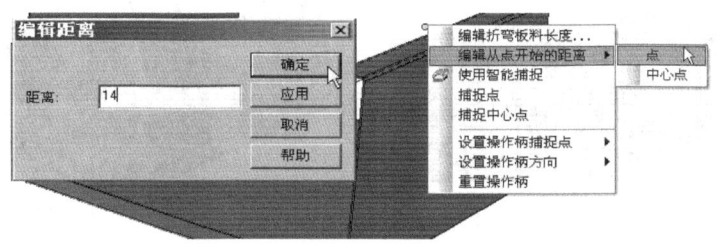

图6-99　添加向外折弯图素

❺ 在钣金元素库中，拖曳"无补偿折弯"智能图素到侧板2顶面的内侧边上，调整右侧编辑手柄到侧板前、后面的距离均为10。使用折弯图素的顶部手柄调整其到侧板外侧距离为14，如图6-100所示。

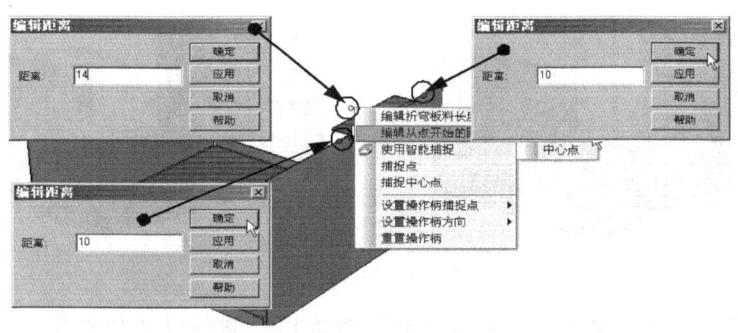

图6-100　添加无补偿折弯图素

步骤3 创建电源线槽。

❶ 在钣金元素库中，拖曳"矩形孔"智能图素到侧板2的任意位置，在出现的上箭头或下箭头处右击，在弹出的快捷菜单中选择"加工属性"命令。在弹出的"冲孔属性"对话框中单击"自定义"单选按钮，在其下的"长度"和"半径"文本框中分别输入"18""18"，单击"确定"按钮，如图6-101所示。

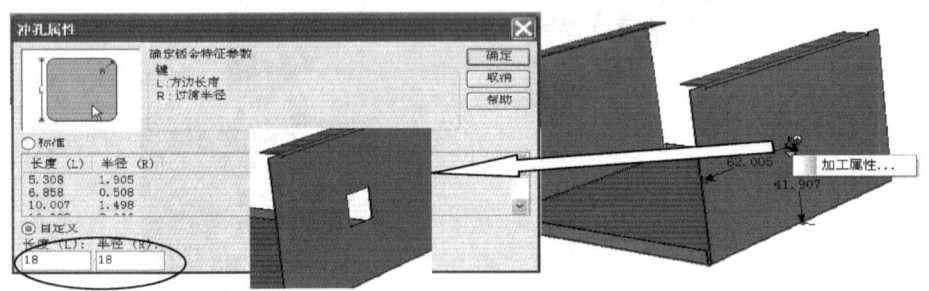

图 6-101　创建电源线槽

❷ 定义矩形孔。激活三维球工具，按〈Space〉键，三维球白色亮显，此时将三维球重定位于矩形孔左面中点。再次按〈Space〉键，三维球恢复，拾取图示捕捉定位点，将矩形孔正确定位。利用智能标注测量孔与边界的距离，操作过程如图6-102所示。

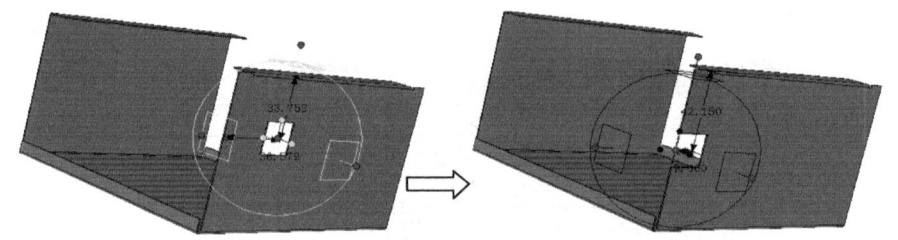

图 6-102　定义矩形孔

❸ 编辑矩形孔智能标注，调整其距离上侧面距离为35。在钣金元素库中，拖曳"圆形孔"智能图素到侧板2任一位置，在出现上箭头或下箭头上右击，在弹出的快捷菜单中选择"加工属性"命令，在弹出"冲孔属性"对话框中，单击"自定义"单选按钮，在"半径"文本框中输入"18"，依靠三维球将其定位到矩形孔右侧底面中点处，操作过程如图6-103所示。

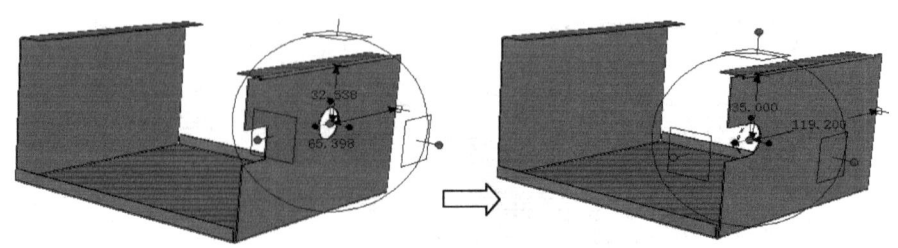

图 6-103　编辑矩形孔

❹ 在钣金元素库中，拖曳"无补偿折弯"智能图素到侧板2矩形孔上边内侧边上，调整其上编辑手柄到侧板顶面距离为10，调整其下编辑手柄到矩形孔上侧边距离为6。使用折弯图素的顶部手柄调整其到侧板外侧距离为14，如图6-104所示。

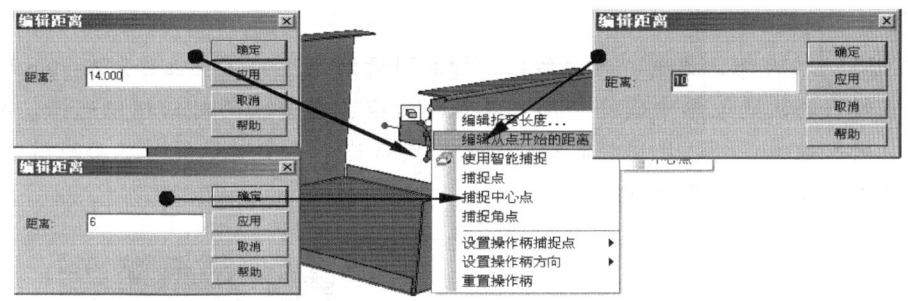

图 6-104　添加电源线槽上内侧无折弯图素

❺ 在钣金元素库中，拖曳"无补偿折弯"智能图素到侧板 2 矩形孔下边内侧边上，调整其上下编辑手柄到底板上表面距离分别为 28 和 18。使用折弯图素的顶部手柄调整其到侧板外侧距离为 14，如图 6-105 所示。

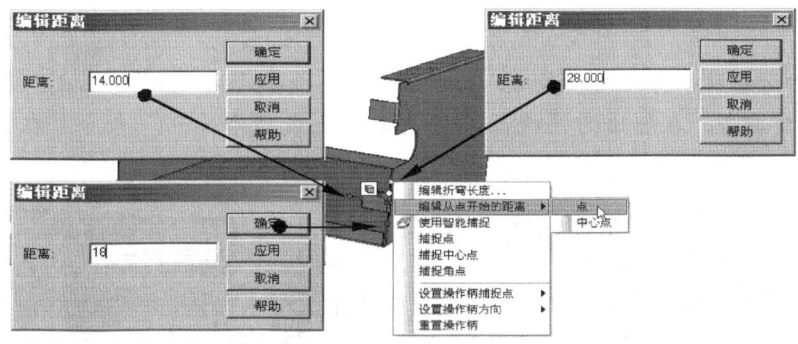

图 6-105　添加电源线槽下内侧无补偿折弯图素

❻ 在钣金元素库中，拖曳"无补偿折弯"智能图素到侧板 1 左内侧边上，调整其上下编辑手柄到侧板上表面、底板下表面距离分别为 10 和 18。使用折弯图素的顶部手柄调整其到侧板外侧距离为 14。同理，在侧板其他位置添加支承板，操作过程如图 6-106 所示。

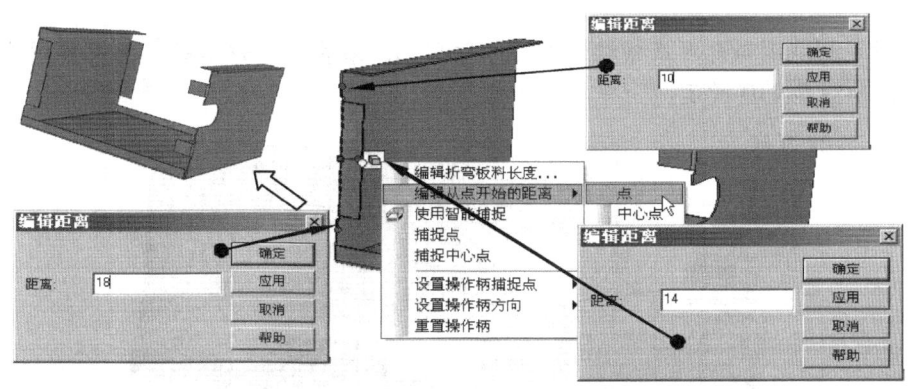

图 6-106　添加侧板 1 内侧无补偿折弯图素

❼ 钣金件基础造型完毕，单击钣金件，使其处于零件编辑状态，在特征树中的"钣金件"上右击，在弹出的快捷菜单中选择"展开"命令，生成钣金件展开图形，如图 6-107 所示。观察结束后，可在特征树中"钣金件"上右击，在弹出的快捷菜单中再次选择"展开"命令，则取消"展开"状态，回到钣金件零件状态。

步骤4 建立侧板散热孔。

❶ 在钣金元素库中，拖曳"六边形孔"智能图素到侧板的任一位置，在上下箭头按钮上右击，在弹出的快捷菜单中选择"加工属性"命令，在弹出的对话框中选择"自定义"单选按钮，输入数值"8"。使用智能标注尺寸，使六边形孔中心位置与底面距离为10，与侧面距离为10，如图6-108所示。

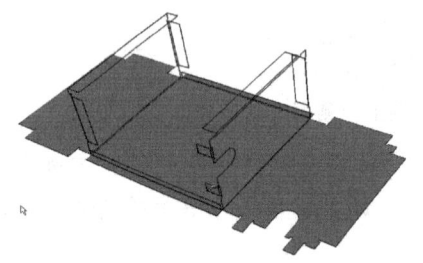

图6-107 钣金件展开

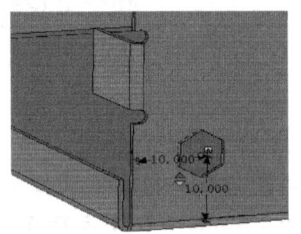

图6-108 设计散热孔

❷ 创建六边形孔矩形阵列。激活三维球工具，首先拾取点"A"，生成一条黄色线，然后在点"B"处右击，在弹出的快捷菜单中选择"生成矩形阵列"命令，在"矩形阵列"对话框中输入如图6-109所示数值，单击"确定"按钮，生成散热孔造型。

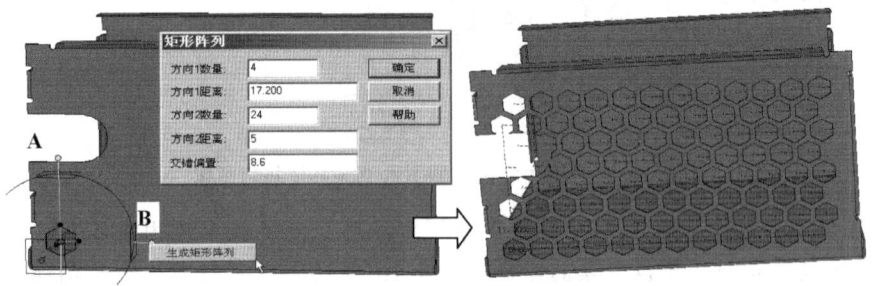

图6-109 添加散热孔矩形阵列

❸ 在设计树找到与电源线槽相干涉的六边形孔，右击，在弹出的快捷菜单中选择"压缩"命令，如图6-110所示。

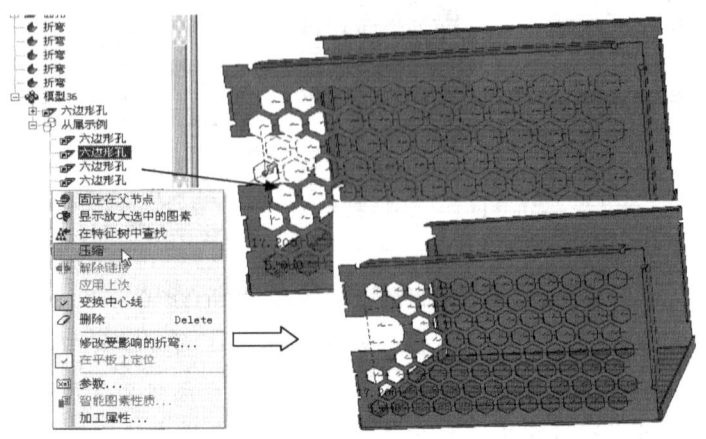

图6-110 删除干涉六边形孔

步骤5 创建电源座孔。

❶ 在钣金元素库中拖曳"圆角矩形孔"智能图素到侧板1，在上下箭头按钮上右击，在弹出的快捷菜单中选择"加工属性"命令，在弹出的"冲孔属性"对话框中选中"自定义"单选按钮，设置矩形孔的长度为24，宽度为33，倒角半径为2。

❷ 利用已有的智能标注定位型孔。编辑智能尺寸距离钣金件顶面和侧面尺寸分别为30和24，以便将型孔精确定位，操作过程如图6-111所示。

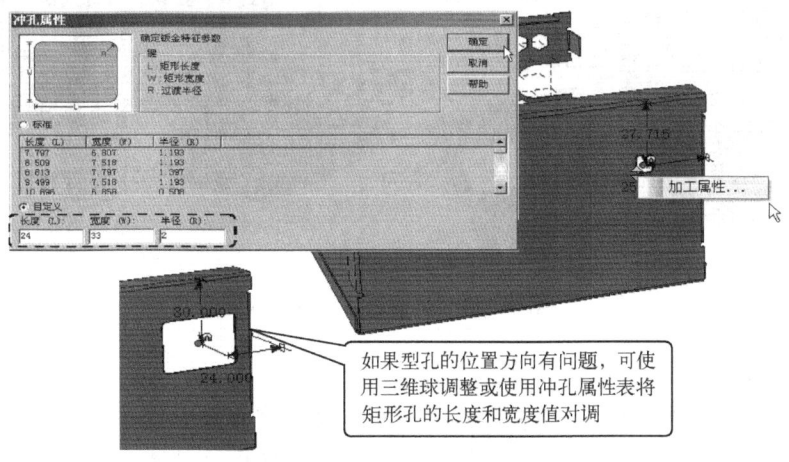

图6-111　构建电源座孔

步骤6 创建排风扇进风口。

❶ 在钣金图素库中，拖曳"自定义轮廓"智能图素到侧板1上，使用智能标注对图素进行定位操作。编辑智能标注并约束图素中心点到钣金件左侧面距离为49.5、中心点到钣金件顶面的距离为42.5。在特征树中的"自定义轮廓"节点上右击，在弹出的快捷菜单中选择"编辑草图截面"命令，进入截面编辑状态。

❷ 绘制如图6-112所示R2圆，约束圆心到自定义弧心距离为7；分别绘制图中所示6条弧线，并绘制过渡圆弧线。编辑草图截面结束后，单击"完成"按钮✔。

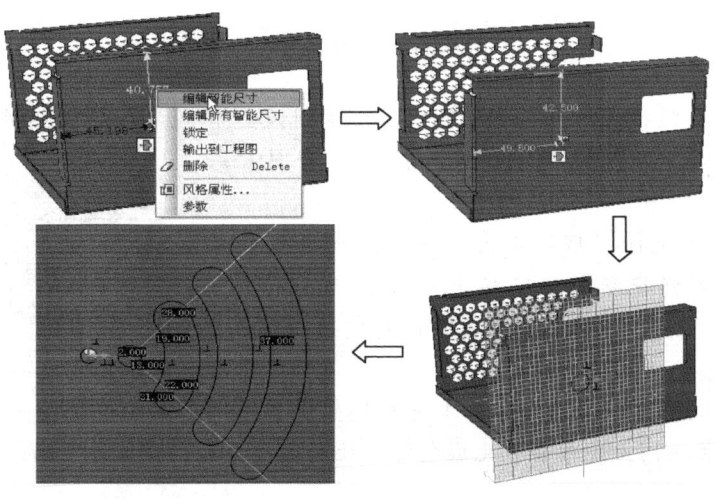

图6-112　构建风扇风口

❸ 选择设计树中"自定义轮廓"节点,激活三维球工具,并将三维球心定位于圆弧中心位置。单击三维球垂直于侧板的一维移动手柄,按下鼠标右键拖动三维球绕该轴旋转,松开右键,在弹出的快捷键菜单中选择"链接"命令,在弹出的对话框中的"数量""角度"文本框中分别输入"3"和"90",单击"确定"按钮,操作过程如图6-113所示。

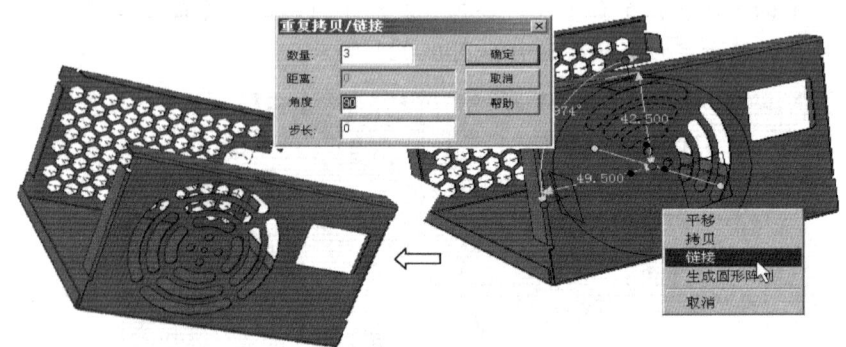

图6-113　风扇风口环形阵列

步骤7 创建接头。

❶ 在钣金元素库中,拖曳"挤压接头"智能图素到顶板底面,在上下箭头按钮上右击,在弹出的快捷菜单中选择"加工属性"命令,在弹出的"形状属性"对话框中按照如图6-114所示进行设置,然后单击"确定"按钮。

图6-114　添加挤压接头

❷ 使用线性智能标注约束"挤压接头"图素到钣金件右侧面的距离为10、到钣金件侧面的距离为8,将图素完全定位,如图6-115所示。

❸ 在设计树中选择"挤压接头"图素,激活三维球工具;按下鼠标右键拖动三维球水平移动手柄,将"挤压接头"图素向左移动117.2,生成链接复制挤压接头,如图6-116所示。

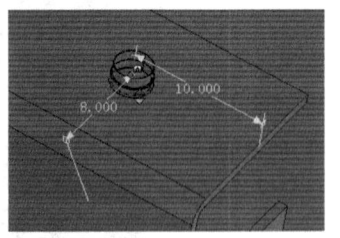

图6-115　构建其他接头孔

❹ 采用同样的方法,使用三维球工具链接生成其他侧顶面的挤压接头孔,并使用智能标注尺寸进行定位。同上述步骤,生成电源座孔两侧接头孔,操作过程如图6-117所示。

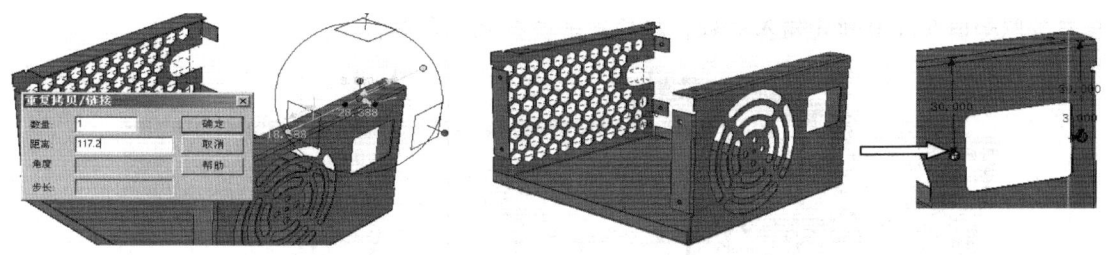

图 6-116 链接复制挤压接头   图 6-117 构建其他接头孔

📖 **提示**：利用智能标注工具可以在图素或零件上标注尺寸，可以标注不同图素或零件上两点之间的距离。如果零件设计中对距离或角度有精确度要求，就可以采用 CAXA 实体设计的智能标注工具定位。

步骤8 创建散热孔及其他。

❶ 在钣金元素库中拖曳"散热孔"智能图素到底板上，在上下箭头按钮上右击，在弹出的快捷菜单中选择"加工属性"命令，在弹出的"形状属性"对话框中输入相应参数，单击"确定"按钮。利用智能标注尺寸将散热孔准确定位，结果如图 6-118 所示。

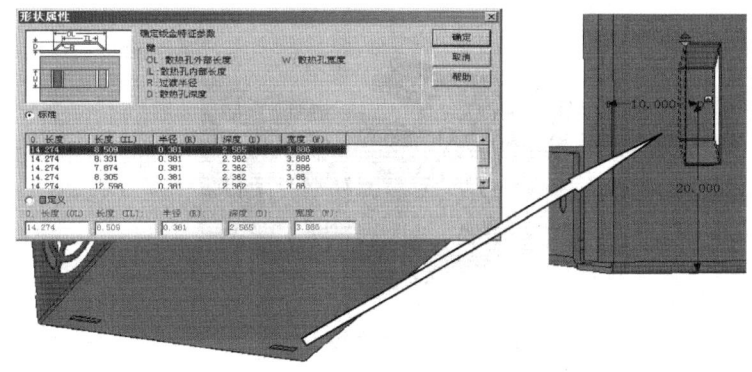

图 6-118 构建散热孔

❷ 在钣金元素库中，拖曳"顶点过渡"图素到钣金件的顶点上，单击"形状编辑"按钮 🔲，进入图素的包围盒编辑状态。编辑包围盒，调整过渡半径为 2。采用同样方法，生成钣金件的其他圆角过渡，操作过程如图 6-119 所示。

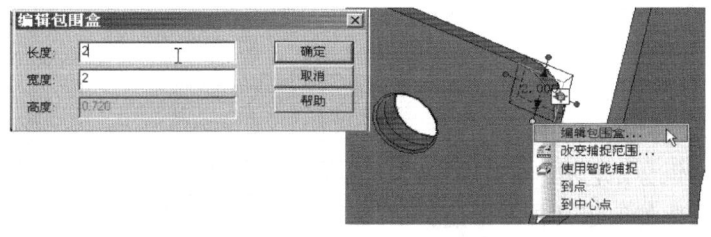

图 6-119 添加圆角过渡

❸ 建立风扇固定螺钉孔。在钣金元素库中拖曳"埋头孔"智能图素到侧板，在上下箭头按钮上右击，在弹出的快捷菜单中选择"加工属性"命令，在弹出的"形状属性"对话

框中按照如图 6-120 所示输入参数，然后单击"确定"按钮。

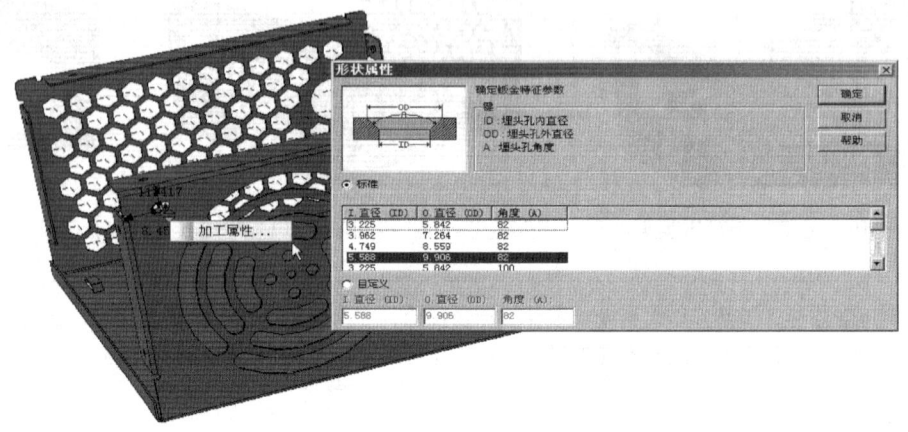

图 6-120　添加风扇固定螺钉孔

❹ 使用线性智能标注对埋头孔进行定位。将埋头孔三维球球心定位到散热孔中心位置，按下鼠标右键旋转埋头孔，生成圆型阵列，如图 6-121 所示。至此，完成电源盒钣金件造型。

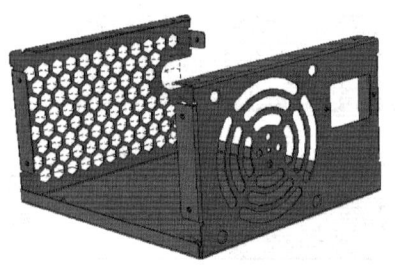

图 6-121　电源盒钣金件造型

步骤9 保存文件。

❶ 单击工具栏中的"保存"按钮 📙 。

❷ 在显示的保存文件对话框中输入文件名，单击"保存"按钮，完成当前文件的保存。

6.5　课后练习

1. 思考题

（1）如何展开/还原钣金?

（2）如何指定钣金工艺孔/切口属性?

（3）钣金设计中如何定义板料厚度?

（4）如何利用曲面切割钣金?

（5）如何利用钣金切割钣金?

2. 上机题

创建如图 6-122 所示的钣金件。

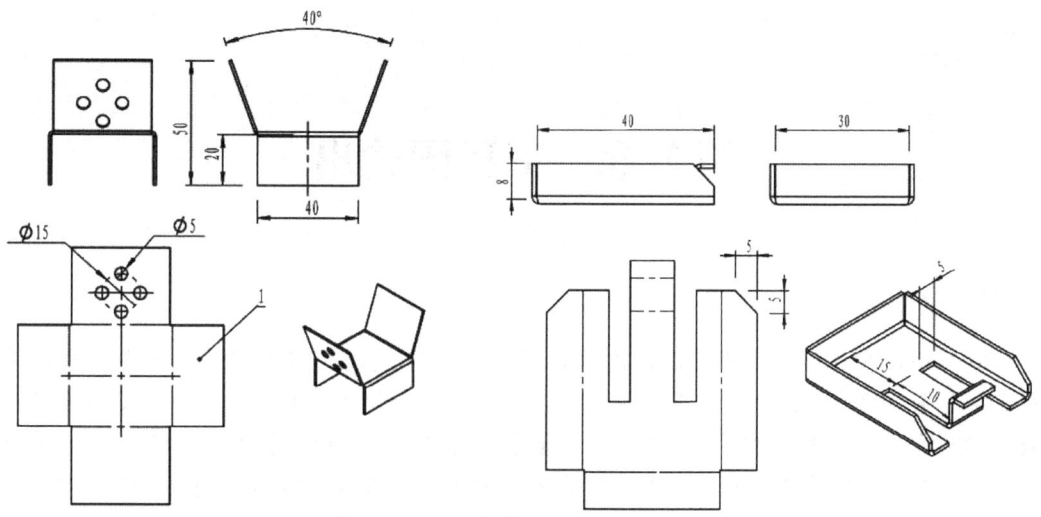

图 6-122　钣金件

第7章 工程图输出

内容与要求

利用 CAXA 实体设计系统可以将构造好的三维零件或装配体生成用二维方法表达的零件图或装配图，这些零件图或装配图又称为二维工程图或简称工程图。CAXA 实体设计有两种类型的图样：平面布局图和工程图样。通常是先生成平面布局图然后将布局图输出到 CAXA 电子图板，在 CAXA 电子图板的设计环境中对图样进行最后的处理和修改，主要工作是使它的标注、图框、标题栏、工艺符号等符合我国制图标准。

教学目标

- 掌握基本视图生成及编辑命令
- 掌握添加新视图、工程标注、文字和明细栏的方法
- 掌握三维设计环境和二维工程图环境的切换

7.1 工作界面

CAXA 实体设计提供了自动生成二维工程图的强大功能，能够方便、快捷地生成逻辑上与三维零件或产品关联的二维工程图，例如：

- 生成初始视图。
- 添加新的视图。
- 在三维设计环境和二维绘图环境之间自由切换，以相应修改零件和更新视图。
- 利用内置 CAXA 电子图板添加尺寸和标注。
- 添加几何尺寸和文字。
- 生成明细栏。
- 打印图纸。

CAXA 实体设计用户界面（简称界面）是交互式绘图软件与用户进行信息交流的中介。系统通过界面反映当前信息状态或将要执行的操作，用户按照界面提供的信息做出判断，并经由输入设备进行下一步的操作。因此，用户界面被认为是人机对话的桥梁。

CAXA 实体设计工程图的用户界面包括两种风格：经典界面和最新的 Fluent 风格界面。经典风格界面主要通过主菜单和工具条访问常用命令。新风格界面主要使用功能面板、快速工具栏和主菜单按钮访问常用命令。

7.1.1 Fluent 风格界面

在 CAXA 实体设计环境中，要进入"预设定模板"图纸，首先单击按钮 🖼，在主菜单选择"文件"→"新文件"命令，如图 7-1 所示，在弹出的"新建"对话框中选择"图

纸"选项,单击"确定"按钮。然后在弹出的"新建"对话框中选择相应模板"GB –
A3",单击"确定"按钮,即可切换到二维绘图环境。

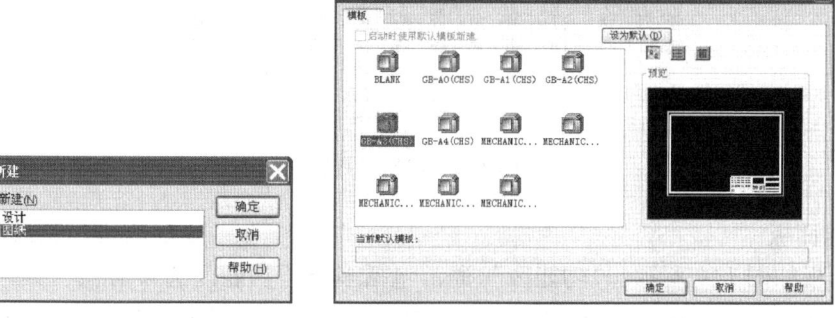

图 7-1　新建图纸

生成新的工程图或打开已有的工程图时,可启动 CAXA 实体设计二维绘图环境。二维
绘图环境是二维工程图的生成和编辑环境,如图 7-2 所示。

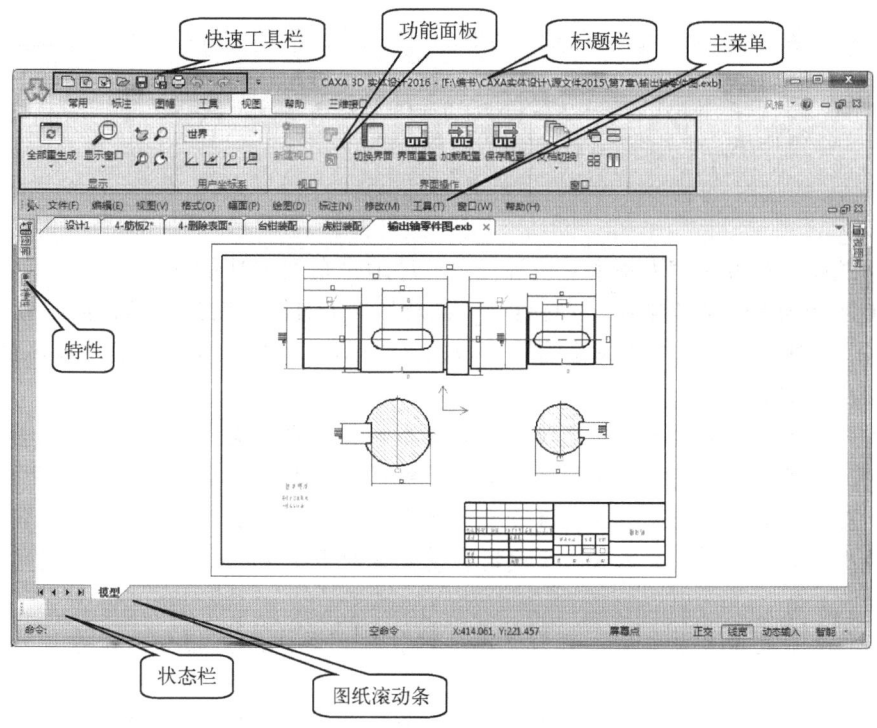

图 7-2　Fluent 风格界面

1. 标题栏

标题栏位于应用程序窗口的最上面,用于显示当前正在运行的程序名及文件名等信息,
如果是 CAXA 实体设计默认的图形文件,其名称为"Drawing1. exb"。单击标题栏右端的按
钮 ▬ □ ✕ ,可以最小化、最大化或关闭应用程序窗口。

2. 快速工具栏

快速工具栏命令可用于执行文件管理功能,如打开和关闭文件、选定内容的剪切和粘贴以及显示类型选择，主要功能如图 7-3 所示。

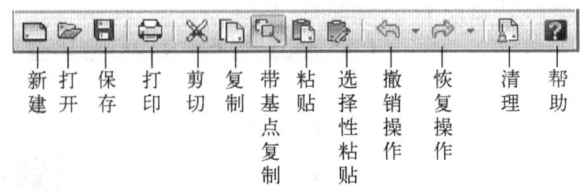

图 7-3　快速工具栏

3. 功能面板

功能面板如图 7-4 所示，"功能区"通常包括多个"功能区选项卡"，每个"功能区选项卡"由各种"功能区面板"组成，这些面板被组织到按任务进行标记的选项卡中。功能区面板包含的很多工具和控件与工具栏和对话框中的相同。与当前工作相关的操作都单一简洁地置于功能区中。使用功能区时无须显示多个工具栏，它通过单一紧凑的界面使应用程序变得简洁有序，同时使可用的工作区域最大化。

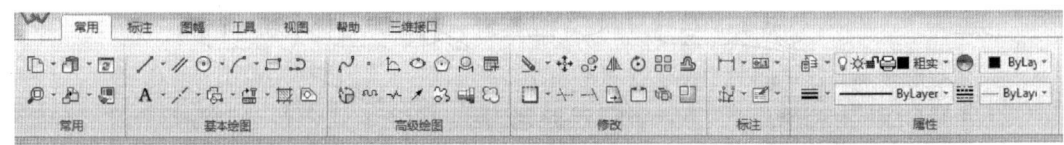

图 7-4　功能面板

各种功能命令均根据使用频率、设计任务有序地排布到"功能区"的选项卡和面板中。例如，功能区选项卡包括"常用""标注""图幅""工具""视图"等；而"常用"选项卡由"常用""基本绘图""高级绘图""修改""标注"和"属性"等功能区面板组成。功能区的使用方法如下。

- 在不同的功能区选项卡间切换时，可以单击要使用的功能区选项卡。当光标在功能区上时，也可以使用鼠标滚轮切换不同的功能区选项卡。
- 可以双击当前功能区选项卡的标题，或者在功能区上右击，"最小化"功能区。功能区最小化时单击功能区选项卡标题时，功能区向下扩展；光标移出时，功能区选项卡自动收起。
- 在各种界面元素上右击后，可以在弹出的快捷菜单中选择相应的命令打开或关闭功能区。
- 功能区面板上包含各种功能命令和控件，使用方法与通常的主菜单或工具条上的命令相同。
- 单击功能区右上角的"风格"可以在下拉菜单中选择界面色调为"明""暗"，或者自定义色彩。

4. 主菜单

默认的主菜单栏中含有工程图生成时需要的绝大部分命令，如图 7-5 所示。

- 文件：该菜单除了提供打开、保存和打印功能外，还提供了并入文件、部分存储和文件检索等功能。该菜单还提供输出不同格式文件的选项，如 DWG 和 DXF。

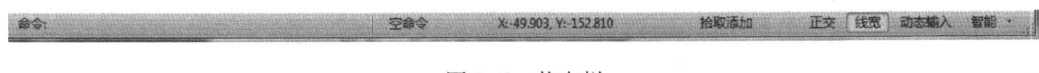

文件(F) 编辑(E) 视图(V) 格式(O) 幅面(P) 绘图(D) 标注(N) 修改(M) 工具(T) 窗口(W) 帮助(H)

图 7-5 主菜单

- 编辑：该菜单包含取消操作、重复操作、剪切、复制、粘贴和删除等命令，该菜单还提供插入对象、链接和 OLE 对象功能。
- 视图：该菜单提供全部的视图控制功能，包括重生成、动态平移、缩放和显示比例等。
- 格式：用于规范和定义二维绘图环境的相关参数，例如图层、线型、文字、表面粗糙度及样式管理等。
- 幅面：快速设置图纸尺寸、调入图框、标题栏、参数栏、填写图纸属性信息。
- 绘图：提供了功能齐全的绘图方式。图形绘制主要包括基本曲线、高级曲线、块、图片等几个部分。可以绘制各种各样复杂的工程图样。
- 标注：提供了丰富而智能的尺寸标注功能，包括尺寸标注、坐标标注、文字标注、工程标注等，并可以方便地对标注进行编辑修改。另外，电子图板各种类型的标注都可以通过相应样式进行参数设置，满足各种条件下的标注需求。
- 修改：主要是对电子图板生成的图形对象，例如曲线、块、文字、标注等进行编辑操作。这些功能主要包括删除、删除重线、平移、复制、裁剪、齐边、过渡、旋转、镜像、比例缩放、阵列、打断、拉伸、打散等。
- 工具：提供了多种辅助工具，如查询功能、外部工具、捕捉拾取设置、界面操作以及选项定义等。
- 窗口：窗口菜单包含标准的窗口控制命令（如新建、叠层、平铺），并列出当前打开的所有设计和绘图文件列表，帮助用户快速地在这些环境之间切换。
- 帮助：提供产品信息和在线帮助信息。

5. 绘图区域

在 CAXA 实体设计中，绘图区是用户绘图的工作区域，所有的绘图结果都反映在这个窗口中。可以根据需要关闭其周围和里面的各个工具栏，以增大绘图空间。如果图纸比较大，需要查看未显示部分时，可以单击窗口右边与下边滚动条上的箭头，或拖动滚动条上的滑块来移动图纸。

6. 状态栏

状态栏提供了多种显示当前状态的功能，它包括屏幕状态显示、操作信息提示、当前工具点设置及拾取状态显示等，如图 7-6 所示。

命令：　　　　　　　　　　空命令　　　X:-49.903, Y:-152.810　　　拾取添加　　正交　线宽　动态输入　智能 ·

图 7-6 状态栏

- 操作信息提示区：位于屏幕底部状态栏的左侧，用于提示当前命令执行情况或提醒用户输入。
- 点工具状态提示：当前工具点设置及拾取状态提示位于状态栏的右侧，自动提示当前点的性质以及拾取方式。例如，点可能为屏幕点、切点、端点等，拾取方式为添加状态、移出状态等。

- 命令与数据输入区：位于状态栏左侧，用于由键盘输入命令或数据。
- 命令提示区：位于命令与数据输入区与操作信息提示区之间，显示目前执行的功能的键盘输入命令的提示，便于用户快速掌握实体设计的键盘命令。
- 当前点坐标显示区：位于屏幕底部状态栏的中部。当前点的坐标值随鼠标光标的移动作动态变化。
- 点捕捉状态设置区：位于状态栏的最右侧，在此区域内设置点的捕捉状态，分别为自由、智能、导航和栅格。
- 正交状态切换：单击该按钮可以打开或关闭系统为"非正交状态"或"正交状态"。
- 线宽状态切换：单击该按钮可以在"按线宽显示"和"细线显示"状态间切换。
- 动态输入工具开关：单击该按钮可以打开或关闭"动态输入"工具。

其他工具条同有关章节工具条内容和功能相似，在此不再赘述。

7.1.2 经典界面

全新的 Fluent 风格界面拥有很高的交互效率，但为了照顾老用户的使用习惯，CAXA 实体设计的图纸也提供了经典界面风格。在 Fluent 风格界面下的功能区中单击"视图"选项卡→"界面操作"→"切换界面"按钮（如图 7-7 所示）或在主菜单中选择"工具"→"界面操作"→"切换"命令（如图 7-8 所示），就可以在新界面和经典界面中进行切换，该功能的快捷键为〈F9〉。

图 7-7 界面切换方式：功能面板

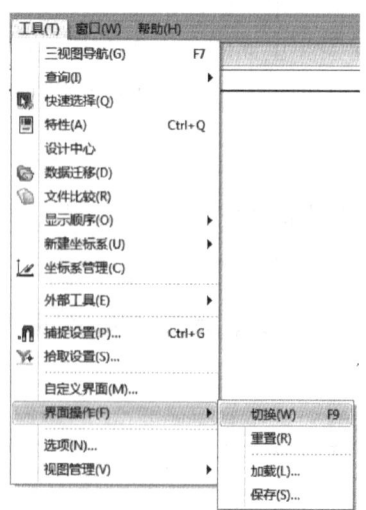

图 7-8 界面切换方式：菜单命令

216

CAXA 实体设计的图纸在经典界面下（如图 7-9 所示）仍然保留有传统的主菜单。主菜单通过下拉菜单—扩展菜单的形式提供了电子图板绝大多数命令的功能入口。

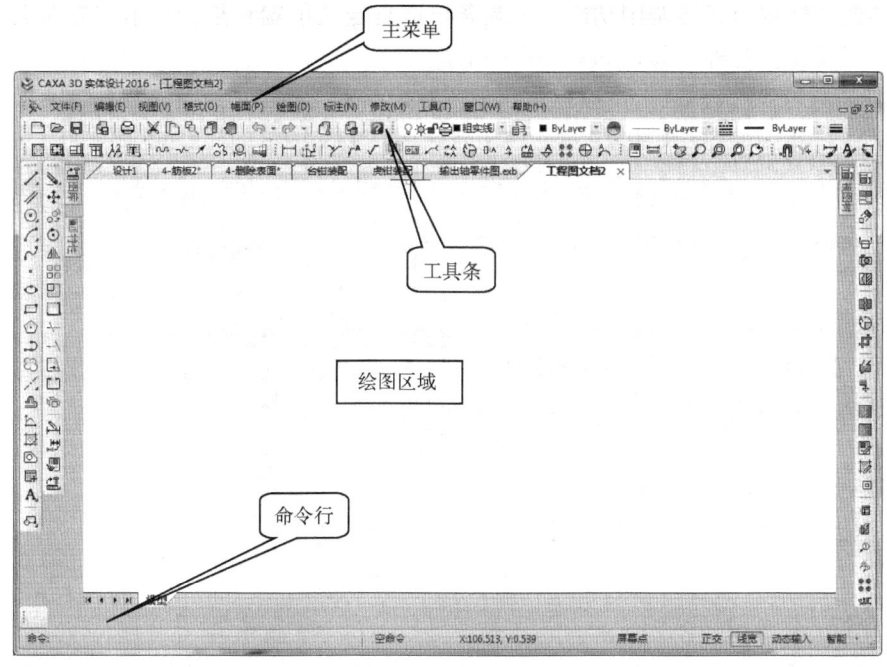

图 7-9　经典界面

1. 主菜单

CAXA 实体设计图纸的主菜单位于屏幕的顶部，它由一行菜单条及其子菜单组成，包括："文件""编辑""视图""格式""幅面""标注""修改""工具""窗口""帮助"等菜单项。单击任意一个菜单项（例如标注），都会弹出其子菜单。选择子菜单上的选项即可执行相应的命令。主菜单如图 7-10 所示。

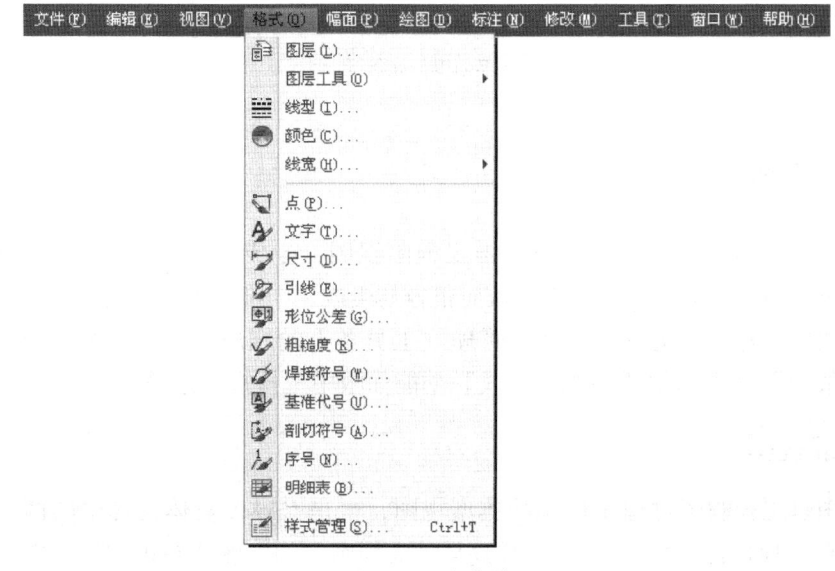

图 7-10　主菜单

2. 工具条

CAXA 实体设计图纸的工具条也是很经典的交互工具。利用工具条，可以在图纸界面中通过单击功能图标按钮直接调用功能。工具条可以自定义位置和是否显示在界面上，也可以建立全新的工具条。各种工具条如图 7-11 所示。

图 7-11　工具条

3. 命令行

CAXA 实体设计图纸的命令行用于显示当前命令的执行状态，并且可以记录本次程序开启后的操作。如果在选项中将交互模式设置为关键字风格，那么在执行一部分命令时，命令行还起到交互提示工具的作用。命令行如图 7-12 所示。

图 7-12　命令行

7.2　视图生成

采用 CAXA 实体设计可生成各类二维工程图视图，生成后还可对它们进行重新定位、加标注，补充其他的几何尺寸和文字，从而很容易生成一个准确而全面的工程图。

生成视图的一种方法是单击"视图管理"工具条上的相应按钮。不过，最直接的方法是从"三维接口"选项卡中的"视图生成"功能面板中选择视图选项。

7.2.1　标准视图

标准视图是工程制图过程中使用的典型视图，也是 CAXA 实体设计中的两种基础视图类型之一（另一种是普通视图）。在生成局部放大视图、剖视图或辅助视图之前，工程图必须包含一个标准视图或轴测视图。

在"三维接口"→"视图生成"功能面板中单击"标准视图"按钮 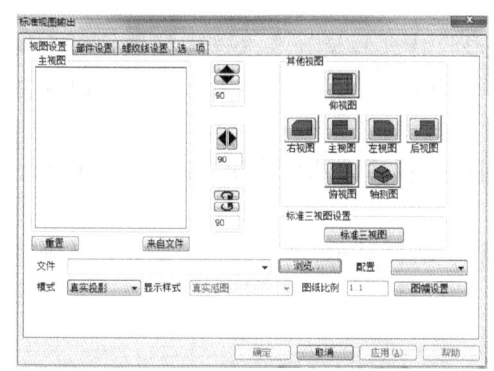，或者在菜单中选择"标准视图"命令，弹出"标准视图输出"对话框，如图 7-13 所示。

单击"浏览"按钮，弹出"打开"对话框，如图 7-14 所示。

图 7-13 "标准视图输出"对话框　　　　　　图 7-14 "打开"对话框

选择要投影的实体文件，然后单击"打开"按钮，即可进入"标准视图输出"对话框。

1. 视图设置

"视图设置"选项卡主要用来设置主视图和选择要投影生成的标准视图，如图 7-15 所示。

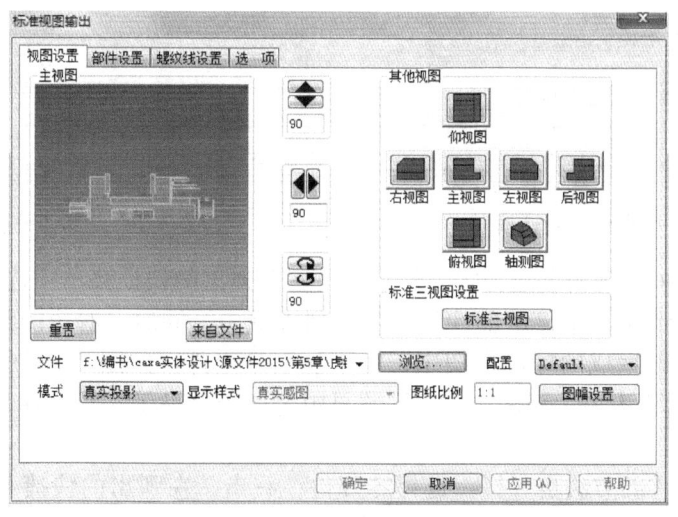

图 7-15 "视图设置"选项卡

在此对话框中，"主视图"选项组主要用来调整主视图视向，以及预览当前设置的主视图。如果不满意这个主视图角度，可以通过右面的箭头按钮调节。单击"重置"按钮，恢复默认角度，单击"来自文件"按钮，则选择此时三维设计环境中的视角作为主视图方向。

其中 3 个下拉列表框的用途如下。

● 配置：在三维设计环境中，可以添加不同的配置，其中零件的位置可以不同。此时单击下拉箭头，选择其中一个配置，就会投影这个配置的视图。

● 模式：可以选择"真实投影"和"快速投影"，真实投影是精确投影。选择"快速投影"后,"显示样式"可以选择"线框""真实感图"和"隐藏边界的真实感图"3种样式。这 3 种样式对应三维中该样式的渲染效果。

- 图纸比例:图纸比例可以单击右边的"图幅设置"按钮,然后在"图幅设置"对话框中进行设置,如图 7-16 所示。
- "其他视图"选项组主要用于由用户根据模型形状特点和设计要求选择需要投影生成的标准视图。下方的"标准三视图设置"选项,单击"标准三视图"按钮,则选择了主视图、俯视图和左视图。

设置完成后,单击"确定"按钮生成视图,也可以选择后面两个选项卡进行其他设置。

2. 部件设置

"部件设置"选项卡主要用来设置部件在二维图中是否显示,以及在剖视图中是否剖切,如图 7-17 所示。

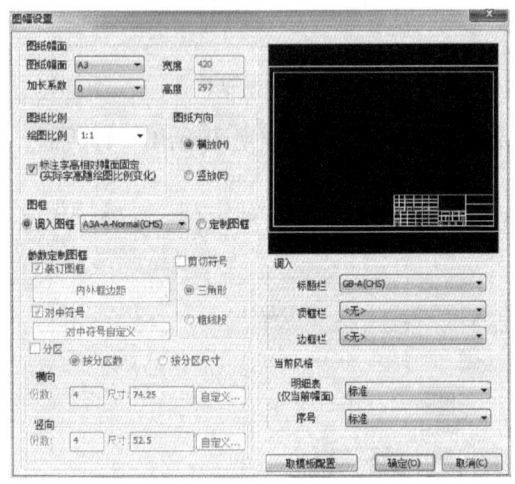

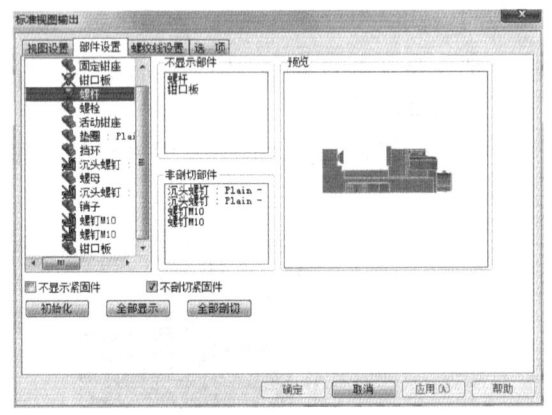

图 7-16 "图幅设置"对话框 　　　　　 图 7-17 "部件设置"选项卡

在最左边显示的设计树上选择零部件,右击,在弹出的快捷菜单中选择"隐藏"命令,该零部件名称就显示在"不显示部件"下方的列表框中,同时,右边的预览中该零部件也消失了。这时,投影生成的标准视图中,将不显示该零件。如图 7-17 中,选择了"钳口板"和"螺杆"到"不显示部件"中,则预显中这两个零件消失了,而且投影视图中也没有这两个零件。

设置非剖切部件的方法也一样。选择零部件,右击,在弹出的快捷菜单中选择"取消剖切"命令,该零部件名称就显示在"非剖切部件"下方的文本框中。这样,生成剖视图时,该零件将不剖切。

不剖切紧固件:螺栓、螺母等紧固件不应被剖切,因此初始状态该选项是默认选中的。

"标准视图输出"对话框下方有 3 个按钮。单击"初始化"按钮,则回到最初的显示和剖切设置状态,上面进行的不显示和非剖切零部件全部回归到显示和剖切状态。单击"全部显示"按钮,则设置的不显示零件全部可以显示了。单击"全部剖切"按钮,则设置的不剖切零件又全部被剖切了。

3. 螺纹线设置

第三个选项卡是"螺纹线设置"选项卡,如图 7-18 所示。

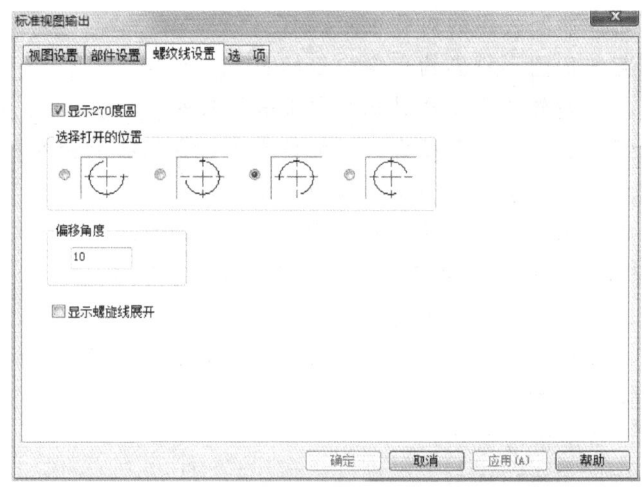

图 7-18 "螺纹线设置"选项卡

- 显示 270°圆：默认选中此复选框，可以根据需要选择下面 4 种不同类型的螺纹线。
- 偏移角度：螺纹线 3/4 圆开口的旋转角度。
- 显示螺旋线展开：为了兼容美国标准而设置的此选项，在此不做赘述。

注意：螺纹线设置生效的前提是将后面介绍的"选项"选项卡中的"螺纹简化画法"勾选上。

---

4. 选项

"选项"选项卡，可进行投影几何、投影对象、剖面线、视图尺寸类型和单位这些方面的设置，如图 7-19 所示。

- 投影几何：设置投影生成二维图时，对隐藏线和过渡线的处理。它们各自有 3 个选项，如图 7-20 所示。

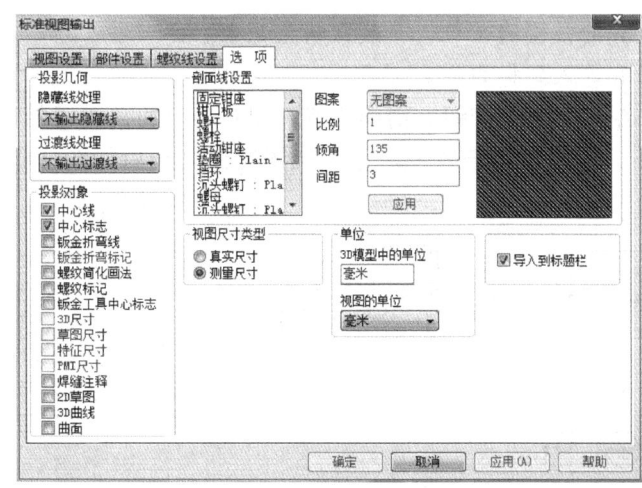

图 7-19 "选项"选项卡

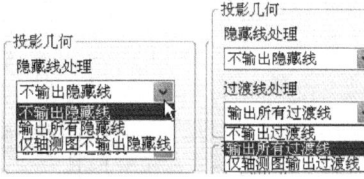

图 7-20 投影几何

- 投影对象：设置生成投影二维图时，是否生成下列的各项。如选择了"中心线"和"中心标志"，则投影时回转体的投影就会自动生成中心线和中心标志。各选项含义如下。

- 中心线为回转体非圆投影的对称中心。

- 中心标志为回转体圆形投影的十字中心标志。

- 钣金折弯线是钣金件展开投影时标注出来的折弯线。

- 钣金折弯标记是钣金件展开投影时折弯角度和折弯钣金的标注。

- 螺纹简化画法则是符合机械制图标准的简化画法。

- 钣金工具中心标志是钣金件展开投影的十字中心标志。

- 3D 尺寸是三维环境中标注并且希望输出到二维中的尺寸。

- 草图尺寸是草图上标注的约束尺寸。

- 特征尺寸是生成特征时操作的尺寸，如拉伸的高度、旋转体的角度、抽壳的厚度、圆角过渡的半径、拔模角度等。

- PMI 尺寸是产品制造信息尺寸。

- 焊缝注释是焊接标识的投影。

- 2D 草图是三维环境中的草图。

- 3D 曲线是三维环境中的三维曲线。

- 曲面是三维环境中的曲面。剖面线设置：可以在列表中选择零件，然后在右边的"图案""比例""倾角""间距"中设置该零件剖切后的剖面线样式。然后单击"应用"按钮设置完成该零件的剖面线。

- 剖面线设置：可以在列表中选择零件，然后在右边的"图案""比例""倾角""间距"中设置该零件剖切后的剖面线样式；然后单击"应用"按钮，设置完成该零件的剖面线。

- 视图尺寸类型：可以选择"真实尺寸"和"测量尺寸"。真实尺寸是从三维环境中读到的尺寸，测量尺寸就是直接在二维图上测量出来的尺寸。

- 单位：各选项含义如下。

  - 3D 模型中的单位：这里显示要投影的三维模型中的单位。

  - 视图的单位：在这里设置要生成的视图的单位，一般默认为毫米。

- 导入到标题栏：可以将设置的内容导入到标题栏。

这 4 个选项卡全部设置完成后，单击"确定"按钮。稍作等待，即有相应的视图跟随鼠标在绘图区域内移动，在合适位置单击，即定位了该视图。三个视图定位完毕后如图 7-21 所示。

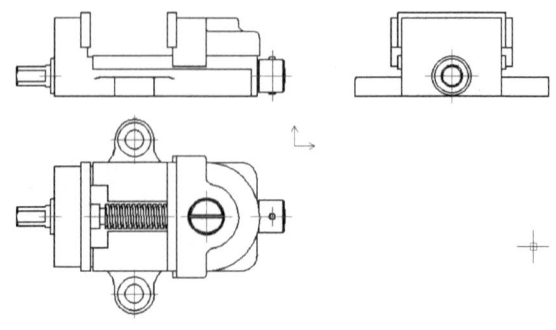

图 7-21　标准三视图

7.2.2　投影视图

投影视图是基于某一个存在视图生成的左视图、右视图、仰视图、俯视图、轴测图等，进行投影视图操作有以下方法。

- 在"三维接口"功能面板中单击"投影视图"按钮 .
- 选择菜单"工具"→"视图管理"→"投影视图"命令。
- 单击"视图管理"工具条中的"投影视图"按钮。

状态栏出现"请选择一个视图作为父视图"提示信息，如图 7-22 所示。此时选择一个视图，稍作等待，即跟随鼠标出现一个投影视图，并且状态栏出现"请单击或输入视图的基点"提示信息，如图 7-23 所示。决定生成某个投影视图后，单击即可生成。可以生成多个投影视图，当不需要再生成投影视图时，可以右击或者按〈Esc〉键退出命令。

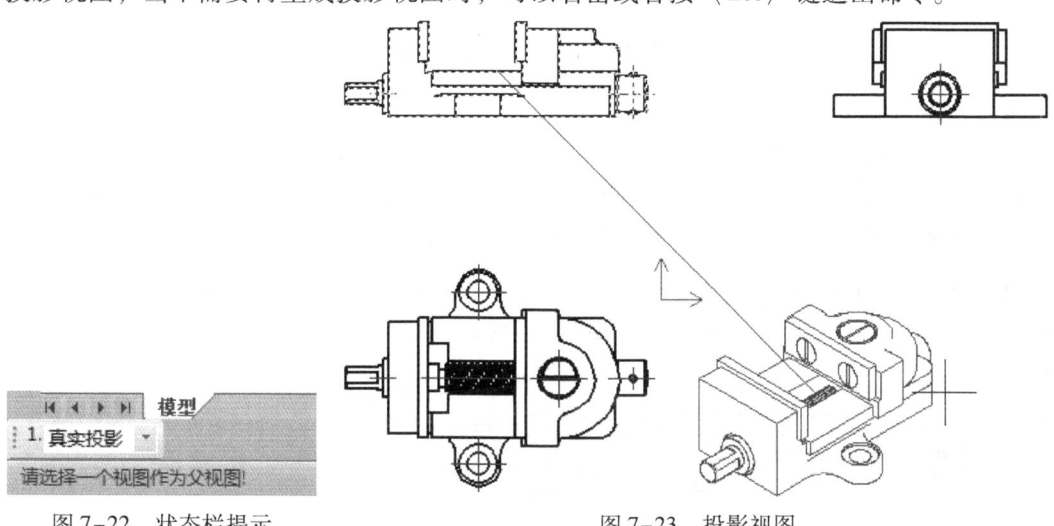

图 7-22　状态栏提示 　　　　　　　　　　　图 7-23　投影视图

7.2.3　向视图

向视图是基于某一个存在视图的给定视向的视图。相当于机械图样国家标准中的斜视图，用来表达机体倾斜结构。

下面以一个具体的零件为例讲解向视图的建立。

【例 7-1】生成支架向视图。

❶ 在 2D 环境中生成支架零件的主视图。

❷ 在"三维接口"功能面板中单击"向视图"按钮 ，或者选择"工具"→"视图管理"→"向视图"命令，或者单击"视图管理"工具条中的"向视图"按钮 。

❸ 状态栏提示"请选择一个视图作为父视图"，选择零件的主视图，然后提示"请选择向视图的方向"，此时选择一条线作为投影方向，这条线可以是视图上的线或者单独绘制的一条线。

❹ 如图 7-24 所示，选择主视图中一条直线，把它作为

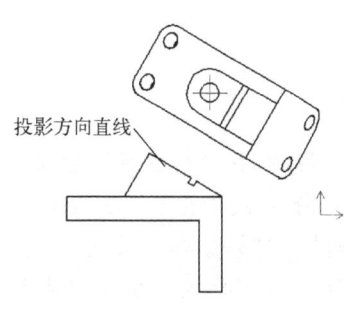

图 7-24　生成向视图

投影方向，可生成一个向视图。

7.2.4 剖视图

剖视图用来表达机体的内部结构，用该命令可以绘制机械图样国家标准中的全剖视图和半剖视图。

在"视图管理"工具条中单击"剖视图"按钮，或者单击"三维接口"→"视图生成"→"剖视图"按钮，打开"剖视图"对话框。功能面板如图 7-25 所示。

图 7-25 单击"剖视图"按钮

生成剖视图的步骤如下。

【例 7-2】生成剖视图。

❶ 选择"文件"→"新文件"命令，在出现的"新建"对话框中选择"图纸"选项，在随即弹出的"新建"对话框的"模板"选项卡中选择"GB - A3"。

❷ 单击"标准视图"按钮，在弹出的"标准视图输出"对话框中，选择"支架. ics"文件，在"其他视图"选项组中选择"俯视图"，然后单击"确定"按钮，如图 7-26 所示。

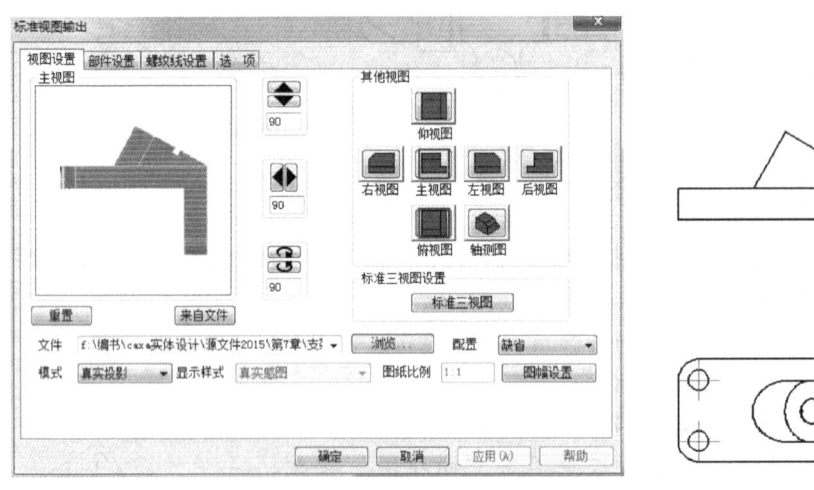

图 7-26 生成支架俯视图

❸ 单击"剖视图"按钮。

❹ 将鼠标移至要剖切的俯视图上，指针变成十字准线形状，此时状态栏提示"画剖切轨迹"，可以选择"正交"或"非正交"，然后用鼠标在视图上画线，此时可以在立即菜单选择"垂直导航"或者"非垂直导航"，利用导航功能捕捉特殊点画剖切线。

❺ 若要放置一条水平或竖直剖面线，在水平线或垂直线剖切面两端各自单击即可。

❻ 若要生成一条阶梯剖面线，可单击俯视图上的一点，再单击所需阶梯线的第二点。重复操作便可得到阶梯剖面线，然后按〈Enter〉键。在剖面线上出现双向箭头，单击可选择剖视方向，如图7-27所示。

❼ 按需要设定相应的剖切线及剖切方向后，就可生成剖视图，如图7-28所示。

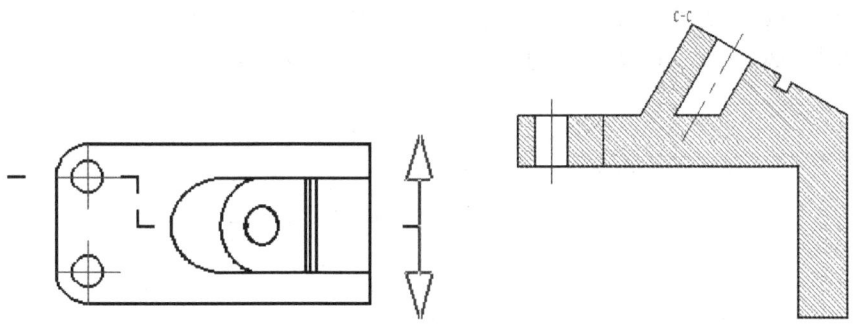

图7-27　选择剖面线剖切方向　　　　　图7-28　剖视图

❽ 若要编辑剖视图的剖切线属性，可右击剖面线区域，在弹出的快捷菜单中选择"视图打散"命令，如图7-29a所示；在剖切区域上右击，在弹出的快捷菜单中选择"剖切线编辑"命令，即可对剖切线相应属性进行设置，如图7-29b所示。

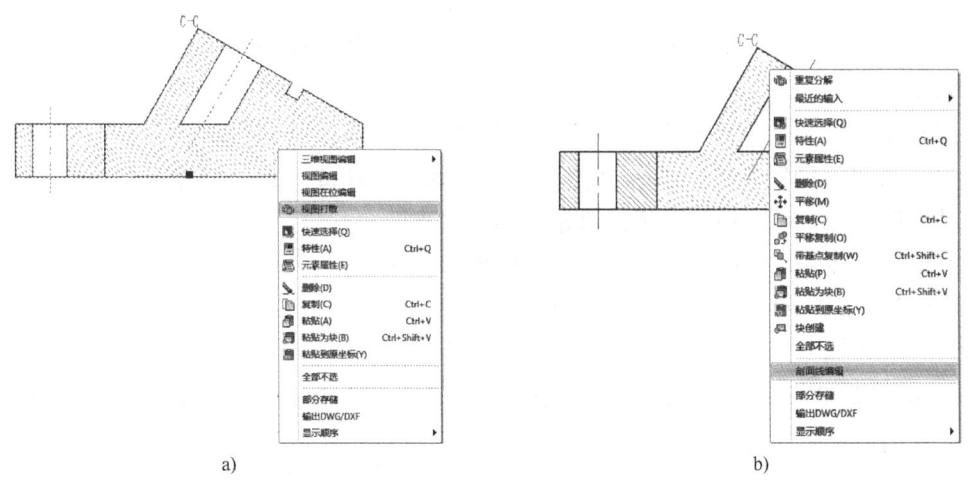

a)　　　　　　　　　　　　　　　　b)

图7-29　编辑剖切面属性

📖提示：利用剖切线的不同绘制方式，可以生成单一剖视图、阶梯剖视图以及旋转剖视图等不同的表达方法。

7.2.5　剖面图

剖面图是基于某一个存在视图绘制其剖面图以表达这个面上的结构。生成剖面图的过程和剖视图的过程有些相似之处。

在"三维接口"功能面板中单击"剖面图"按钮，或者选择"工具"→"视图管理"

→"剖面图"命令，或者单击"视图管理"工具条中"剖面图"按钮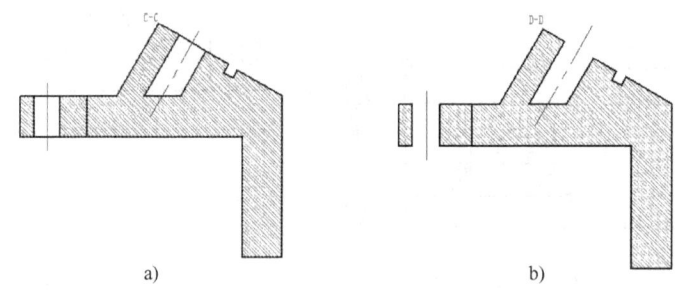，此时状态栏提示"画剖切轨迹（画线）"，可以选择"正交"或"非正交"，然后用鼠标在视图上画剖切线。

剖切线绘制满意以后，右击鼠标结束绘制。出现两个方向的箭头，单击选择一个方向。弹出"选择要剖切的视图"对话框，选择相应视图，单击"确定"按钮。接下来提示"指定剖面名称标注点"，并且立即菜单中显示了此标注的字母。选择标注点，然后右击，生成剖面图。如图 7-30 所示，图 7-30a 为支架的剖视图，图 7-30b 为支架的剖面图。

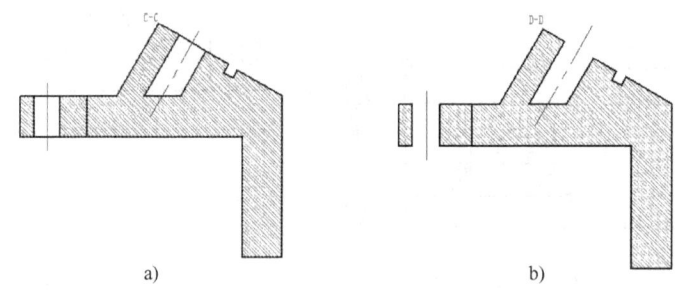

图 7-30 生成剖面图

a）剖视图 b）剖面图

7.2.6 局部剖视图

局部剖视图是基于在某一个存在的视图上，给定封闭区域以及深度的剖切视图。局部剖视也可以是半剖。

在"三维接口"功能面板中单击"局部剖视图"按钮，或者选择"工具"→"视图管理"→"局部剖视图"命令，或者单击"视图管理"工具条中的"局部剖视图"按钮，在弹出的立即菜单中可选择"普通局部剖"或"半剖"。

下面以下箱体为例介绍生成局部剖视图的操作方法。

【例 7-3】生成下箱体普通的局部剖视图。

❶ 在 2D 环境中生成下箱体的主视图，如图 7-31 所示。

❷ 单击"常用"→"基本绘图"功能面板中的"圆"按钮⊙，在需要局部剖视的部位绘制一条封闭曲线，如图 7-32 所示。

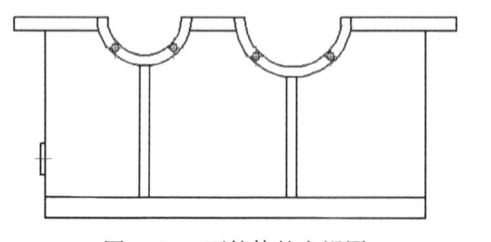 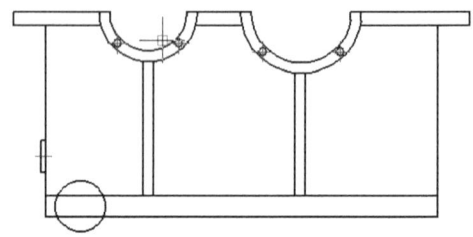

图 7-31 下箱体的主视图   图 7-32 绘制局部剖轮廓线

❸ 在"三维接口"功能面板中单击"局部剖视图"按钮。选择"普通局部剖"，此时状态栏提示"请依次拾取首尾相接的剖切轮廓线"。拾取完毕后，右击，出现如图 7-33 所示的立即菜单。

❹ 在出现的立即菜单中可选择"直接输入深度"或"动态拖放模式"。选择"直接输入

深度"，可在第 4 项输入深度值，剖切位置在视图上有预显，单击确认，得到如图 7-34 所示的局部剖视图；如果选择"动态拖放模式"，则可以在其他相关视图上选择剖切深度。

图 7-33　局部剖视图立即菜单

【例 7-4】生成下箱体普通的半剖视图。

❶ 在 2D 环境中生成下箱体的主视图，单击"常用"→"基本绘图"功能面板中的"直线"按钮 ，在需要半剖视的部位绘制一条直线，如图 7-35 所示。

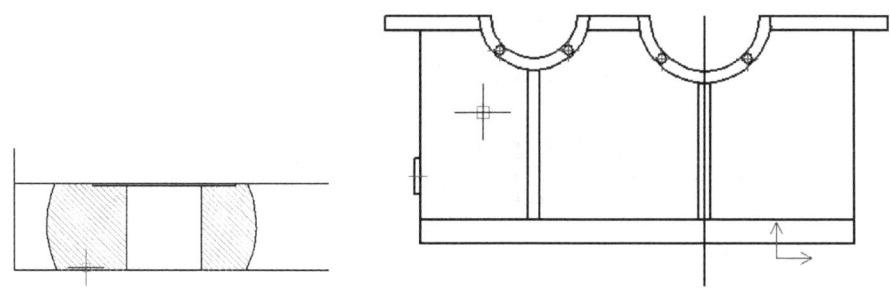

图 7-34　普通局部剖视图　　　　　　　图 7-35　绘制半剖剖面线

❷ 在"三维接口"功能面板中单击"局部剖视图"按钮 。选择"半剖"，此时状态栏提示"请拾取半剖视图中心线"。选择直线，出现两个方向的箭头，单击选择一个方向，出现如图 7-36 所示的立即菜单。

图 7-36　半剖视图立即菜单

❸ 在第 4 项输入深度值 20，单击确认，得到如图 7-37 所示的半剖视图。其他选项和普通局部剖的含义类似。

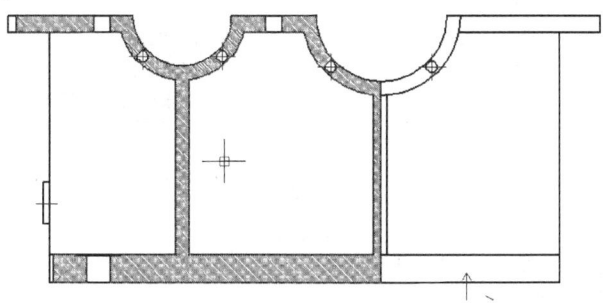

图 7-37　半剖视图

7.2.7　截断视图

对于较长的机件（如轴、杆、型材等），沿长度方向的形状一致或按一定规律变化，可用截断视图命令将其断开后缩短绘制，而与截断区域相关的参考尺寸和模型尺寸反映实际的

227

模型数值。截断视图是将某一个存在视图打断显示。

【例7-5】生成油标的截断视图。

❶ 首先在2D环境中生成油标零件的主视图。

❷ 在"三维接口"功能面板中单击"截断视图"按钮 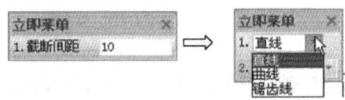，此时将出现立即菜单。

❸ 可以设置截断间距数值。状态栏提示"请选择一个视图，视图不能是局部放大图、局部剖视图或半剖视图。"这时单击一个视图，此时出现立即菜单，如图7-38所示，第1项设置截断线的形状，有直线、曲线和锯齿线3种。第2项设置是水平放置还是竖直放置。

图7-38 "截断视图"立即菜单

❹ 状态栏接着提示"请选择第1条截断线位置"，单击视图上一点，然后根据状态栏的提示选择第二点，如图7-39a所示。单击后则生成如图7-39b所示的截断视图。

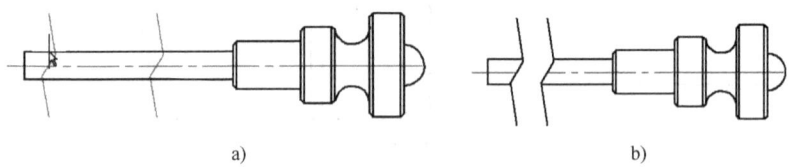

a)   b)

图7-39 生成截断视图

操作完成以后，系统仍旧处于截断视图命令状态，右击结束命令。

从CAXA实体设计2016开始，截断视图、局部放大视图和局部剖视图与主视图相关联，修改主视图，则相对应的截断视图、局部放大视图和局部剖视图同时改变。不仅如此，截断视图还可以进行二次编辑。如图7-40所示，在截断视图上右击选择"三维视图编辑"→"编辑截断线"或"编辑截断线间距及类型"命令。如果要取消截断视图，可以在菜单上选择"取消截断"命令。

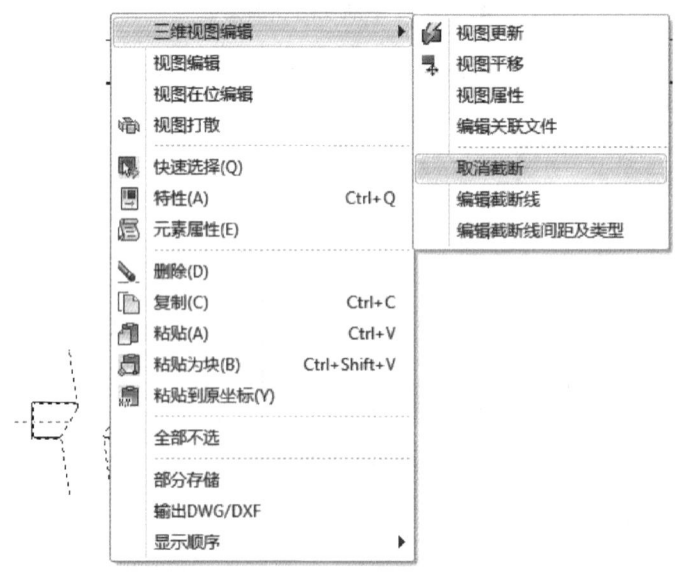

图7-40 编辑视图

7.2.8 局部放大视图

局部视图用来放大显示现有视图某一局部的形状，相当于机械图样国标中的局部放大图。

【例7-6】 生成局部放大视图。

❶ 在"视图生成"功能面板上单击"局部放大"按钮 。

❷ 把鼠标十字准线移至局部放大视图的相应中心点上，然后选择位置。

❸ 将光标从该中心点移开，定义包围局部放大视图中局部几何形状的圆。当向外移动光标时，将出现一个红色的边界圆（具体边界圆的颜色可定义）。

❹ 当局部放大视图的相应轮廓被包围在该圆内时，单击确定该圆的半径。

❺ 将鼠标移至要定位的局部放大视图的相应位置，然后单击，代表局部放大视图的一个红色轮廓将随光标一起移动，结果如图7-41所示。

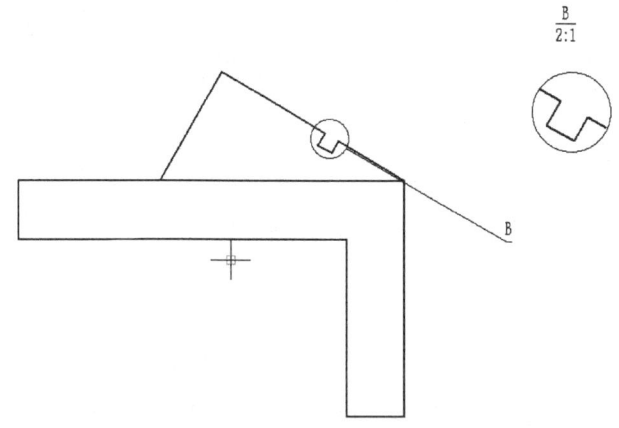

图7-41　局部放大视图的生成

❻ 执行"局部放大图"命令后，可使用立即菜单进行交互操作，执行"局部放大"命令后弹出的立即菜单如图7-42所示。局部放大根据边界设置不同分为圆形边界和矩形边界两种方式，如图7-43所示是将支架凹槽用圆形窗口和矩形窗口两种方式进行放大。

| 1. 圆形边界 ▼ | 2. 加引线 ▼ | 3. 放大倍数 | 2 | 4. 符号 | C | 5. 保持剖面线图样比例 ▼ |
| 中心点: | | | | | | |

图7-42　立即菜单

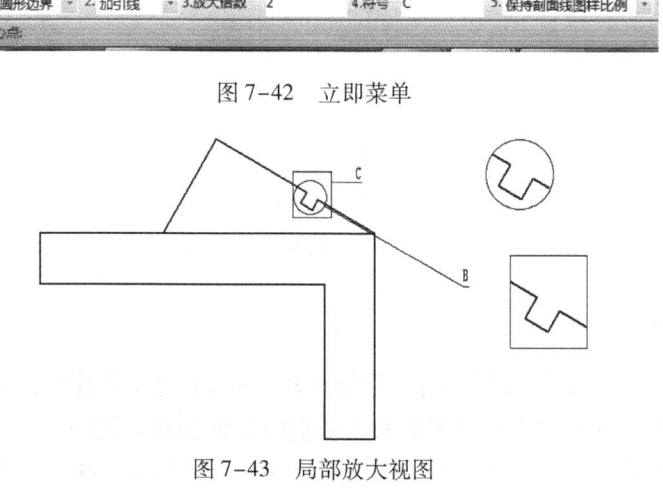

图7-43　局部放大视图

在 CAXA 实体设计 2016 中，局部放大图在主视图上的圆形边界自由可以移动到不同位置，相应的局部放大图也与之关联而改变。

7.2.9　裁剪视图

CAXA 实体设计 2016 新增了裁剪视图功能。裁剪视图是在某一个已存在的视图上，根据给定的封闭区域进行裁剪视图。

在"三维接口"功能面板中单击"裁剪视图"按钮 ⚏，或者选择在"工具"菜单→"视图管理"→"裁剪视图"命令，或者单击"视图管理"工具条中的"裁剪视图"按钮，此时状态栏提示"选择要裁剪的视图"。在生成裁剪视图之前，先使用绘图工具在需要裁剪的部位绘制一条封闭曲线，拾取完毕后，右击鼠标即可生成裁剪视图，如图 7-44 所示。

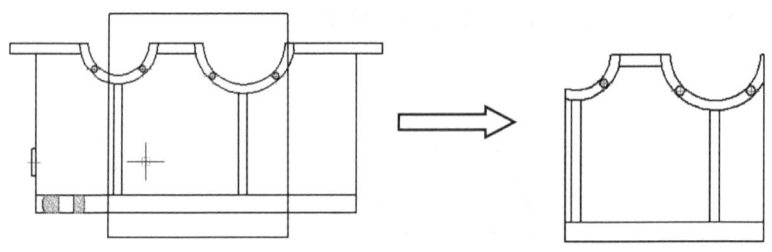

图 7-44　裁剪视图

7.3　视图编辑

视图生成以后，可以通过视图编辑的功能对视图的位置进行编辑。

视图编辑的工具/命令主要集中在几个菜单/面板中，包括"三维接口"→"视图编辑"功能面板，菜单栏中"工具"→"视图管理"命令和在图纸环境中对选定视图右击而弹出的快捷菜单，如图 7-45 所示。

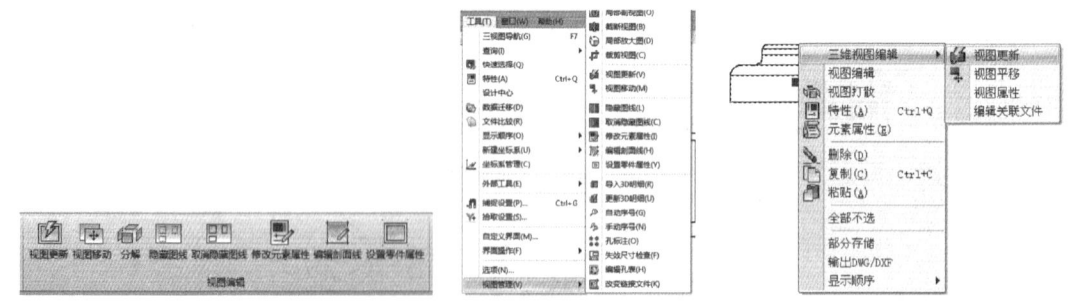

图 7-45　视图编辑的工具/命令

7.3.1　视图移动

单击"视图编辑"功能面板中的"视图移动"按钮 ⊞（其他激活方法也可），然后拾取需要移动的视图，此时会有一个视图的预显跟随鼠标移动，如图 7-46 所示，在合适位置单击，即可将视图移动到适当的位置。视图移动操作每次只能移动一个视图。

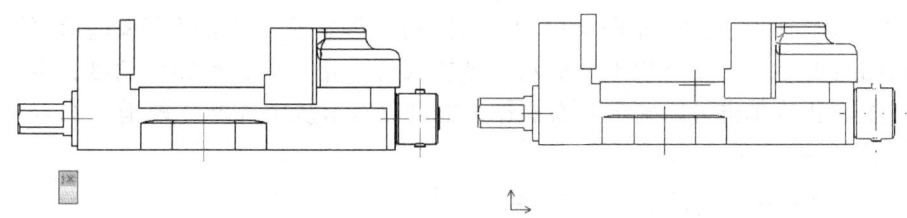

图 7-46　视图平移

视图之间存在父子关系时，如果移动的是父视图，那么它的子视图也会跟随移动。比如移动主视图，会带动其他视图的移动，这是由视图的父子关系决定的。如图 7-47 所示为主视图移动过程中的预显。

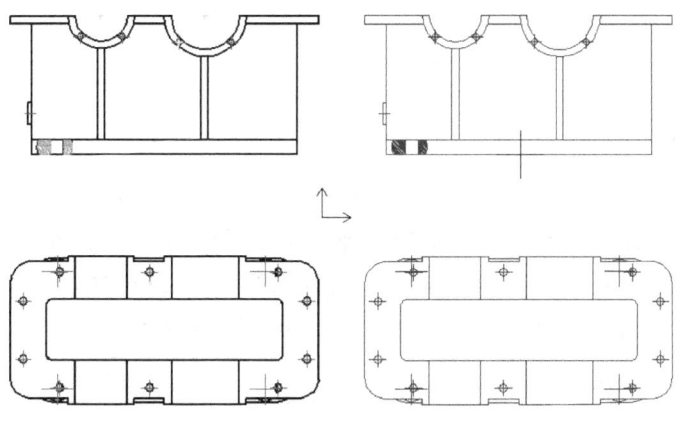

图 7-47　主视图移动过程中的预显

7.3.2　分解

单击"三维接口"功能面板上的"分解"按钮 ，或者在视图上右击，从弹出的快捷菜单中选择"视图打散"命令，则该视图被打散成若干二维曲线。此时再单击选择视图中的曲线，则只能拾取单个曲线了，如图 7-48 所示。

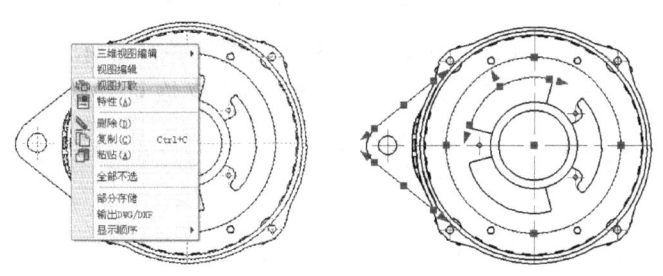

图 7-48　视图打散

7.3.3　复制粘贴

复制粘贴功能是配对使用的。在视图编辑状态右击，在弹出的快捷菜单中选择"复制"命令（也可以对该视图或其中一部分进行复制）；选择此命令后再次右击，从弹出的快捷菜单中选择"粘贴"命令,此时立即菜单和要粘贴的图形显示,状态栏出现提示"请输入定位点:",单击定位点后,状态栏出现提示"请输入旋转角度:",可输入角度,也可拖动鼠标使图形旋转,再次单击可以确定此次操作;也可以右击从中选择"取消"命令来取消这次操作,如图7-49所示。

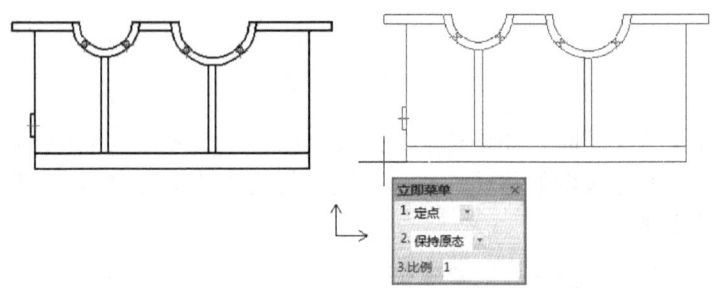

图 7-49 复制粘贴

7.3.4 隐藏图线

选择"工具"→"视图管理"→"隐藏图线"命令,或者单击"三维接口"功能面板中的"隐藏图线"按钮,或者单击"视图管理"工具条中的"隐藏图线"按钮,此时状态栏提示"请拾取视图中的图线",单击或者框选选择图线,选择完毕后右击并从弹出的快捷菜单中选择"确定"命令,即可隐藏这些图线,如图7-50所示。

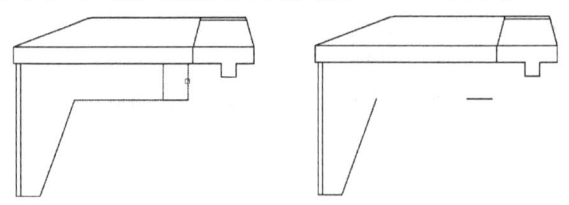

图 7-50 隐蔽图线

如果想恢复隐藏的图线,可以选择"工具"→"视图管理"→"取消隐藏图线"命令,或者单击"三维接口"功能面板中的"取消隐藏图线"按钮 ，或者单击"视图管理"工具条中的"取消隐藏图线"按钮 ，此时状态栏提示"请拾取要取消隐藏图线的视图",选择一个视图,此时视图中所有隐藏图线用虚线重新显示出来。再次单击或框选需要恢复显示的图线,选择完毕后右击,则这部分图线又恢复了显示,如图7-51所示。

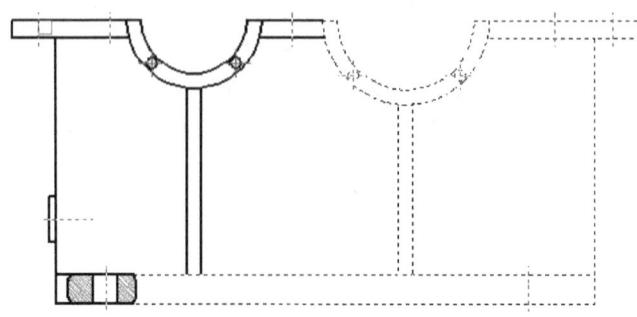

图 7-51 取消隐蔽图线

7.3.5 修改元素属性

使用这个功能可以修改视图上元素的属性，如层、线型、线宽、颜色等属性。

在"三维接口"功能面板上单击"修改元素属性"按钮，或者在"视图管理"工具条上单击"修改元素属性"按钮，或者在视图上右击，从弹出的快捷菜单中选择"特性"命令，都可以进入该命令。然后，按照状态栏的提示拾取视图中的图线，选择完毕后右击选择"确定"命令，即弹出"编辑元素属性"对话框，如图7-52所示。

图 7-52 "编辑元素属性"对话框

7.3.6 编辑剖面线

单击"三维接口"功能面板上的"编辑剖面线"按钮，或者在"视图管理"工具条上单击"编辑剖面线"按钮，即可进入该命令。此时状态栏提示"请拾取视图中的图线"，拾取某区域内的剖面线，弹出"剖面图案"对话框，如图7-53所示。

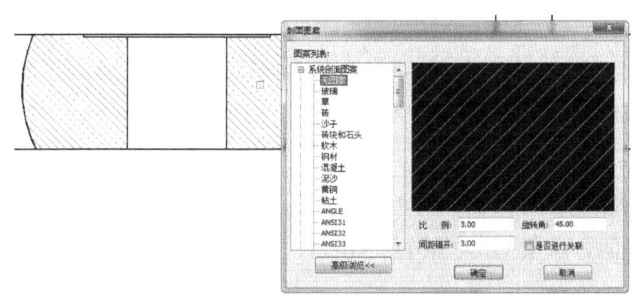

图 7-53 编辑剖面图案

在"剖面图案"对话框中，右上方是选中材质的剖面线预览，如果用户觉得不满意，可以通过预览图下方的选项进行修改。对话框的左边是一些工程和建筑中常用材质的剖面线名称，单击"高级浏览"按钮，出现如图7-54所示的"浏览剖面图案"对话框，这里可以更直观地选择自己想要的剖面线形式。

在如图7-53所示的对话框中还可以对该零件的剖面线进行比例、旋转角、间距错开等设置，比例可以修改图案的大小，旋转角可以设置图案与水平线的夹角，间距错开可以设置图案的交错距离。如图7-55所示为修改了这几项参数以后的砖图案。

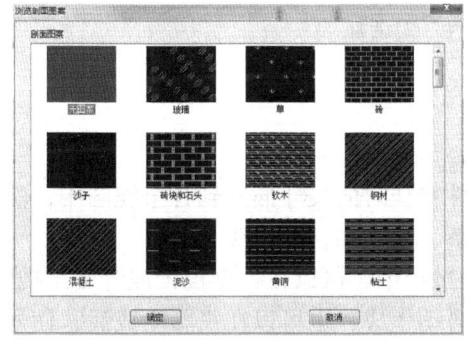

图 7-54 剖面图案

图 7-55 修改后的砖图案

📖 **注意:** 编辑其中一个剖面线,不同视图中同一个零件的剖面线会同时发生更改。

7.3.7 设置零件属性

在"三维接口"功能面板上单击"设置零件属性"按钮 ▣,或者在"视图管理"工具条上单击"设置零件属性"按钮 ▣,即可进入该命令。此时状态栏提示"请拾取零件",拾取某区域内的视图,弹出"设置零件属性"对话框,如图 7-56 所示。在该对话框里可以选择对零件进行剖切设置和隐藏设置。

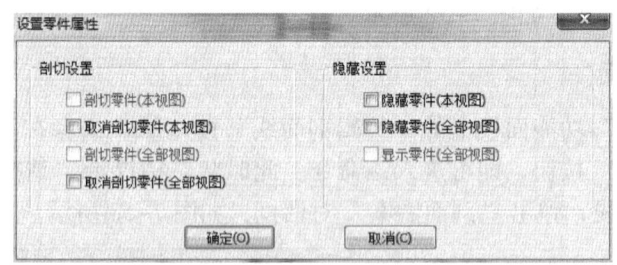

图 7-56 "设置零件属性"对话框

7.3.8 视图属性

在视图上右击,从弹出的快捷菜单中选择"三维视图编辑"→"视图属性"命令,弹出"视图属性"对话框,此处可以编辑视图的各项属性,如图 7-57 所示。这里进行的设置仅对该视图有效。

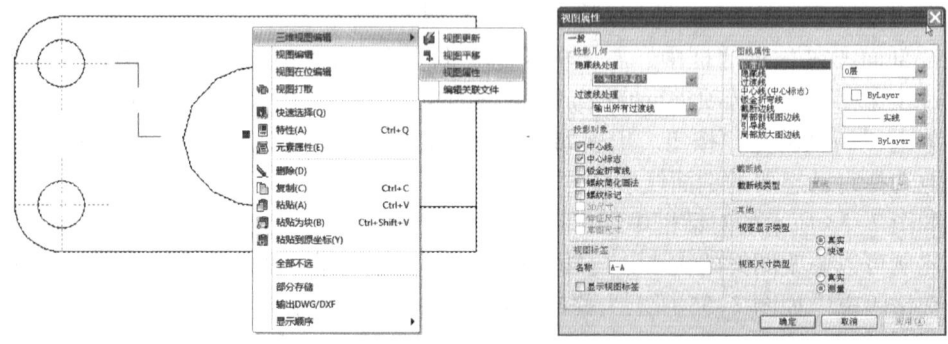

图 7-57 "视图属性"对话框

7.4 尺寸生成与标注

在工程图中标注尺寸,一般先将生成每个零件特征时的尺寸插入到各个视图中,然后通过编辑、添加尺寸,使标注的尺寸达到正确、完整、清晰和合理的要求。

在 CAXA 实体设计 2016 中,由三维转二维的过程中,可以在一个视图或者多个视图中,将三维文件中的三维尺寸、特征尺寸、草图尺寸自动生成,也可以在投影生成后,使用尺寸标注工具进行标注。

7.4.1　尺寸的自动生成

要将 CAXA 实体设计三维设计环境中标注的所有尺寸全部自动投到工程图中，可以在生成投影时，在"标准视图输出"对话框的"选项"选项卡中，选择"视图尺寸类型"为"真实尺寸"，可以控制是否自动生成 3D 尺寸、特征尺寸、草图尺寸，如图 7-58 所示。

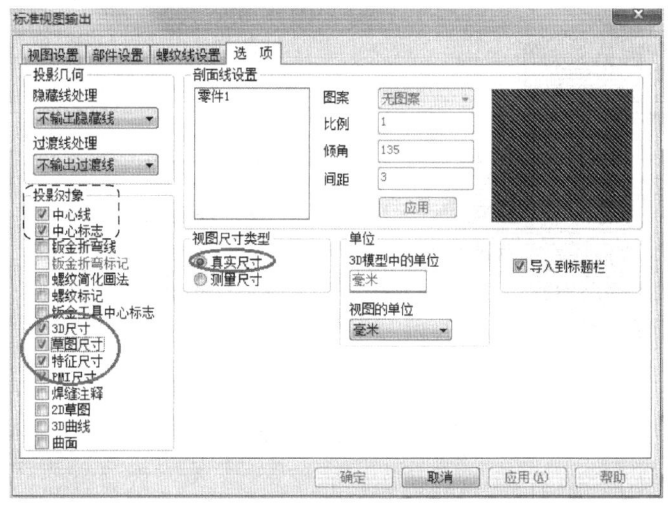

图 7-58　"选项"选项卡

- 测量尺寸就是现有的电子图板中的尺寸标注方法，根据测量值和比例等因素标注的尺寸，与三维设计环境没有关联。这种标注比较适合在正视图上进行标注。
- 真实尺寸是在视图上标注出三维模型中测量出来的尺寸，是三维智能标注在二维视图上的一种表示。这种标注比较适合在轴测图上进行标注。

1. 三维尺寸

在三维设计环境中使用智能标注功能标注的尺寸，并且在该尺寸上右击，从右键菜单中选择将该尺寸"输出到工程图"。如图 7-59 所示。此后该尺寸后面出现一个小箭头 100.000 ，表示该尺寸会输出到图纸。

2. 草图尺寸

在草图编辑状态，单击"尺寸约束"按钮 ，标注草图上的尺寸，并且在尺寸上右击，从弹出的快捷菜单中选择"输出到工程图"命令，如图 7-60 所示。在尺寸后面带了一个小箭头以后，在二维投影图上，此尺寸即可自动生成。

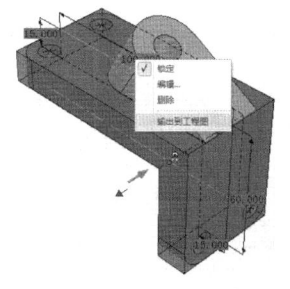

图 7-59　三维尺寸

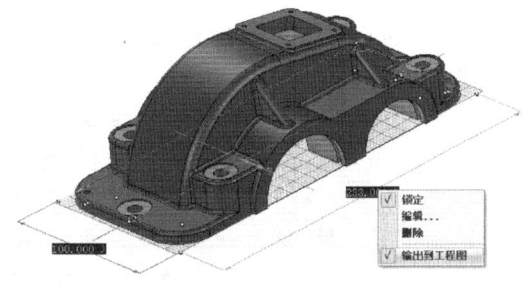

图 7-60　草图尺寸

235

3. 特征尺寸

特征尺寸是生成特征时操作的尺寸，如拉伸的高度、旋转体的角度、抽壳的厚度、圆角过渡的半径、拔模角度等。

在"标准视图输出"对话框"选项"选项卡的"投影对象"选项组中选择将 3 种尺寸全部投影，然后生成投影图，可自动生成各种尺寸，如图 7-61 所示。

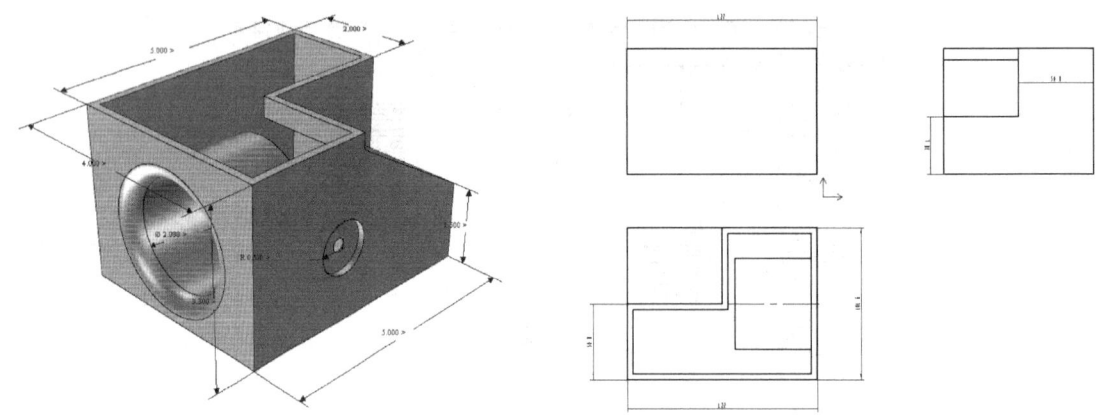

图 7-61　生成的全部尺寸

7.4.2　标注尺寸

除了通过投影自动生成的尺寸，还可以标注尺寸。图纸生成后，可以在"标注"菜单中选择"尺寸标注"→"粗糙度符号"→"形位公差"等命令为图纸添加各种标注，或直接通过"标注"工具栏上的按钮给视图添加尺寸。

尺寸可添加到视图中的任何几何形状上。如果尺寸添加到投影视图上，则这些尺寸与实际的三维模型尺寸将完全关联。当为视图添加尺寸的时候，系统会自动提示打开关联的三维设计文件。

当选择了一种标注类型后，智能捕捉功能将被激活以帮助选择视图中的特征点（颜色加亮显示，表示可以作为标注对象的点；如果检测到的不是作为标注对象的点，则会显示一个表示无效选择的标志）。

虽然所有尺寸标注工具均可用来生成图纸上的尺寸，但尺寸标注 ▮ 是最常用和方便的工具，可智能地判断出所需的尺寸标注类型，且实时在屏幕上显示出来。其他标注工具具有与智能尺寸工具相同的功能，不同之处在于选定这样一种标注工具后，如不退出，会影响其他尺寸标注。

工程图标注主要包括尺寸、坐标标注、文字、技术要求、公差标注和表面粗糙度标注等，如图 7-62 所示。

图 7-62　标注面板

1. 尺寸标注

单击尺寸标注命令下方的黑色三角形，可以弹出尺寸标注的类型，如图7-63所示。尺寸标注包括基本标注、基线标注、连续标注、三点角度标注、角度连续标注、半标注、大圆弧标注、射线标注、锥度标注、曲率半径标注、线性标注、对齐标注、角度标注、弧长标注、半径标注和直径标注。这些标注命令均可以通过调用"尺寸标注"功能并在立即菜单切换选择，也都可以单独执行。图7-64所示为常见的尺寸标注示例。

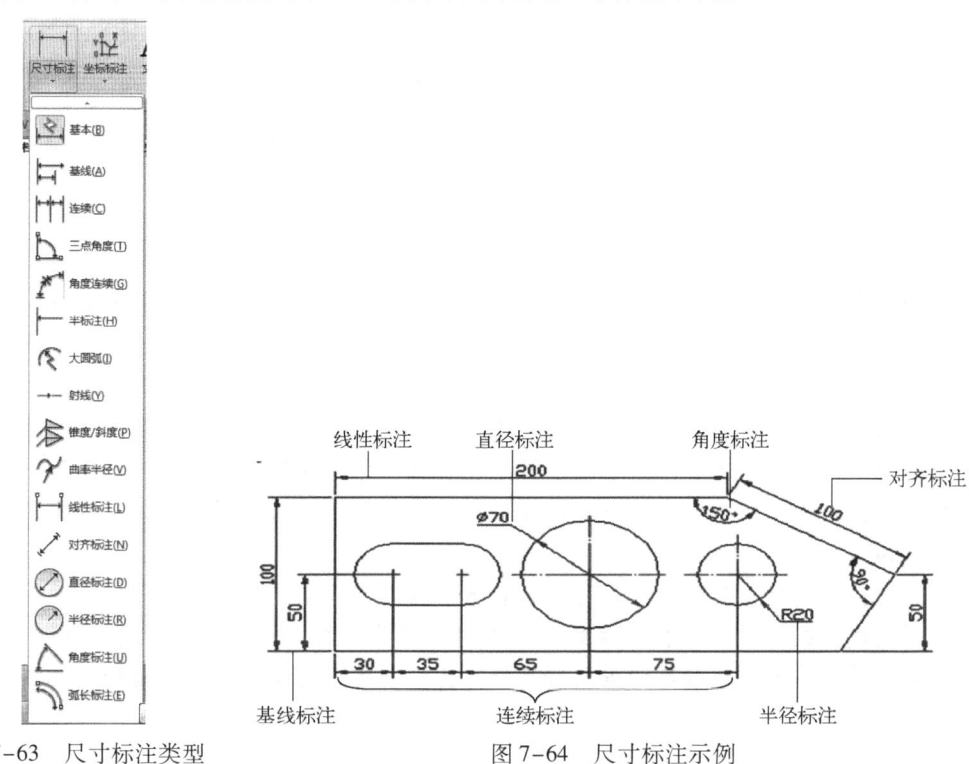

图7-63　尺寸标注类型　　　　　　　　图7-64　尺寸标注示例

2. 坐标标注

坐标标注包括原点标注、快速标注、自由标注、对齐标注、孔位标注、引出标注、自动列表。这些标注命令均可以通过调用"坐标标注"功能并在立即菜单切换选择，也都可以单独执行。

执行每个标注命令时，都可以在立即菜单临时切换到以上各种标注命令。坐标标注功能使用立即菜单进行交互操作，调用"坐标标注"功能后弹出如图7-65所示立即菜单。单击立即菜单"1."选择标注方式，然后再选择要标注的对象即可。

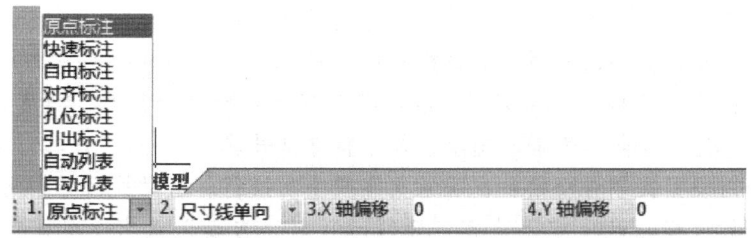

图7-65　坐标标注立即菜单

3. 文字

图纸中通常需要添加文字注释表达各种信息，例如说明信息、技术要求等。CAXA 实体设计工程图的文字标注功能包括文字、引出说明、技术要求等。

单击"标注"面板中的"文字"按钮 **A**，在立即菜单选择"指定两点"，根据提示用鼠标指定要标注文字的矩形区域的第一角点和第二角点。然后系统将弹出文字输入框和文字编辑器，如图 7-66 所示。

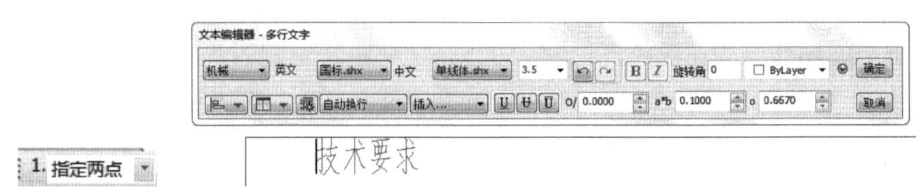

图 7-66　文字编辑器

设置文字参数后，在文字输入框中输入文字，然后单击"确定"按钮即可。文字编辑器各项参数的含义和用法如下。

- 样式：单击样式选择框可以选择要生成文字的文字风格，文字风格的切换对整段文字有效。如果将新样式应用到当前编辑的文字对象中，用于字体、高度和粗体或斜体属性的字符格式将被替代。下划线和颜色属性将保留在应用了新样式的字符中。
- 字体：单击英文和中文右边的选择框可以为新输入的文字指定字体或改变选定文字的字体。
- 角度：在旋转右边的输入框可以为新输入的文字设置旋转角度或改变已选定文字的旋转角度。横写时为一行文字的延伸方向与坐标系的 x 轴正方向按逆时针测量的夹角；竖写时为一列文字的延伸方向与坐标系的 y 轴负方向按逆时针测量的夹角。旋转角的单位为度（°）。
- 颜色：可以指定新文字的颜色或更改选定文字的颜色。
- 文字高度：设置新文字的字符高度或修改选定文字的高度。
- 粗体：单击按钮 **B** 打开或关闭新文字或选定文字的粗体格式。此选项仅适用于使用 TrueType 字体的字符。
- 倾斜：单击按钮 **I** 打开或关闭新文字或选定文字的斜体格式。此选项仅适用于使用 TrueType 字体的字符。
- 下画线：单击按钮 **U** 为新文字或选定文字打开或关闭下画线。
- 中画线：单击按钮 **U** 为新文字或选定文字打开或关闭中画线。
- 上画线：单击按钮 **U** 为新文字或选定文字打开或关闭上画线。
- 书写方向：设置文字的书写方向是横写或竖写。
- 插入符号：单击"插入"可以插入各种特殊符号包括直径符号、角度符号、正负号、偏差、上下标、分数、表面粗糙度、尺寸特殊符号等。
- 换行：可以设置文字自动换行、压缩文字或手动换行。自动换行是指文字到达指定区域的右边界（横写时）或下边界（竖写时）时，自动以汉字、单词、数字或标点符号为单位换行，并可以避免头尾为字符，使文字不会超过边界（例外情况是当指定的区域很窄而输入的单词、数字或分数等很长时，为保证不将一个完整的单词、数字或分数等结构拆分到两行，生成的文字会超出边界）；压缩文字是指当指定的字型参数会导致文字超出指定区域时，系统自动修改文字的高度、中西文宽度系数和字符间距系数，以保证文字完全在指定的区域内；手动换行是指在输入标注文字时只要按〈Enter〉键，就能完成文字换行。

- ●"对齐"：单击按钮 可以设置文字的对齐方式，包括顶端对齐、垂直居中和底端对齐、左对齐、水平居中和右对齐。

图 7-67 所示为用"文字"命令书写的技术要求。

技术要求

1. 未注圆角R2。

2. Φ50±0.025。

3. 60° 2/3。

图 7-67　文字示例

4. 技术要求

单击"标注"面板中的"技术要求"按钮 ，可以快速生成工程的技术要求说明文字，如图 7-68 所示。CAXA 实体设计工程图用数据库文件分类记录了常用的技术要求文本项，可以辅助生成技术要求文本插入工程图，也可以对技术要求库的文本进行添加、删除和修改。

左下角的列表框中列出了所有已有的技术要求类别，右下角的表格中列出了当前类别的所有文本项。如果技术要求库中已经有了要用到的文本，则可以用鼠标直接将文本从表格中拖到上面的编辑框中合适的位置。也可以直接在编辑框中输入和编辑文本。

单击"正文设置"按钮可以进入"文字参数设置"对话框，如图 7-69 所示，修改技术要求文本要采用的参数。需要指出的是：设置的字型参数是技术要求正文的参数，而标题"技术要求"4 个字由"标题设置"按钮进行设置。

图 7-68　"技术要求库"对话框

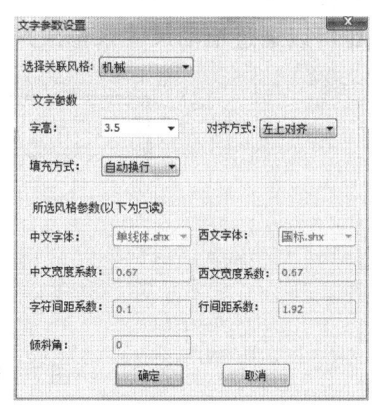

图 7-69　"文字参数设置"对话框

技术要求库的管理工作也是在"技术要求库"对话框中进行。选择左下角列表框中的不同类别，右下角的表格中的内容随之变化。要修改某个文本项的内容，只需直接在表格中修改；要增加新的文本项，可以在表格最后左边有星号的行中输入；要删除文本项，则单击相应行左边的选择区选中该行，再按〈Delete〉键删除；要增加一个类别，选择列表框中的最后一项"增加新类别"，输入新类别的名字，然后在表格中为新类别增加文本项；要删除一个类别，选中该类别，按〈Delete〉键，在弹出的消息框中单击"是"按钮，则该类别及其中的所有文本项都被从数据库中删除；要修改类别名，则双击，再进行修改。完成管理工作后，单击"退出"按钮退出对话框。

7.4.3 尺寸编辑

尺寸投影生成或标注完成以后，如果对它们的数值或者位置等不满意，可以对尺寸进行编辑，CAXA 实体设计工程图提供了多种手段编辑各种类型的标注对象，如"标注编辑"命令、"特性"选项板、双击编辑、"尺寸驱动"命令等。

要编辑工程图上某个尺寸，可通过单击把它拖移到其他位置进行重定位。在尺寸数值上右击，利用弹出的快捷菜单可对标注尺寸进行删除、平移或粘贴等操作。若选择"标注编辑"命令，随即再次右击，弹出"尺寸标注属性设置"菜单，选择其中的"标注风格"命令就可对选中的某个"线性尺寸"或"直径尺寸"的属性进行编辑。

1. 位置编辑

编辑尺寸标注位置的方法很简单，选择尺寸，如图 7-70 所示，然后拖动鼠标移动尺寸到合适的位置释放即可。

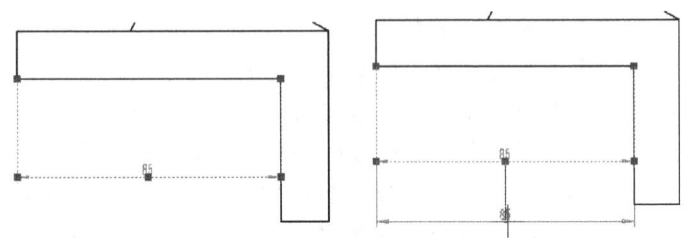

图 7-70　尺寸位置编辑

或者选择尺寸，然后右击，从弹出的快捷菜单中选择"标注编辑"命令。如图 7-71 所示。此时也可以通过拖动尺寸来修改尺寸的位置。

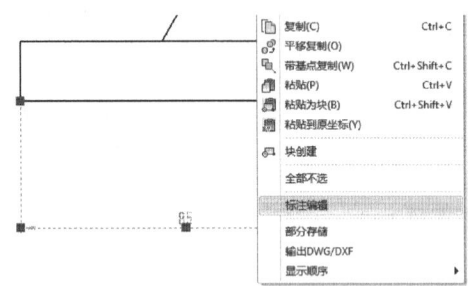

图 7-71　标注编辑快捷菜单

2. 尺寸值编辑

要进行尺寸值的编辑，需要先选择尺寸，然后右击，从弹出的快捷菜单中选择"标注编辑"命令。此时软件界面下方出现立即菜单，如图 7-72 所示。

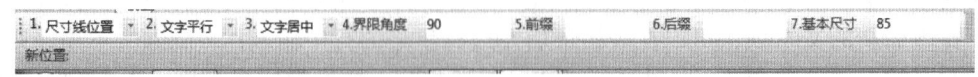

图 7-72　标注编辑立即菜单

此时，可以编辑立即菜单中列出的那些项，可以添加前缀和后缀，可以在最后一项修改基本尺寸值。如将 85 改为 170，此时显示的尺寸是经过用户修改的数据或文字，如图 7-73 所示。

3. 其他属性编辑

选择尺寸，将鼠标移动到如图 7-74 所示的"特性窗口"上，出现特性窗口。在这里，可以修改尺寸的各种特性，如层、线型、颜色、风格等。可以看到，显示为 170 的尺寸值，它的属性窗口里，测量值依旧为 85。也就是说用户修改尺寸以后，显示的尺寸是经过用户修改的数据或文字，但是用户可以查询到该尺寸原始的三维数据或者测量数据。

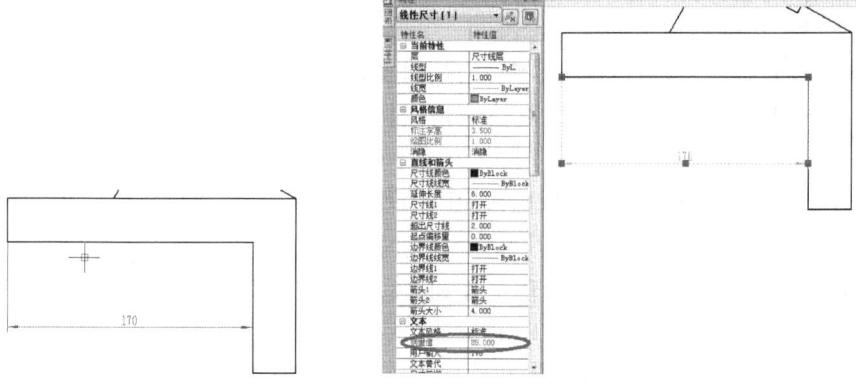

图 7-73　更改后的标注值　　　　　　　　图 7-74　尺寸特性窗口

在这里可以试着修改该尺寸的颜色和标注字高。将颜色改为红色，可以在图 7-75 中看到修改的结果。

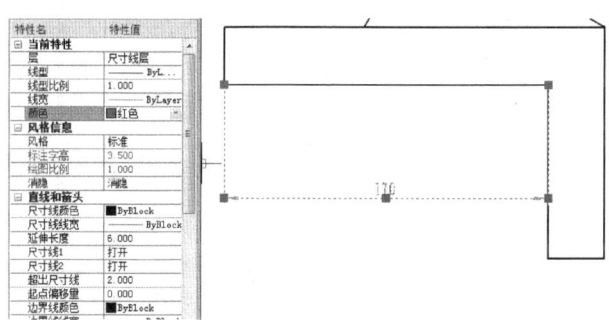

图 7-75　修改尺寸颜色

4. 尺寸标注更新

投影尺寸完成以后，会随着三维设计的更新而更新。三维数据更新，未经修改的尺寸标注自动更新；经过修改的尺寸标注则维持修改后的状态，但是尺寸背后的原始信息会被更新。回到投影视图的环境，则弹出如图 7-76 所示的提示对话框。

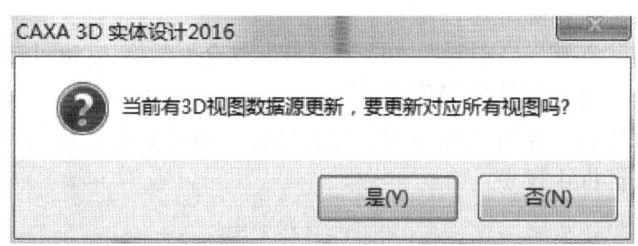

图 7-76　提示对话框

单击"是"按钮，更新后视图中的标注会发生相应的变化。如果因为三维数据的变化（例如，删除、退化等），导致现有的尺寸无法关联到 ID，那么该尺寸保持悬挂状态，自然无法更新；如果 ID 再次恢复，那么尺寸会再次保持关联，维持可以更新状态。

7.4.4　标注样式

不同制图标准及环境下对标注的需求是不同的，通过"标注样式"可以设置控制各种标注的外观参数，方便使用维护标注标准。

标注样式是各种标注设置的集合，可用来控制标注的外观，如箭头样式、文字位置和尺寸公差等。用户可以创建标注样式，以快速指定标注的格式，并确保标注符合行业或项目标准。

创建标注时，标注将使用当前标注样式中的设置。如果要修改标注样式中的设置，则图形中的所有标注将自动使用更新后的样式。

单击"标注"面板中的"样式管理"按钮 ，打开如图 7-77 所示的"样式管理"对话框，在这个对话框中可以设置标注的文本风格、尺寸风格、引线风格、形位公差风格、粗糙度风格、焊接符号风格、基准代号风格等样式，下面介绍各种样式的设置和使用方法。

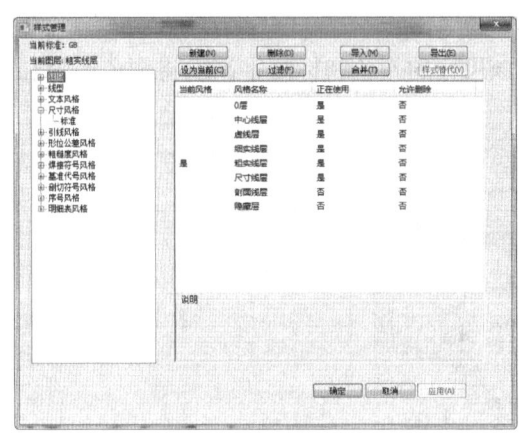

图 7-77　"样式管理"对话框

1. 文字风格

文字风格通常可以控制文字的字体、字高、方向、角度等参数。

"文本风格"选项卡如图 7-78 所示。

在"文本风格"下列出了当前文件中所使用的文字样式。系统预定义了一个"标准"的默认样式，该样式不可删除但可以编辑。

单击对话框中的"新建""删除""设为当前""合并"等按钮可以进行文字样式的创建、删除、设为当前、合并等管理操作。

选中一个文字样式后，在对话框中可以设置字体、宽度系数、字符间距、倾斜角、字高等参数，并可以在对话框中预览。

2. 尺寸风格

"尺寸风格"选项卡如图 7-79 所示。

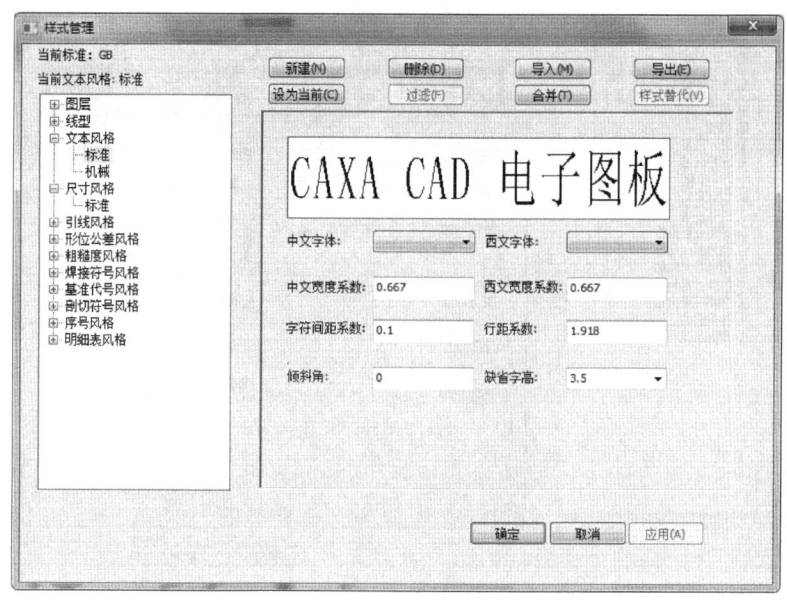

图 7-78 "文本风格"选项卡

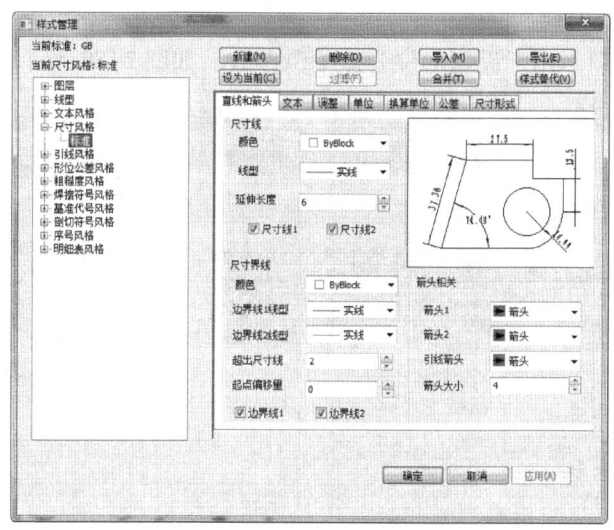

图 7-79 "尺寸风格"选项卡

在"尺寸风格"选项卡中，可以修改尺寸线、箭头、文本等形式，也可以定义文字、箭头和边界线相互位置，或用于设置公差及单位的形式。

3. 引线风格

引线风格用于定义各项引线参数，形位公差、粗糙度、基准代号、剖切符号等标注的引线均会引用引线样式。

"引线风格"选项卡如图 7-80 所示。

4. 形位公差风格

形位公差风格用于设置形位公差各项参数。

执行"形位公差风格"命令后，弹出"符号和文字"选项卡如图 7-81 所示。

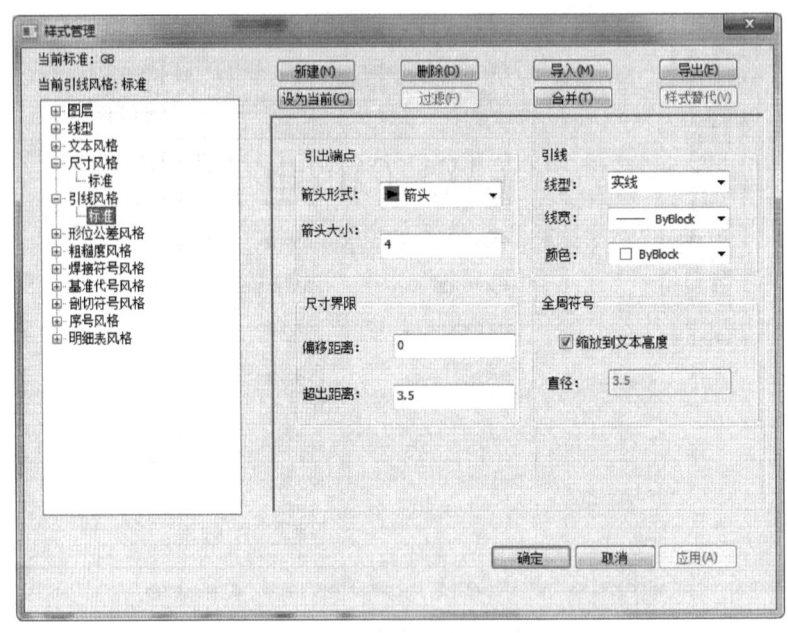

图 7-80 "引线风格"选项卡

其中"单位"选项卡用于设置形位公差单位参数,如图 7-82 所示。

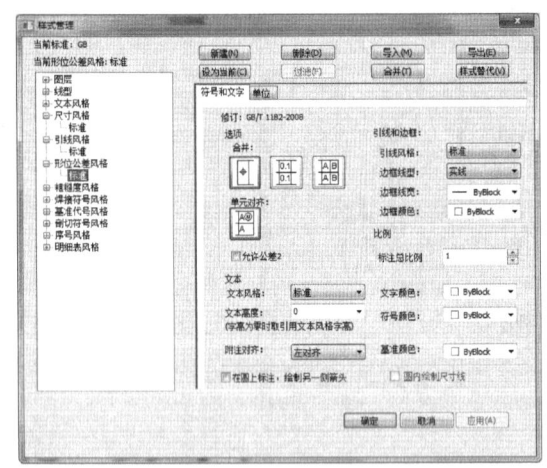

图 7-81 "符号和文字"选项卡

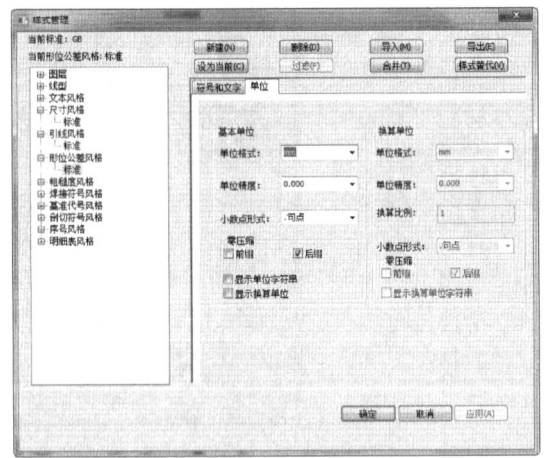

图 7-82 "单位"选项卡

5. 粗糙度风格

表面粗糙度符号可放置在工程视图的图形轮廓或与轮廓关联的参考曲线上。

"粗糙度风格"选项卡如图 7-83 所示。

6. 焊接符号风格

在工程图样上焊缝应尽可能采用符号表示法。完整的焊缝符号包括基本符号、指引线、补充符号及数据等。为了简化,在图样上标注焊缝时通常只采用基本符号和指引线,其他内容一般在有关文件中(如焊接工艺规程等)明确。

"焊接符号风格"对话框如图 7-84 所示。

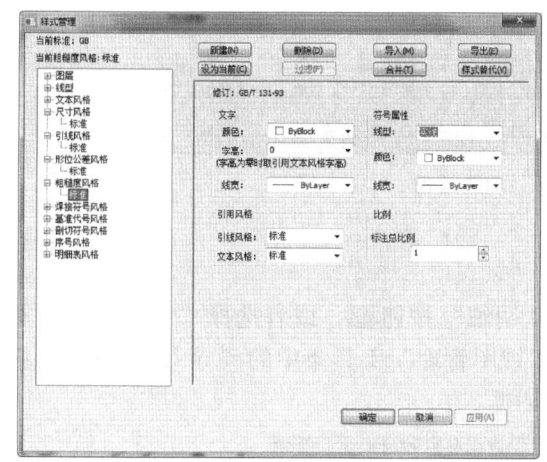

图 7-83　"粗糙度风格"选项卡　　　　　图 7-84　"焊接符号风格"选项卡

7. 基准符号风格

基准代号样式用于设置基准代号各项参数。

"基准代号风格"选项卡如图 7-85 所示。

8. 剖切符号风格

剖切符号样式用于设置剖切符号各项参数。

"剖切符号风格"选项卡如图 7-86 所示。

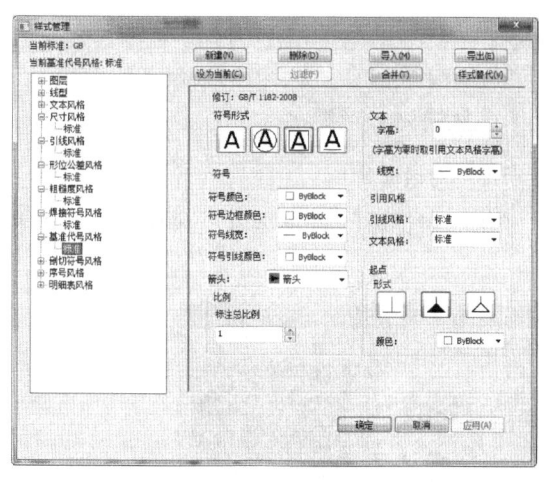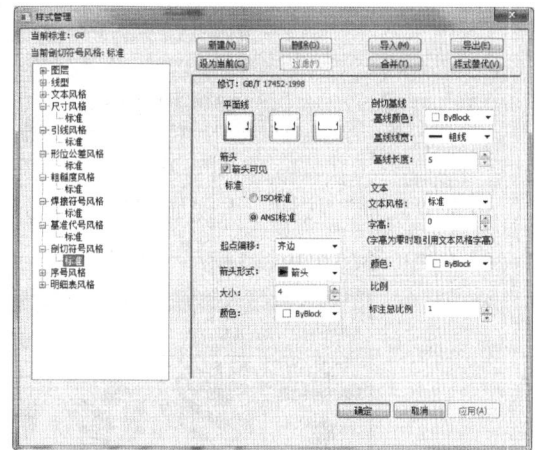

图 7-85　"基准代号风格"选项卡　　　　　图 7-86　"剖切符号风格"选项卡

7.5　注释

对于由三维装配体数据生成的二维装配图，还需要设计与其相应的明细栏以及标注零件序号。内容包括导入 3D 明细栏、更新 3D 明细栏和在二维装配视图中生成零件序号等。在 CAXA 实体设计 2016 中，在"注释"功能面板中包含了注释的一些功能，如图 7-87所示。

图 7-87 "注释"功能面板

7.5.1 导入 3D 明细

单击"三维接口"→"注释"→"导入 3D 明细"按钮 ▤，或者选择"工具"→"视图管理"→"导入 3D 明细"命令，或者单击"视图管理"工具条中的"导入 3D 明细"按钮，出现如图 7-88 所示的"导入 3D 明细"对话框。

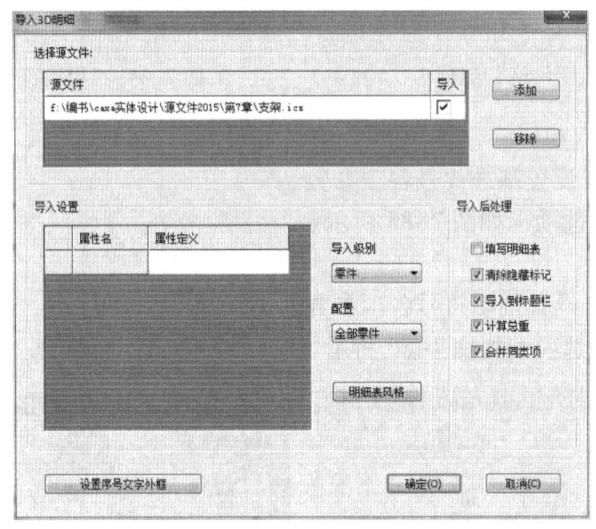

图 7-88 "导入 3D 明细"对话框

单击"添加"按钮，出现如图 7-89 所示"打开"对话框。选择要在二维中导入明细栏的三维文件，然后单击"打开"按钮。

图 7-89 "打开"对话框

该装配的名字出现在"导入 3D 明细"对话框中，单击该名称，"导入 3D 明细"对话框如图 7-90 所示。

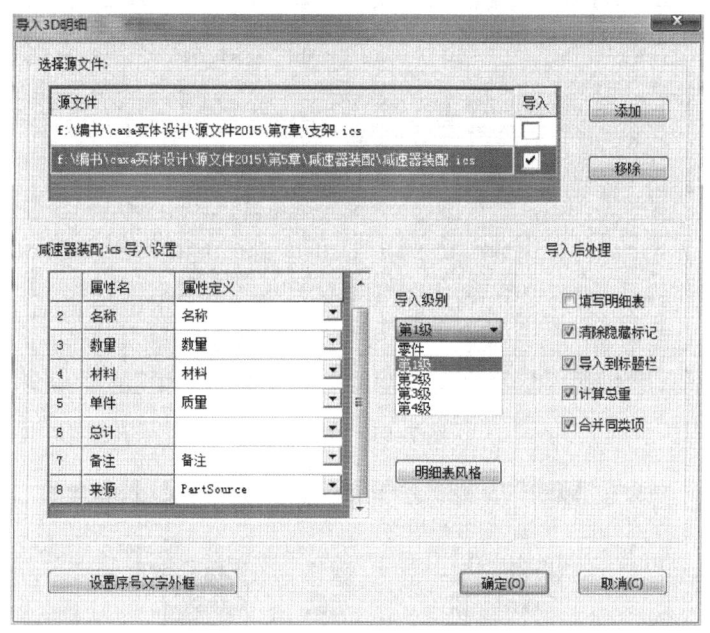

图 7-90　相关设置

1. 导入设置

三维设计环境文件的 BOM 字段与 NEB 中的字段有一定的对应关系。"导入设置"即进行对应关系的设置，"导入设置"中将出现若干"属性名"，每个属性名后面的"属性定义"后面有个下拉箭头，可以在这里选择该属性名对应 3D 环境中的项目，例如：在 NEB 中的"名称"对应 3D 的 BOM 属性中有"PartName"，这样 3D 环境中的该项属性定义会自动填入到明细栏的对应项中。

2. 导入级别

这里是明细栏 3D 到 2D 输出级别的控制。有两种方式：根据零件和根据装配结构。

● 根据零件：输出所有零件。

● 根据装配结构：输出所有选中级别以上的所有叶节点上的零件和部件。

3. 导入后处理

该处设置 3D 明细栏导入以后可以直接做什么。例如，如果选择了"填写明细表"，则导入完成以后，会出现如图 7-91 所示的"填写明细表"对话框，可以在其中填写明细栏的内容。

同样的零件可以在明细表中进行合并，这时只需要单击"填写明细表"对话框中的"合并规则"按钮，在"设置合并规则"对话框中设置"合并依据"为"名称"，将"需要求和的项目"设置为"数量"，如图 7-92 所示。

然后单击"合并"按钮，则名称相同的零件会在明细栏中合并，数量会相加在一起。

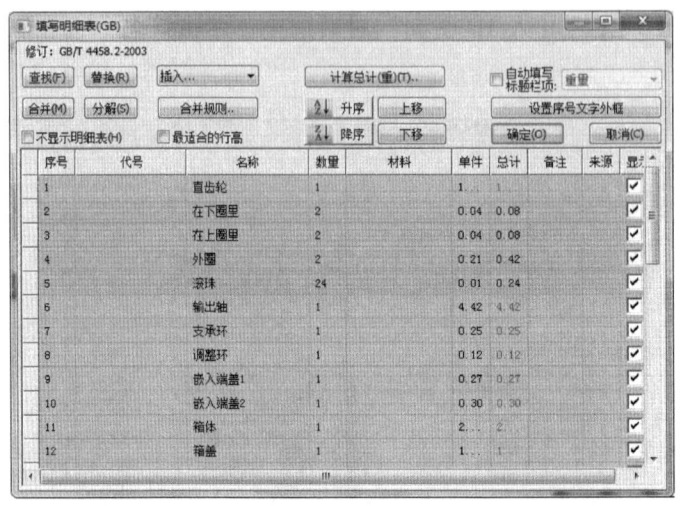

图 7-91　明细表

图 7-92　"设置合并规则"对话框

在"填写明细表"对话框中完成填写内容后，单击"确定"按钮，则可生成如图 7-93 所示的明细栏。

序号	代号	名称	数量	材料	单件	总计	备注
18		strScrew : Plain - M6.0 x 20.0	4		0.00	0.00	
17		Nut : Standard - M24.0 x 22.3	1		0.10	0.10	
16		Washer : Plain - M24.0 x 4.0	1		0.03	0.03	
15		Bolt : Hex - M24.0 x 50.0	1		0.20	0.20	
14		视孔盖板	1		0.13	0.13	
13		垫片	1		0.05	0.05	
12		箱盖	1		11.38	11.38	
11		箱体	1		20.05	20.05	
10		嵌入端盖2	1		0.30	0.30	
9		嵌入端盖1	1		0.27	0.27	
8		调整环	1		0.12	0.12	
7		支承环	1		0.25	0.25	
6		输出轴	1		4.42	4.42	
5		滚珠	24		0.01	0.24	
4		外圈	2		0.21	0.42	
3		在上圈里	2		0.04	0.08	
2		在下圈里	2		0.04	0.08	
1		直齿轮	1		10.21	10.21	
序号	代号	名称	数量	材料	单件 总计 重量		备注

图 7-93　生成明细栏

7.5.2　更新3D明细

当二维工程图对应的三维实体文件发生更改时，如删除了一个零件，那么再进入对应的二维视图时，除了提示视图更新外，还会出现如图7-94所示的更新的提示。单击"是"按钮，则明细表根据更改自动更新。

用户也可采用手动操作的方式来更新明细表。单击"注释"功能面板中的"更新3D明细"按钮 ，或者选择"工具"→"视图管理"→"更新3D明细"命令，或者单击"视图管理"工具条中的"更新3D明细"按钮 ，弹出如图7-95所示的"更新3D明细"对话框，可以在这个对话框中对某个三维文件的明细栏进行删除，或者进行其他的修改，如对应的"属性定义""导入级别"等。

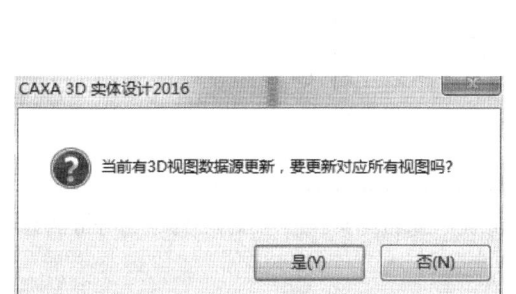

图7-94　更新提示

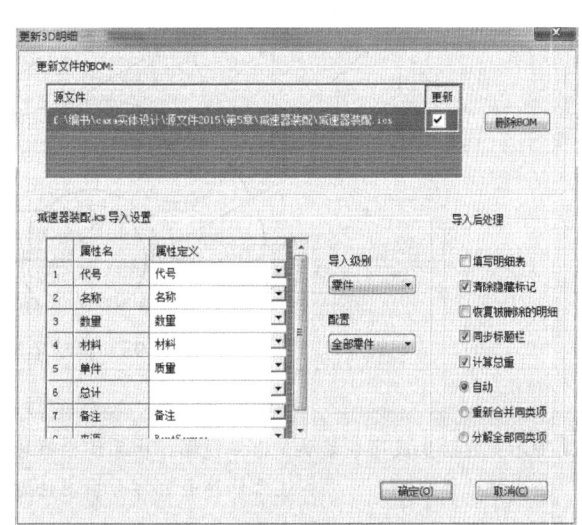

图7-95　"更新3D明细"对话框

7.5.3　视图上生成零件序号

在二维装配视图中生成零件序号的方法有手动和自动两种方式。

1. 自动生成

单击"注释"功能面板中的"自动序号"按钮 ，或者选择"工具"→"视图管理"→"自动序号"命令，或者单击"视图管理"工具条中的"自动序号"按钮 ，弹出如图7-96所示的"自动序号"对话框。

- 重排明细表：明细栏中的顺序会根据序号的位置重新排序，序号的位置可以按"顺时针"或"逆时针"排列。
- 不重排明细表：明细栏顺序不改变，仅生产序号。
- 位置：通过选择不同的位置来调整序号的排列位置。若仅选择"上"复选框，则序号只在视图上部依序排列。

自动序号排列方式设置完成后，单击"确定"按钮。此时，在如图7-97所示的立即菜单中选择"不生成重复序号"或者"允许重复序号"，然后单击要自动生成序号的视图。得到自动生成的零件序号如图7-98所示。同时明细栏的顺序会根据序号而改变。

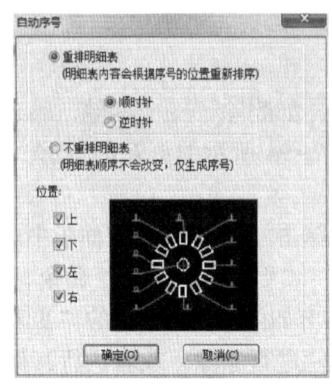

图 7-96 "自动序号"对话框

图 7-97 立即菜单

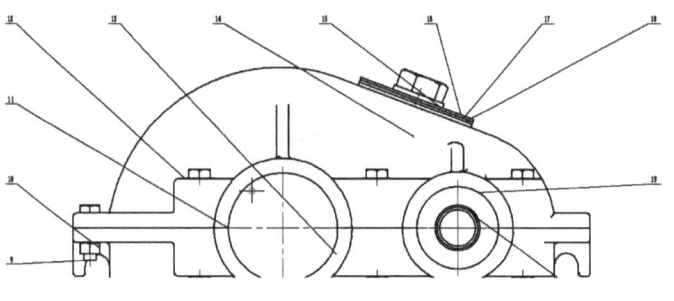

图 7-98 自动生成的零件序号

📖 **提示**：自动生成序号需要先选择视图，由系统根据输出级别、遮挡关系、已经标注过零件序号等内容，给出被选择视图上可以标注哪些序号和序号引出位置。

---

2. 手动生成

单击"注释"功能面板中的"手动序号"按钮，或者选择"工具"→"视图管理"→"手动序号"命令，或者单击"视图管理"工具条中的"手动序号"按钮。在立即菜单中选择"重排明细表"或者"不重排明细表"以及"单折"或者"多折"，即引出线的样式，状态栏提示"拾取引出点或选择明细表行"，如图 7-99 所示。

在视图上单击，系统会根据三维信息自动选中该处的整个零件进行标注，如图 7-100 所示。若选择"重排明细表"，则手动生成的第一个零件序号为 1，而明细栏也相应更改；若选择"不重排明细表"，则手动生成的序号根据明细栏中的顺序产生。

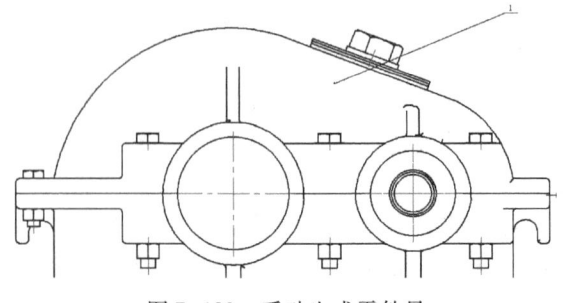

图 7-99 立即菜单

图 7-100 手动生成零件号

7.5.4 孔标注

CAXA 实体设计 2016 版本新增了"孔标注"功能，利用孔标注功能可以方便地将三维中的孔的直径、深度、形状符号、说明等信息在尺寸标注上表示出来。单击"注释"功能面板中的"孔标注"按钮 ⋮⋮，或者选择"工具"→"视图管理"→"孔标注"命令，或者单击"视图管理"工具条中的"孔标注"按钮 ⋮⋮，根据立即菜单提示"拾取孔"，结果如图 7-101 所示。以前如果要做此类标注只能通过直径尺寸标注或者引出标注，其尺寸内容需要由设计人员自己组织和填写。

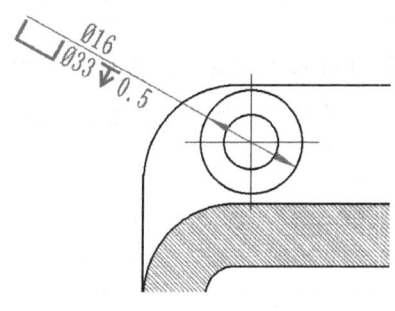

图 7-101　孔标注

7.5.5 编辑钣金折弯标注

单击"注释"功能面板中的"编辑钣金折弯标注"按钮 ⬚，或者单击"视图管理"工具条中的"编辑钣金折弯标注"按钮 ⬚，根据状态栏提示"请拾取钣金折弯标注或投影图"，弹出如图 7-102 所示的"编辑钣金折弯标注"对话框。

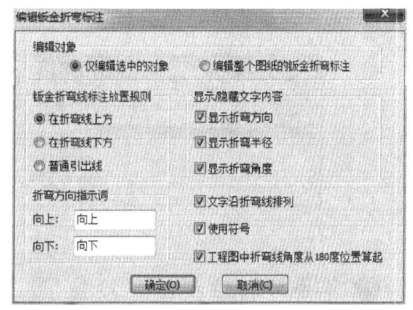

图 7-102　"编辑钣金
折弯标注"对话框

- 钣金折弯线标注放置规则：选择钣金折弯线标注位置，可以在折弯线上方、下方或者引出线处标注。
- 折弯方向指示词：对钣金折弯方向做文字、数值或者字母标注。例如，在向上栏填写上，向下栏填写下。
- 显示/隐藏文字内容：选择显示/隐藏折弯方向、折弯半径和折弯角度。
- 文字沿折弯线排列：选中此项，则折弯线标注的文字排列在一起。
- 使用符号：折弯标注用符号表示。
- 工程图中折弯线角度从 180 度位置算起：折弯角度在投影视图上标注不超过 180°。

7.5.6 失效尺寸检查

单击"注释"功能面板中的"失效尺寸检查"按钮 ⬚，或者选择"工具"→"视图管理"→"失效尺寸检查"命令，或者单击"视图管理"工具条中的"失效尺寸检查"按钮 ⬚，弹出如图 7-103 所示的"尺寸检查"对话框。利用失效尺寸检查功能可以自动检查出在工程图中与三维文件不关联的尺寸，用户可以删除或重新标注这些失效尺寸，避免了多标或漏标尺寸的问题。

图 7-103　"尺寸检查"对话框

7.6 综合实例：输出轴工程图

本实例以减速箱输出轴的工程图输出为例，介绍零件工程图样输出的步骤。

【例7-7】创建输出轴工程图。

✘设计步骤

❶ 选择"文件"→"新文件"命令，在弹出的"新建"对话框中选择"图纸"，单击"确定"按钮；在弹出的"新建"对话框中选择 A3 图幅横排，采用 CAXA 实体设计系统提供的图框和标题栏，如图 7-104 所示。

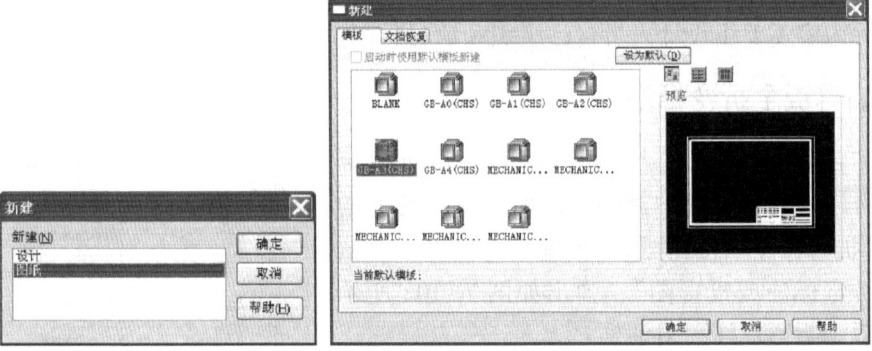

图 7-104　构建设计环境

❷ 单击"标准视图"按钮 ▣，在弹出的"标准视图输出"对话框中单击"浏览"按钮，选择"输出轴.ics"文件。选择主视图，利用右侧箭头按钮调整主视图角度。然后单击"确定"按钮，拖动鼠标将主视图放置到图纸适当位置。因两处键槽的深度未能反映，故需增加两个剖视图图，结果如图 7-105 所示。

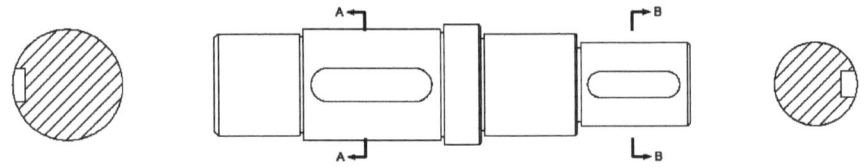

图 7-105　确定主视图及添加键槽剖视图

❸ 标注重要长度尺寸，如图 7-106 所示。

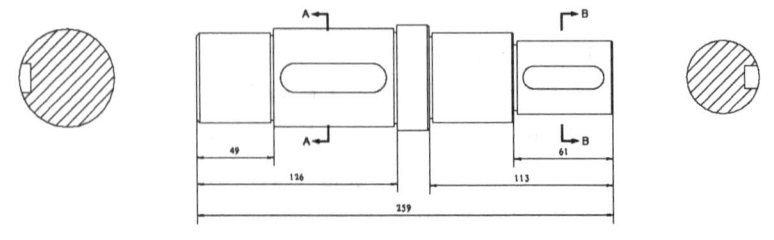

图 7-106　标注重要长度尺寸

❹ 添加其他尺寸，结果如图 7-107 所示。

❺ 单击"标注"工具栏中"粗糙度符号"按钮 √，为图纸添加粗糙度；同理，添加其

他技术要求，结果如图 7-108 所示。

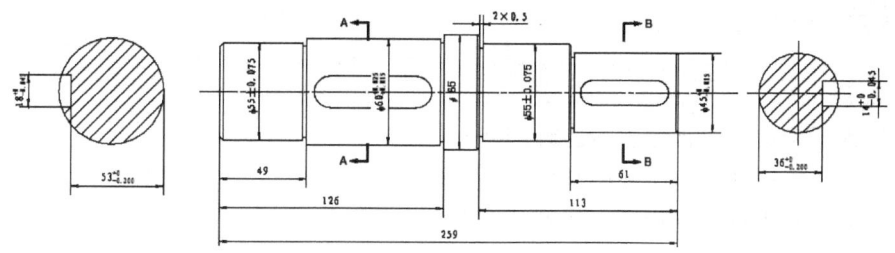

图 7-107　标注其他尺寸

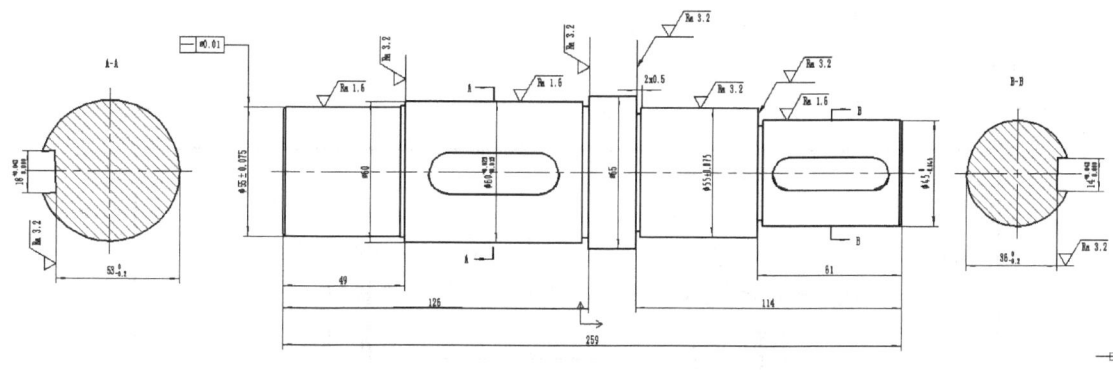

图 7-108　标注粗糙度

❻ 选择"绘图"→"文字"命令或单击"文字"按钮 **A**，在绘图适合区域单击，拖动鼠标拉出文字输入框，随即弹出"文本编辑器"对话框。在输入框中输入文字，编辑技术要求。

❼ 填写标题栏，检查工程图，确认无误后，将其保存，如图 7-109 所示。

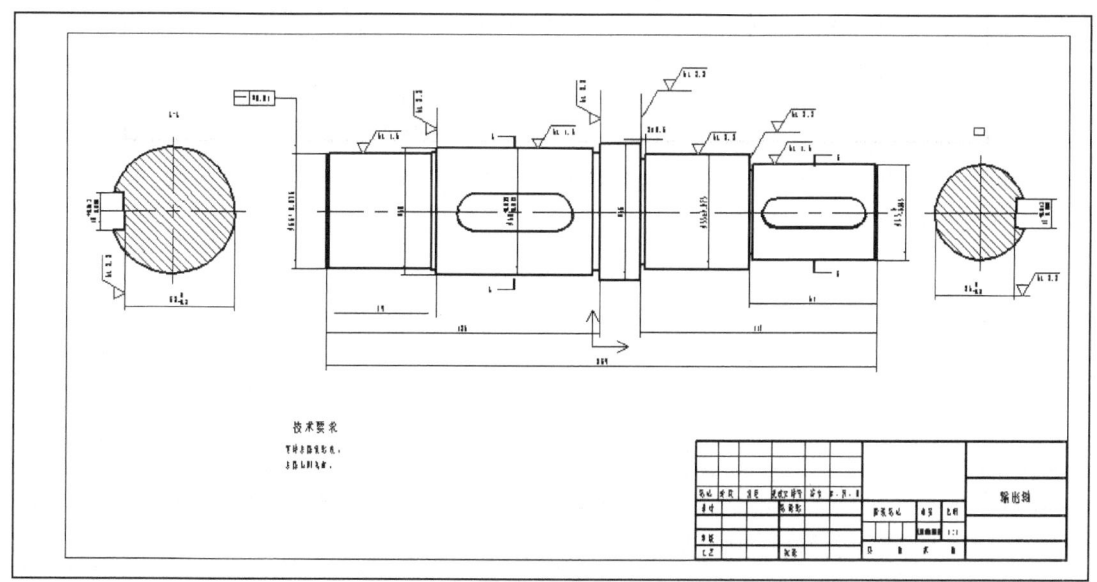

图 7-109　输出轴工程图

7.7 课后练习

1. 思考题

（1）工程图中如何对视图进行旋转剖视？

（2）如何设置绘图环境中的图纸比例？

（3）如何设置工程图的投影方式？

（4）如何改变图纸方向？

（5）如何设置工程图的风格？

（6）紧固件如何在工程图中形成螺纹线？

2. 上机题

完成图 7-110 中的零件造型并完成工程图。

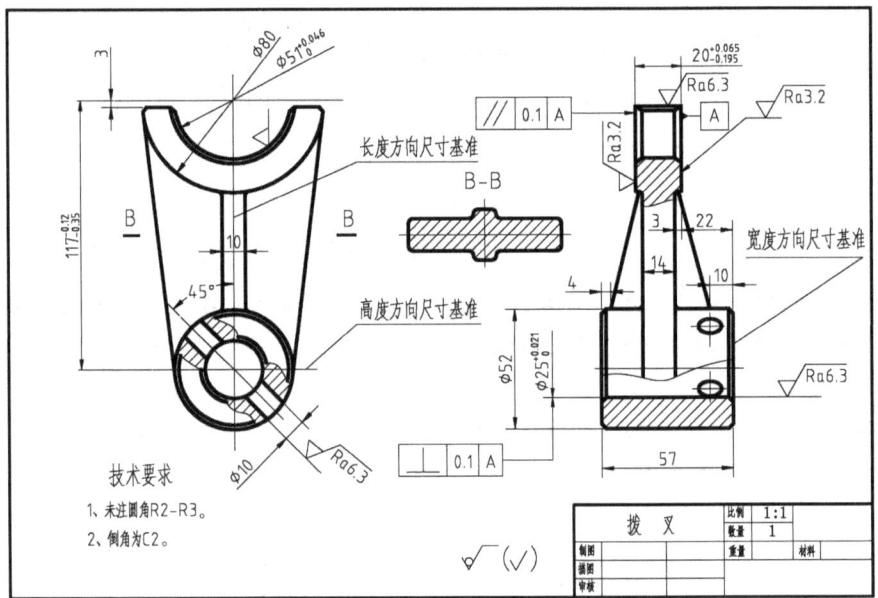

图 7-110　齿轮泵